国家自然科学基金项目（51605022）
北京建筑大学学术著作出版基金资助出版

同步技术工程应用

Application of Synchronization Technology in Engineering

张楠　侯晓林　著

中国建筑工业出版社

图书在版编目（CIP）数据

同步技术工程应用/张楠，侯晓林著. —北京：中国建筑工业出版社，2016.9
ISBN 978-7-112-19492-6

Ⅰ.①同… Ⅱ.①张… ②侯… Ⅲ.①电机-同步控制系统-研究 Ⅳ.①TM301.2

中国版本图书馆CIP数据核字（2016）第128811号

本书是在完成“多电机驱动的自同步振动机同步的若干理论及试验”、“节肢振动筛动力学特性及运动仿真分析”等科学研究及相关科研项目的基础上，撰写的一部专著。书中以机械系统动力学理论为基础，研究了双机或多机机械系统的振动同步、机电耦合同步及稳定性问题。书中较详细地研究了实现振动同步的基本理论与方法及具体措施，介绍作者长期从事这一课题研究的工程实践经验，在讲述理论与方法的过程中，举出了工程应用实例。

本书可供从事机械工程与动力学研究与设计的科技人员参考。

责任编辑：石枫华　兰丽婷
责任设计：李志立
责任校对：王宇枢　张　颖

同步技术工程应用
张　楠　侯晓林　著
*
中国建筑工业出版社出版、发行（北京西郊百万庄）
各地新华书店、建筑书店经销
霸州市顺浩图文科技发展有限公司制版
北京云浩印刷有限责任公司印刷
*
开本：787×1092毫米　1/16　印张：8½　字数：207千字
2016年10月第一版　2016年10月第一次印刷
定价：**30.00**元
ISBN 978-7-112-19492-6
（28799）

前　言

在自然界与工程技术部门，同步现象和同步问题随处可见。在自然界中，同一类花卉常常在同一时间开放；葵花总是随着太阳的位置的变化而同时改变它们的朝向；海潮总是跟随月亮的位置的变化周而复始地涨落；夏天的夜晚人们可以看到许多萤火虫以同一频率同时同步闪亮；多条海豚依靠它们之间的密切联系而完成精彩的同步表演；宇宙空间，星系中的许多星球在同步运行。在工程技术部门，到处都可以见到各种形式的同步现象和遇到许多同步问题，例如，时钟及其他计量设备和装置常常要求它们与标准的仪器设备的计量参数接近相同或相等。在机械工业部门，许多机械设备，常常要求其中的两个或两个以上的工作部件，如转轴、机构、杆件、油缸活塞等具有相同的速度、位移、加速度、相位及作用力等，即要求它们在同步状态下运行，进而完成所需的工作过程，还有许许多多的机器，如双电机驱动或多电机驱动的振动给料机、振动输送机、振动筛、振动干燥机、振动冷却机、振动打桩机、同步轧机、拉伸式矫直机、双滚筒驱动的带式输送机、辊式破碎机、造纸机、煤球机、桥式与龙门起重机、液压顶升机、飞剪机以及水坝和船坞的闸门等，都要求其内部的两个或两个以上的部件实现同步运转；再例如长江三峡的升船机，由于功率过大，须采用多个电机同时驱动，要求它们在工作时每个电机所带动的钢绳具有接近相同的速度和相同的负荷。诸如此类的工程实例，不胜枚举。为了实现同步，必须在所研究的多个对象间加上某种约束或实现某种联系，最常见的约束方式和方法是，机械的方法、动力学的方法或控制的方法等。

为了保证这类机械有效地和安全可靠地运行，对同步理论、方法和技术进行详细的研究，以揭示同步运转的机理，这不仅在学术上有重要价值，而且具有重大的实用意义。

本书共分6章，首先介绍自然界与工程技术部门中的同步现象、同步问题和振动同步理论与技术的发展等问题；第2章，阐述自同步振动机的同步理论问题；第3章，利用试验和仿真结果，展现机电耦合情况下自同步振动机同步特性；第4章、第5章，阐述自同步振动系统的平衡点分岔特性和频率俘获特性；第6章，研究振动同步理论及技术在工程中的应用等。本着“易读，好学”的专著写作目的，本书在章节设计上，每章的开头都有一个知识概述，这样有助于读者把握各篇的重点，理清章节之间的联系，也便于掌握知识要点。本书会有不足之处，望读者批评指正。

本书由“北京建筑大学学术著作出版基金资助出版”，在此表示感谢。

目　录

第1章 绪 论

1.1 工程技术中的同步现象

同步是自然界、人类社会及工程技术部门中客观存在的一种运动形式，是指两个或两个以上的物件、物体或所观察的对象实现相同或相似的运动形式或物理形态，如相同的速度、相位和运动轨迹等。从最初发现的钟摆同步到控制、混沌以及协同同步，由于同步现象可以用同步理论很好地解释，因此，受到人们越来越多的关注。同步作为自然界中普遍存在的一种“有序”的物理现象，与自然科学中的许多基本概念密切相关。除机械摆钟的同步振荡等外，自然界中还广泛存在着其他同步现象，例如，生命科学中心脏起搏细胞的同步跳动，自然界中大量萤火虫的同步发光，蟋蟀的齐声鸣叫，粒子物理中的同步辐射，激光列阵的相位锁定现象以及化学溶液系统中的自同步震荡等。这些不同现象中的共性规律可能蕴涵了自然界中普遍存在的某种统一的基本规律。典型的工程例子是：在有能量输入和耗散阻尼的条件下，由多台激振电机和振动机机体组成的自同步系统可以通过子系统之间的非线性耦合作用，使振动系统实现自同步。在这里，同步作为事物自行组织的一种协调有序的行为，与统计物理学中的耗散结构理论、协同学说和自组织理论中的许多概念之间有着十分相似和相近的关系。统计物理学中的许多概念和思想可对同步问题的研究起到启发和借鉴作用。同步也可在反映牛顿力学和统计力学中的一些共性规律方面发挥桥梁纽带作用。

工程技术领域，时钟和各种计量仪器与装置中存在同步现象；为了使收音机能接收到电台发射出的信息，其接收频率必须与发射台发出的信号频率接近相等；许多机械设备，常常要求它们中间的两个或两个以上的工作部件实现同步运转，这类机械有双激振器式振动给料机、振动输送机、振动筛、振动干燥机、振动冷却机、振动打桩机、同步轧机、拉伸式矫直机、双滚筒驱动的带式输送机、辊式破碎机、造纸机、煤球机、桥式与龙门起重机、液压顶升机、飞剪机、纺织机的纱锭以及水坝和船坞的闸门等；三峡所使用的升船机，由于采用多台电机同时驱动，这就要求在工作时每个电机所带动的钢绳具有接近相同的速度和相同的负荷，即要求实现同步运转。

系统的自同步是一种特殊的振动现象，更加需要进一步的研究和分析。自同步振动机是一类广泛应用于冶金、煤炭和建材行业的高效率工作机器，它通过无直接机械联结的两台或多台电机带动激振偏心块同步运转，能够保证振动机械按预定轨迹稳定运动，实现它的自同步特性。在自同步振动机械中，其振动系统能够自我调整重新实现该系统的自同步行为特性，即使在两个偏心转子的初始相位差不同或者电机的转子初始转速以及两个或两个以上的电机参数有差异时，振动机械仍然能够通过自我调整重新实现自同步这种特殊的振动现象。又如，对于已经实现同步运转的该类系统，在一定范围条件下，如果切断一台或多台电机的电源，系统电机的转速经历了一个急剧的波动后，其两台或多台电机仍能通过自身调节恢复了系统自同步稳定运转状态。非线性振动系统中会出现频率俘获的特殊现象。带偏心块的电机转子的转频由零提高到振动机的固有频率附近时，其转速会被系统的固有频率所“俘获”，不能继续上升到额定转速。显然要解释这些物理现象，更需要对自同步振动系统的自同步行为进行研究和分析。

随着科学技术的发展，振动同步也不是单纯的机械传动同步，而演变到机械和电机的耦合状态下的同步运转。对于自同步振动系统，当双电机的偏心块的相位差在某些区间时，如果通过控制系统指令相位落后的电机追赶相位超前的电机，反而会出现“越追越远”的局面，而采用“先等后追”的策略，则能受到好的控制效果。正是基于这一认识，通过模拟对自同步振动系统本身的动力学特性进行了系统深入的研究，从不同层次上研究不同参数情况下系统同步特性的变化规律，为今后更好地实现同步智能控制打下坚实的动力学基础。随着电机的不断进行，对于振动系统的自同步理论的研究已经不是单纯的研究机械动力学问题，需要机械动力学和电机理论两方面的知识，将使机械系统的自同步理论不断地拓广发展。随着各国对工业应用研究的日益重视和非线性微分方程理论、计算数学和计算机技术的蓬勃发展，研究机电传动系统的动力学问题的客观条件在1960年代后期已经成熟。将振动同步理论拓广到控制同步、智能同步、振动同步与控制同步结合的复合同步，以及协同同步的理论。同步的发展经历了几个阶段：

（1）最古老的同步方式是利用刚性传动（齿轮传动）或柔性传动（如链或带式传动）来实现同步。关于该种的同步方式发展于1960年代。在工业部门中，使两根或多根回转轴获得方向相同（或相反）的回转，而它们的转速成一定比例或者相等，以满足所需的工艺要求。这种传动方式存在结构复杂、传动系统需要经常维修和工作时噪声大等缺点。

（2）第二阶段的同步方式是振动同步（对于双激振器式振动机）与电轴同步（对一般机械）。在机械系统中，两台或多台异步电动机分别驱动的两根或多根转动轴进行自同步传动，在振动机器中，称为振动同步传动。

（3）第三代同步传动是基于经典控制理论的控制同步和智能控制理论。1970年代末至1980年代，由于计算机技术及控制理论的发展，在机械系统同步传动中，采用控制理论与计算机技术，不仅可以大大提高定速比传动和同步控制的精确度，而且还可以拓宽实现定速比和同步传动的条件，扩大它的应用范围。因此，基于经典控制理论的控制同步传动是振动同步与电轴同步传动的进一步发展。到了1990年代，随着科学技术的进步，控制理论及技术正在向智能化方向发展。

1.2　振动同步理论和技术的发展

自同步振动机械系统的发明首先源于自同步现象的发现。1665年荷兰物理学家、摆钟的发明者Huygens发现：两个并排悬挂的钟摆在震荡一段时间之后能够实现完全同步。他在用两台挂钟做试验，试验发现：在满足一定条件下，可摆动的薄板上同时挂上两台挂钟，此时这两个挂钟的摆同步摆动；但挂在静止的墙壁上，则两时钟却失去同步，由此同步定义为两个系统的相位保持一致的状态。至此，关于同步现象的发现，也被在更多领域的科学工作者发现。例如，在从 1894～1922 年期间，在电子电路方面上，Rayleigh、Vincent、Moller、Applctont、Van der Pol 发现，非线性电路系统中存在特殊的同步现象，他们并称这种现象为“频率俘获”。在线性系统中，当系统接近共振工作时，强迫频率 ν 与固有频率 ω 两种频率的振动同时都会产生，因而线性系统会出现所谓的“拍振”；而非线性系统中的系统接近共振工作时，其固有频率 ω 常常被强迫振动频率 ν 所俘获，此时系统只能出现频率为 ν 的振动；因此频率俘获（或称为同步）是非线性振动系统的特有现象。

关于工程振动机械最有显著代表性的一类同步系统是 20 世纪 60 年代，苏联 Blehman 博士提出了双激振器振动机的同步理论。Blekhman 和他的同事一起首先利用两台无强迫联结、带偏心块的电机驱动同一台振动机工作，此称为两台感应电动机分别驱动两个惯性激振器，当满足一定条件，两个惯性激振器可以实现同步运转，这样其采用电动机传动的方式代替了齿轮同步传动，使振动同步理论进一步发展。并由试验研究发现，当系统受到外界干扰导致双电机的转速或相位差发生变化时，振动系统可以通过自我调整而重新实现同步。此后，他们进一步发现，对于已经实现同步运转的振动机械系统，如果切断一台电机的电源，两台电机仍然能够在速度稍低的水平上同步运行。随着同步技术和非线性技术的逐渐成熟，1970 年代中后期，自同步理论相继在苏联、德国和日本成为当时的学术热点。在 1980 年，日本 Inoue 和 Araki 科学工作者，将“同步”与“频率俘获”两个概念等同起来，并在两电动机驱动的平面振动机系统中研究了三倍频率同步问题。我国学者也提出了在某些非线性系统中，也能够实现各次谐波的倍频同步，指出振动体不但可以实现 n 次倍频同步，而且还可以获得次谐波的降频同步。Wauer 研究了经过共振区的旋转杆的振动同步问题。

我国学者也于同期开展了系统的研究工作，并于 1982 年出版了国内该领域的第一部专著。此后同步问题的理论研究开始逐步转向控制同步领域。在这些研究文献中，中国科学家闻邦椿巧妙地采用积分平均的思想从平均意义上求得了自同步振动机械的同步工作条件和稳定性条件。并将这一思想延续到其他的振动体上。例如，运用这一思想在平面双激振器的振动同步参数分析中；采用这一思想求得了平面单质体自同步振动机的同步稳定性条件；在此基础上，运用这一思想，指出了弹性连杆式振动机的同步工作条件及同步状态下的同步稳定性条件。1983 年，闻邦椿首先阐明了振动同步传动的新原理及其实现的条件，并且通过工业试验得到具体结果，最终导出了激振器偏移式自同步振动机的同步性判据，同步状态稳定性判据及机体的运动轨迹公式；并提出了非线性自同步振动机实现高次谐波同步和次谐波同步的同步状态的稳定性判据，在此基础之上设计及研制成工业的大型冷矿筛，开创了振动同步理论的新篇章。随后，采用 Hamilton 原理推导同步理论方法推导出空间单质体振动系统的同步工作条件和稳定性条件以及双质体自同步振动椭圆系统的同步理论，为自同步机械的设计及调试奠定了理论基础。

在 1985 年期间，陈宇明提出了自同步振动机同步参数的概念，并且研究了同步参数初值的确定及存在的必要条件，由转子方程的周期解获得同步参数的稳定值及各运动状态参数的渐进解，重要的是该理论也可以应用于多转子系统中。同年，纪盛青首次将自同步振动机简化为具有六自由度的系统，并建立振动微分方程，讨论了系统的固有特性并用试验证明该理论的正确性。随后，吕富强也通过六自由度的平面双质体自同步振动系统的同步理论，研究出了该系统的同步性条件及同步状态稳定性条件。段志善从能量传递的角度分析了振动同步传动的物理过程，并进行了试验研究。李宗斌提出了振动给料机同步性判据和稳定性判据的计算公式。陆信则利用哈密顿原理定量分析了一种重型自同步振动筛振动方向角过大的原因，并且提出了相应的计算公式决定着激振器移动的位置才能保证振动方向角正确的理论。

在20世纪90年代，振动同步理论得到的广泛的发展。首先，从理论上分析了两转子自同步振动机械的非线性动力学特性并且给出了自同步稳定运动的条件；其次，引入各种数学变换手段求出了双液压转子驱动的自同步振动机的同步条件和稳定性条件，指出系统在同步状态时两偏心转子的转速围绕平均转速作小幅波动，带有液压马达驱动的双偏心转子激振器的自同步运动，液压马达的流量差决定了两偏心转子回转速度的相位差；再次，研究了迟滞共振发生的原因，并得到了如果振动机的阻尼很小，固有频率成分的振动衰减很慢，迟滞共振必然会持续很长的时间。振动同步理论发展的同时也伴随着控制同步的发展，以智能控制为纽带，将机械动力学和现代控制理论有机结合在一起，实现了电机偏心转子在不同相位条件下的同步控制，其原理和思想可以推广到许多实际的多电机机械系统之中，比如，有些学者提出了对同向回转自同步振动机实行零相位差控制同步理论。在此基础之上，又提出了按运动跟踪设计双机传动机械系统同步控制的控制策略及变结构复合控制方法。随后，有些学者还推导出了控制同步不仅可以消除由质心偏移、电机特性差等原因引起的稳态相位差，同时还能大大降低瞬态相位差，减小机体的摇摆振动。赵春雨通过外负载辨识结果和速度PID控制确定感应电动机的转矩电流，对每个感应电动机实行无速度传感器磁场定向控制，能够使多个感应电动机同时跟踪同一个指令性速度，实现多个转子的同步运行；并且还通过计算机仿真，提出了同向回转双机自同步振动系统中两个偏心转子的相位差的模糊监督控制方法。

21世纪以来，振动同步的研究不断深入和扩展。在2002年Blekhman进一步用具体的实例总结了振动系统的自同步特性与控制同步的定义。研究系统中子系统之间运动作用的特征、子系统之间运动作用对系统动力学行为的影响是复杂系统科学的重要内容。另外，我国学者也以近同步状态为研究出发点，以转子输出功率为中介，建立了两个转子之间的转速联系，推导得到了系统在近同步状态下的同步条件及稳定性判据。同年他还利用自同步振动系统的机电耦合数学系统定量揭示了非理想系统起动过程中的一种特殊物理现象——回转频率俘获。还有学者通过数值仿真计算，研究了激振器的偏心矩、电机功率、偏心转子回转摩擦阻矩等几种参数变化情况下系统同步运动的特点及其对同步形成发展的影响。同时，在自同步振动系统运动方程的基础上，导出了关于两偏心转子相位差角的微分方程，针对该方程建立了同步运动的必要性条件，并分析了系统平衡点的稳定性及分岔特性。随后，又通过把双偏心回转式激振器驱动的平面同步振动筛简化为一个双转子自同步系统，并定义了一个同步系数，用它来定量描述双转子回转的同步程度。

在机械工业的各个部门，振动同步与控制同步得到了广泛的应用。主要的研究有双机及多机系统的振动同步、双机机械系统的控制同步、定速比控制传动、复合同步、多机系统的控制同步及多个液压油缸的控制同步等。由于同步经常与系统的非线性特性联系在一起，现在已有不少研究者开始进行非线性系统的混沌同步研究。近几年，国外将机械动力学和现代控制理论有机结合，在控制同步和非线性特性联系在一起的混沌同步方面已有许多的研究，并且有些文献已把同步力学特性应用于生物工程当中，这些研究拓宽了同步的发展领域。例如，Tomizuka 提出了两个进给的电机轴控制同步问题；Re 研究了一空间和时间上的自适应同步控制理论及试验；Rafikov 提出了在非线性混沌系统中应用控制同步的方法。对于具有振动同步特性的自同步振动机的研究中，自同步振动机有做平面运动的和做空间运动的，有单质体的和双质体的，有非共振的和近共振工作的，有线性的和非线性的等等，除此以外，还有 2 倍频同步和 3 倍频同步的自同步振动机。从工程应用的实际情况来看，双机传动已扩展到多机传动，振动同步已经扩展到广义同步。复杂系统动力学设计进一步提出了各子系统之间的“协调同步”问题，如动力系统、传动系统、执行系统和控制系统的“协同”问题。

1.3 机电耦合振动同步理论和技术的发展

机电耦合本身是一个经典问题，从 1832 年 Pixii. H 做成永磁发电机和 1888 年多布罗斯基发明电动机即已产生。研究机电耦合传动系统的动力学问题的基本理论——拉格朗日分析力学和麦克斯韦的电磁场理论（1873 年）也早已形成；到电机系统的派克模型建立、电机拖动理论和过渡过程理论逐步成熟、转子动力学的基本理论出现，可以说从理论上已经具备了研究传动系统中的机电耦合问题的基本条件。

尽管从 20 世纪初期已经出现机电耦合方面的研究工作，但还没有系统深入的研究成果出现。随着各国对工业应用研究的日益重视和非线性微分方程理论、计算数学和计算机技术的蓬勃发展，研究机电耦合动力学问题的客观条件在 20 世纪 60 年代后期已经成熟。针对机电耦合的研究领域必须具备机械动力学和电机理论两方面的知识，也需要具备试验和仿真计算方法，来进行不断地研究，才能获得卓越成果。机电耦合振动系统是按照电机电磁转矩的响应非平稳过程的特性来进行解释。一种是电机转矩逐步收敛，最后稳定为恒值或近似为恒值的收敛型非平稳过程，也称为传动系统的启动过程；另一种是电机转矩逐步发散有时甚至导致传动轴断裂的发散型非平稳过程。该非平稳过程又称为自激震荡或失稳震荡。机电耦合振动系统中的第一类非平稳过程持续的时间和振荡的峰值对传动系统的工作状态有重要影响。持续时间长会直接导致电机过热，振荡峰值大则会威胁到传动轴的安全。邱家俊提出并建立了扭振方程与电路方程相耦联的统一数学模型，利用该模型研究了电源电压和扭转刚度对扭振、电磁力矩和电流的影响，最后得出了增加柔性阻尼的减振方法，该种机电耦合系统的传动造成破坏的机会相对较少，因此，研究者对它的研究也很少，主要是对机电耦合振动系统中的第二类非平稳过程即自激震荡或失稳震荡过程的研究。机电传动系统的第二类非平稳过程的研究是从电机系统本身的自激震荡开始的。电机系统本身的机电耦合振动的研究与串联电容补偿技术被广泛应用到高压配电网中有关，因此异步电机的自激振动一直受到关注。

1986 年美国学者 Robert 根据大量的工程经验和试验指出电潜泵轴系启动过程中的振荡，实质上是一种发散型的机电耦合自激振动，他们系统地研究了不同起动方式下电潜泵的机电耦合特性，从工程应用角度提出了避免机电耦合自激震荡的方法。在此工作基础上，Shadley提出了在电机转子或负载转子上加上一个阻尼吸振器来避免或减小机电耦合自激振动的办法。这些研究工作将机电耦合振动研究提高到一个新的水平。但是从采用的研究模型上讲，他们还没有将电机系统和机械传动系统统一起来。Shaltout研究了大型异步电机起动过程中的扭振过渡过程的扭振行为，在电机模型基础上加上了负载转子系统这一部分，客观上构造了机电传动系统的耦合模型。邱家俊以机电耦联动力学为理论基础建立了一个二质体的机电传动系统模型，分析了电机定、转子电阻和扭转刚度对稳定性的影响。其研究思想的闪光之处在于，将麦克斯韦的电磁场理论和拉格朗日的分析力学理论结合在一起，构造了被称为机电耦合动力学的统一理论，并以该理论为基础解释或分析了一系列非线性振动现象。由于该理论是从系统总能量观点出发研究系统的动态特性，因而从理论上讲具有考虑问题全面、适合于精确反映各种瞬态过程的优点。还有研究发现当发电机转子受到较严重的电网扰动时，在不发生失步的条件下，将产生低频振荡，对电网输出功率和电网频率及波形产生影响。

关于机电耦合技术的研究工作主要在经典的研究成果的基础上逐步展开，机电耦合研究一直是一个恒久的话题。21世纪初，随着计算机和科学的发展，对于机电耦合的研究工作者不断的努力，关于机电耦合的技术获得了巨大的成果。目前，从机电耦合的角度研究复杂系统的同步特性还处在起步阶段，许多新概念、新思想才刚刚提出，关于同步的研究工作主要在经典的同步问题研究成果的基础上逐步展开。20世纪末，Kocarev提出了耦合非线性振动器的同步理论。近年来，Mbouna等人主要研究了关于两机电耦合设备的动力学同步的非线性特性对系统的影响。Gau提出了具有小振幅的汽缸振荡器中的涡流和热传导增加之间的相互同步问题。另外Yamapi等人研究了耦合的Van der Pol-Duffing振动系统的同步振动问题。

机电耦合自同步振动机械是一个“简单的”的复杂系统，以电机驱动的振动机械为例，它包括激振电机子系统和振动机机体子系统。由于该系统具有自同步能力，具有机电耦合特点，从“复杂系统”的角度看又非常简单。

近年来，以机电耦合自同步振动机械系统为中心的研究取得了很多丰富的成果。熊万里建立了双振头电振机的机电耦合数学模型，从定量角度证实了电磁振动机的机电耦合自同步特性。与此同时，熊万里综合考虑供电电网中串联补偿电容、机械转子系统横振、电机转子与机械转子的旋转运动及相对扭振的影响，以经典电机理论为基础建立了转子系统的一种综合的机电耦合数学模型。通过对由串联电容和负载波动引起的两种机电耦合非平稳过程的数值研究证实，机电耦合模型不仅能反映电机系统和机械转子系统固有的动力学特性，而且能反映电机系统和机械转子系统之间的耦合动力学规律，适用于研究转子系统的各种非平稳过程。在此基础之上，用自同步振动系统的机电耦合模型理论解释了系统从不同步到同步，或是从一种同步状态过渡到另一种同步状态的物理过程。文献根据该振动系统的机电耦合数学模型建立了仿真数学模型，并通过对几种典型自同步振动过渡过程的机电耦合行为进行了同步特性分析。另外，还有研究了三电机激振自同步振动系统的机电耦合机理，在传统的振动机械模型基础上首次给出了其机电耦合模型，并利用该模型对其过渡过程中的耦合现象做出了合理的解释，揭示了三电机激振振动筛自同步振动和振动同步的机电耦合机理。张天侠应用非线性振动分析方法建立了自同步振动系统偏心转子耦合运动的微分方程，给出了耦合参数的数学描述；基于相空间原理，分析了系统耦合运动的非线性特性以及耦合强度对系统运动平衡状态的影响，确定了耦合参数的变化范围；深入研究了偏心转子同步运动的演化过程，导出了系统形成同步运动状态的耦合条件。赵春雨利用系统动力学理论研究具体的双机传动自同步振动系统的动态特性，进而得出动负载与能量传递和同步状态的必要的内在联系和变化规律，揭示了惯性式振动机械平面单质体同向回转的自同步振动的机电耦合机理。

关于机电耦合的概念应用在振动同步理论上的这些研究，大大深化了人们对同步问题的认识，把同步研究推进到一个新的水平。把机电耦合应用在自同步振动系统中，通过该机电耦合动力学模型，可以能解决经典的自同步理论中不能解决的问题，为拓广振动同步理论的研究提供了崭新的篇章。

1.4　广义同步理论的发展

广义同步的概念起源于同步概念。同步的定义最早于1673年由惠更斯给出，他针对耦合自激振动系统中的锁频现象，将同步定义为两个系统的相位保持一致的状态。1981年Blekhman将同步定义为“两个相互耦合的过程函数间的某种关系的出现”。1996年期间，Rosenblum称两个耦合系统具有完全相同的响应的状态定义为完全同步（complete synchronization）或一致同步（identical synchronization），并提出用相位同步（phase synchronization）概念来刻画耦合系统的同步状态。同时他还研究了不完全一致的（nonidentical）耦合振子之间的同步问题，发现一个振子的响应与一段时间之后的另一个振子的响应完全相同，他给这种同步命名为延迟同步（lag synchronization）。

中国学者闻邦椿在30余年中系统研究总结和归纳了工程中广泛存在的自同步、复合同步和智能控制同步问题的基础上，在1997年从普遍意义上明确提出了广义同步的概念。由此，闻邦椿、熊万里借鉴前人各种定义的思想，将广义同步划分相位同步、延迟同步、分频同步和广义同步四个层次。将自同步更加具体详细的划分并分别定义为：

（1）同步双方的相位严格保持相等的相位同步。

（2）同步双方的相位保持一个固定相位差的延迟同步。

（3）同步双方的频率保持某种确定的比例关系的分频同步。

（4）耦合系统的运动状态量之间保持某种与时间无关的确定性关系的广义同步。

以上四个层次的定义中，外延逐步拓广，后一层次依次包含了前面各个层次。这种定义不仅可以描述系统响应与系统激励之间的同步关系，也可以描述系统与系统之间的同步关系。

20世纪末，对于广义同步的研究一直是备受关注的课题。人们在这方面做了大量的工作，采用各种各样的方法实现同步。Rosenblum等人研究了耦合振动系统的转子是怎样实现从相位同步到延迟自同步（phase and lag synchronization）的过渡过程。Pikovsky等人研究了关于相位同步过渡过程。20世纪末至今，Kocarev、Parlitz分别提出了广义同步的概念，且Kocarev研究的是关于耦合动态系统的广义同步问题。Boccaletti、Vincent等人研究了在混沌系统中通过控制能实现部分和非部分（identical and non-identical）同步的概念。

近年来，混沌同步一直是备受关注的课题。人们在这方面做了大量的工作，采用各种各样的方法实现混沌同步，赋予了广义同步新的内涵。其中相当一部分工作讨论的是两个参数相同的非线性系统的完全同步。如果耦合的两个系统不一样，则可能出现广义同步、相位同步和滞后同步。例如，Shahverdiev 提出了在某种冲击系统中具有的混沌广义同步的概念。国内大量的文献已对混沌系统的广义同步问题进行了深程度的研究工作。陶朝海提出了应用线性、非线性和广义同步三种反馈方法，研究了一个新的单参数统一混沌系统的反馈同步问题。这些研究大大深化了人们对同步问题的认识，把同步研究推进到一个新的水平。但是经典的自同步理论中却还有许多问题未得到圆满解决。广义同步的定义赋予了经典同步问题新的内涵，在相位同步、延迟同步、分频同步及广义同步等新概念的指导下，经典同步系统中许多新的物理现象还有待于进一步深入研究。

1.5　展望

随着科学技术的发展，机械系统的同步问题将在工业部门得到愈来愈多广泛的应用。目前，振动同步与控制同步的研究工作，已扩展到振动同步和控制同步的复合系统、多电机驱动的机械系统的控制同步、多液压缸系统和多液压马达的同步控制。研究多机传动机械系统的同步问题将具有广泛的应用前景。

（1）对于频率接近相同的机械系统，如螺旋桨飞机，由于两个螺旋桨的运动转速和相位不同步，产生拍振，并会发出较大的噪声，对周围工作环境造成污染，因此研究这类机械的速度及相位同步具有重要的实际意义。

（2）为了消除噪声的环境污染，通过对噪声强度和相位的分析，利用声发生器发出与环境噪声频率、强度和相位适当的声，削减原有的环境噪声，以达到控制噪声的目的。

（3）由多个电机驱动的大型提升机，如升船机通过刚性连接实现同步，使得机械系统的维修和保养比较复杂，工作量较大。研究多个电机的力矩同步和相位同步系统对于简化驱动系统的结构将具有重要的实际意义。

（4）研究其他驱动形式，如液压马达等驱动的多机机械系统的同步理论。

（5）开发复杂系统控制的人工智能系统，将神经网络的学习能力和模糊逻辑控制器可利用专家语言信息的能力结合起来。开发平行工程或交替工作的智能控制系统，以使控制系统更为经济。

（6）同步理论的研究和应用，可进一步扩展到其他领域，如混沌同步应用于保密系统，基因和转基因的研究也可以应用同步理论与同步原理，并将它直接应用于医疗及生物工程领域。

（7）直到现在，人们对自然界、人类社会和科学技术的各个领域中的同步现象和同步问题研究的还很不充分。随着科学技术的不断发展，以及工程技术领域对同步理论与技术的需求不断增加，同步理论与技术将有可能逐步发展成为一门具有重要学术价值与重大实际意义的科学技术的一个新分支。

第2章 自同步振动机的同步理论

2.1 概述

在振动机械中，如果恰当安装两个或两个以上的回转式激振电机，即使每两个振动电机之间存在一定的初相位差，在很短的时间内也可以使振动体达到稳定振动的运动状态，这时每两个电机的转速相同，相位差角恒定，即实现了自同步振动。如果相位差角为零恒定值时，自同步振动称为相位自同步；如果相位差为非零恒定值时，自同步振动称为延迟自同步。关于自同步振动的研究，最有代表性的成果是 Blekhman 最早提出的双激振器振动机同步理论，闻邦椿研究了多种振动同步形式，提出了平面运动与空间运动自同步振动机的同步理论、近共振自同步以及振动传动机制近共振自同步和倍频同步，并研究了电机对称安装和质心偏移式的自同步振动机的同步条件和稳定性条件，通过采用 Hamilton 原理的积分平均值的方法，研究了激振器偏移式自同步振动机同步工作条件和稳定性条件。利用该思想，许多学者进行了同步理论的研究，例如两液压缸驱动的振动机之间的同步稳定性问题；求出了针对单质体连杆式振动机的同步理论；对单向振动的惯性式振动机做了研究。近年来，振动同步的研究不断深入和扩展。还有研究者对平面单质体不等偏心距同向回转振动系统进行了运动分析，建立了该系统实现自同步运转和自同步稳定运转的条件，许多文献是单一的对某种振动机同步理论研究，并没有系统地总结和归纳多机驱动的自同步振动机的同步理论。

本章是将多种类型多电机驱动的自同步振动机的同步理论系统地归结起来，该方法拓宽了多机驱动自同步振动机的同步理论的研究思路和研究领域。首先，从四电机驱动的自同步振动机的简化模型出发，详细地推导四电机驱动的自同步振动机的振动力学方程式，从理论上建立了四电机驱动自同步振动机的自同步条件和同步稳定性判据，从而得到了四电机驱动自同步振动机的同步理论，然后，从四电机驱动的自同步振动机的同步理论出发，全面系统地分析出多种类型自同步振动机的同步理论，并得到双电机（对称式和偏移式）和三电机驱动同向、反向回转振动机（包括偏心质量距相等和不等两种类型的振动机）的同步理论。

2.2 四电机驱动自同步振动机的同步理论

2.2.1 四电机驱动自同步振动机振动力学模型分析

四电机驱动的自同步振动机的动力学模型如图 2-1 所示。四电机在图中用四个偏心块

（也称偏心转子）表示，通过偏心转子旋转，从而产生激振力，振动机实现工作。图中所示的 O'' 为机体中心，O'、O 为其合成质心，而 Oxy 为固定坐标，$O'x'y'$ 为动坐标，O_1、O_2、O_3 分别为三个激振电机偏心转子的回转中心，并在同一直线上。$O'O_1=l_1$，$O'O_2=l_2$，$O'O_3=l_3$，$O'O_4=l_4$。

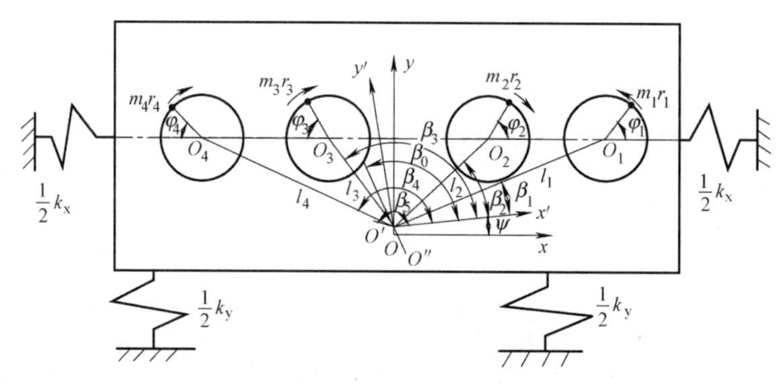

图 2-1　四电机驱动的自同步振动机模型

该振动机的动能 T 和势能 V 分别为：

$$
\begin{aligned}
T=&\frac{1}{2}m_0\{[\dot{x}-l_0\dot{\psi}\sin(\beta_0+\psi+\pi)]^2+[\dot{y}+l_0\dot{\psi}\cos(\beta_0+\psi+\pi)]^2\}+\\
&\frac{1}{2}m_1\{[\dot{x}-l_1\dot{\psi}\sin(\beta_1+\psi)-r_1\dot{\varphi}_1\sin\varphi_1]^2+[\dot{y}+l_1\dot{\psi}\cos(\beta_1+\psi)+r_1\dot{\varphi}_1\cos\varphi_1]^2\}+\\
&\frac{1}{2}m_3\{[\dot{x}-l_3\dot{\psi}\sin(\beta_3+\psi)+r_3\dot{\varphi}_3\sin\varphi_3]^2+[\dot{y}+l_3\dot{\psi}\cos(\beta_3+\psi)+r_3\dot{\varphi}_3\cos\varphi_3]^2\}+\\
&\frac{1}{2}m_2\{[\dot{x}-l_2\dot{\psi}\sin(\beta_2+\psi)+r_2\dot{\varphi}_2\sin\varphi_2]^2+[\dot{y}+l_2\dot{\psi}\cos(\beta_2+\psi)+r_2\dot{\varphi}_2\cos\varphi_2]^2\}+\\
&\frac{1}{2}m_4\{[\dot{x}-l_4\dot{\psi}\sin(\beta_4+\psi)+r_4\dot{\varphi}_4\sin\varphi_4]^2+[\dot{y}+l_4\dot{\psi}\cos(\beta_4+\psi)+r_4\dot{\varphi}_4\cos\varphi_4]^2\}+\\
&\frac{1}{2}J_0\dot{\psi}^2+\frac{1}{2}\sum_{i=1}^{4}J_i\dot{\varphi}_i^2
\end{aligned}
\tag{2-1}
$$

式中，x，y，$\dot{x}$，$\dot{y}$，$\ddot{x}$，$\ddot{y}$ 分别表示水平方向和竖直方向的位移（m）、速度（m/s）、加速度（m/s²）；ψ，$\dot{\psi}$，$\ddot{\psi}$ 分别表示扭摆方向的位移（rad）、速度（rad/s）、加速度（rad/s²）；m_0 为振动体的质量（kg）；m_i（i=1，2，3，4）分别为四个偏心块的质量（kg）；r_i（i=1，2，3，4）分别为四个偏心块的半径（m）；φ_i（i=1，2，3，4）分别为四个偏心块的角位移（rad）；J_0 表示偏心块的转动惯量（kg·m²）；$\dot{\varphi}_i$（i=1，2，3，4）分别表示四个偏心块相应方向的角速度（rad/s）；$\ddot{\varphi}_i$（i=1，2，3，4）分别表示四个偏心块相应方向的角加速度（rad/s²）。

$$V=\frac{1}{2}k_xx^2+\frac{1}{2}k_yy^2+\frac{1}{2}k_\psi\psi^2 \tag{2-2}$$

式中，k_x，k_y，k_ψ 分别表示为 x 方向、y 方向和 ψ 方向的刚度，单位分别为 N/m、N/m、N·m/rad。能量散失函数为：

$$C=\frac{1}{2}c_x x^2+\frac{1}{2}c_y y^2+\frac{1}{2}c_\psi \psi^2-\frac{1}{2}c_1(\dot{\varphi}_1-\dot{\psi})^2+ \frac{1}{2}c_3(\dot{\varphi}_3+\dot{\psi})^2+\frac{1}{2}c_2(\dot{\varphi}_2+\dot{\psi})^2+\frac{1}{2}c_4(\dot{\varphi}_4+\dot{\psi})^2 \tag{2-3}$$

式中，c_x、c_y、c_ψ 分别表示为 x 方向、y 方向和 ψ 方向的阻尼，单位分别为 N·s/m、N·s/m、Nm·s/rad；$c_i(i=1, 2, \cdots, 4)$ 分别表示电机 i 转轴的阻尼（Nm·s/rad）。

利用拉格朗日方程建立振动方程式，得到振动体三个方向上的运动方程和四电机的偏心转子的回转运动方程为：

$$\begin{aligned}
&M\ddot{x}+c_x\dot{x}+k_x x=m_1r_1(\ddot{\varphi}_1\sin\varphi_1+\dot{\varphi}_1^2\cos\varphi_1)-m_3r_3(\ddot{\varphi}_3\sin\varphi_3+\dot{\varphi}_3^2\cos\varphi_3)-\\
&m_2r_2(\ddot{\varphi}_2\sin\varphi_2+\dot{\varphi}_2^2\cos\varphi_2)-m_4r_4(\ddot{\varphi}_4\sin\varphi_4+\dot{\varphi}_4^2\cos\varphi_4)\\
&M\ddot{y}+c_y\dot{y}+k_y y=m_1r_1(-\ddot{\varphi}_1\cos\varphi_1+\dot{\varphi}_1^2\sin\varphi_1)-m_3r_3(\ddot{\varphi}_3\cos\varphi_3-\dot{\varphi}_3^2\sin\varphi_3)-\\
&m_2r_2(\ddot{\varphi}_2\cos\varphi_2-\dot{\varphi}_2^2\sin\varphi_2)-m_4r_4(\ddot{\varphi}_4\cos\varphi_4-\dot{\varphi}_4^2\sin\varphi_4)\\
&J\ddot{\psi}+c_\psi\dot{\psi}+k_\psi\psi=c_1(\dot{\varphi}_1-\dot{\psi})-c_3(\dot{\varphi}_3+\dot{\psi})-c_2(\dot{\varphi}_2+\dot{\psi})-c_4(\dot{\varphi}_4+\dot{\psi})+\\
&m_1l_1r_1[-\ddot{\varphi}_1\cos(\varphi_1-\beta_1-\psi)+\dot{\varphi}_1^2\sin(\varphi_1-\beta_1-\psi)]+\\
&m_3l_3r_3[-\ddot{\varphi}_3\cos(\varphi_3+\beta_3+\psi)+\dot{\varphi}_3^2\sin(\varphi_3+\beta_3+\psi)]+\\
&m_2l_2r_2[-\ddot{\varphi}_2\cos(\varphi_2+\beta_2+\psi)+\dot{\varphi}_2^2\sin(\varphi_2+\beta_2+\psi)]+\\
&m_4l_4r_4[-\ddot{\varphi}_4\cos(\varphi_4+\beta_4+\psi)+\dot{\varphi}_4^2\sin(\varphi_4+\beta_4+\psi)]\\
&J_{0j}\ddot{\varphi}_j=M_{gj}-M_{fj}-c_j(\dot{\varphi}_j-\dot{\psi})+m_jr_j[\ddot{x}\sin\varphi_j-\ddot{y}\cos\varphi_j]+\\
&m_jl_jr_j[-\ddot{\psi}_j\cos(\varphi_j-\beta_j-\psi)-\dot{\psi}_j^2\sin(\varphi_j-\beta_j-\psi)] \qquad j=1\\
&J_{0i}\ddot{\varphi}_i=M_{gi}-M_{fi}-c_i(\dot{\varphi}_i+\dot{\psi})-m_ir_i[\ddot{x}\sin\varphi_i+\ddot{y}\cos\varphi_i]+\\
&m_il_ir_i[-\ddot{\psi}_i\cos(\varphi_i+\beta_i+\psi)+\dot{\psi}_i^2\sin(\varphi_i+\beta_i+\psi)] \qquad i=2,3,4
\end{aligned} \tag{2-4}$$

式中，$M=m_0+\sum_{i=1}^{4}m_i$ 为振动机（包括电机及偏心块）总质量（kg）；$l_0=O'O''$为合成质心与机体质心之距（m）；l_i为O_i与O'之距（m）；$J=J_0+m_0l_0^2+\sum_{i=1}^{4}m_il_i^2$ 为机体绕 O 点的（包括电机及偏心块）转动惯量（kg·m^2）；$J_{0i}=J_i+m_ir_i^2(i=1, 2, 3, 4)$ 为偏心块 i 绕O_i点的转动惯量（kg·m^2）；M_{gj}、M_{gi}（$j=1$；$i=2, 3, 4$）分别为电机轴上的电磁转矩（N·m）；M_{fj}、M_{fi}（$j=1$；$i=2, 3, 4$）分别为电机轴上的负载转矩（N·m）。

考虑稳态运动情况，忽略小阻尼影响中的若干高阶小量，求解式（2-4）振动体稳态解。

令 $\varphi_1=\omega t+\frac{1}{2}\alpha_{12}$，$\varphi_2=\omega t-\frac{1}{2}\alpha_{12}$，$\varphi_3=\omega t-\frac{1}{2}\alpha_{12}+\alpha_{23}$，$\varphi_4=\omega t-\frac{1}{2}\alpha_{12}+\alpha_{23}-\alpha_{34}$，其中，$\omega$ 为四激振电机轴的角速度（rad/s）。α_{12}、α_{23}、α_{34}分别为偏心块 1 和 2、3 和 2 及 3 和 4 之间的相位差角（rad）。从而得到 $\varphi_1-\varphi_2=\alpha_{12}$，$\varphi_2-\varphi_3=-\alpha_{23}$，$\varphi_3-\varphi_4=\alpha_{34}$。将

其代入式（2-4）中得到该方程组的稳态解为：

$$
\begin{cases}
x=-\dfrac{A\cos\alpha_x}{m_x'\omega^2}\sin(\varphi+\alpha_x+\gamma_1)=-\dfrac{\cos\alpha_x}{m_x'\omega^2}[A_1\sin(\varphi+\alpha_x)+A_2\cos(\varphi+\alpha_x)] \\
y=-\dfrac{B\cos\alpha_y}{m_y'\omega^2}\sin(\varphi+\alpha_y+\gamma_2)=-\dfrac{\cos\alpha_y}{m_y'\omega^2}[B_1\sin(\varphi+\alpha_y)+B_2\cos(\varphi+\alpha_y)] \\
\psi=-\dfrac{C\cos\alpha_\psi}{J_\psi'\omega^2}\sin(\varphi+\alpha_\psi+\gamma_3)=-\dfrac{\cos\alpha_\psi}{J_\psi'\omega^2}[C_1\sin(\varphi+\alpha_\psi)+C_2\cos(\varphi+\alpha_\psi)]
\end{cases}
\tag{2-5}
$$

式中，$\alpha_x=\arctan\left[\dfrac{c_x}{m_x'\omega}\right]$， $m_x'=M-\dfrac{k_y}{\omega^2}$，其中 ，$A=\sqrt{A_1^2+A_2^2}$；

$\alpha_y=\arctan\left[\dfrac{c_y}{m_y'\omega}\right]$， $m_y'=M-\dfrac{k_x}{\omega^2}$，其中，$B=\sqrt{B_1^2+B_2^2}$；

$\alpha_\psi=\arctan\left[\dfrac{c_\psi}{J_\psi'\omega}\right]$， $J_\psi'=J-\dfrac{k_\varphi}{\omega^2}$，其中，$C=\sqrt{C_1^2+C_2^2}$。

由式（2-4）可以推出，多电机驱动自同步振动机的振动体三个方向和 n（$n=i+j$）个偏心转子的振动方程式为：

$$
\begin{aligned}
& M\ddot{x}+c_x\dot{x}+k_x x=\sum_{j=1}^{n}m_j r_j(\ddot{\varphi}_j\sin\varphi_j+\dot{\varphi}_j{}^2\cos\varphi_j)-\sum_{i=1}^{n}m_i r_i(\ddot{\varphi}_i\sin\varphi_i+\dot{\varphi}_i{}^2\cos\varphi_i) \\
& M\ddot{y}+c_y\dot{y}+k_y y=\sum_{j=1}^{n}m_j r_j(\ddot{\varphi}_j\sin\varphi_j+\dot{\varphi}_j{}^2\cos\varphi_j)-\sum_{i=1}^{n}m_i r_i(\ddot{\varphi}_i\sin\varphi_i-\dot{\varphi}_i{}^2\cos\varphi_i) \\
& J\ddot{\psi}+c_\psi\dot{\psi}+k_\psi\psi=\sum_{j=1}^{n}c_j(\dot{\varphi}_j-\dot{\psi})-\sum_{i=1}^{n}c_i(\dot{\varphi}_i+\dot{\psi})+ \\
& \sum_{j=1}^{n}m_j l_j r_j[-\ddot{\varphi}_j\cos(\varphi_j-\beta_j-\psi)+\dot{\varphi}_j{}^2\sin(\varphi_j-\beta_j-\psi)]+ \\
& \sum_{i=1}^{n}m_i l_i r_i[-\ddot{\varphi}_i\cos(\varphi_i+\beta_i+\psi)+\dot{\varphi}_i{}^2\sin(\varphi_i+\beta_i+\psi)] \\
& J_{0j}\ddot{\varphi}_j=M_{mj}-M_{fj}-c_j(\dot{\varphi}_j-\dot{\psi})+m_j r_j[\ddot{x}\sin\varphi_j-\ddot{y}\cos\varphi_j]+ \\
& m_j l_j r_j[-\ddot{\psi}_j\cos(\varphi_j-\beta_j-\psi)-\dot{\psi}_j{}^2\sin(\varphi_j-\beta_j-\psi)] \\
& J_{0i}\ddot{\varphi}_i=M_{mi}-M_{fi}-c_i(\dot{\varphi}_i+\dot{\psi})-m_i r_i[\ddot{x}\sin\varphi_i+\ddot{y}\cos\varphi_i]+ \\
& m_i l_i r_i[-\ddot{\psi}_i\cos(\varphi_i+\beta_i+\psi)+\dot{\psi}_i{}^2\sin(\varphi_i+\beta_i+\psi)]
\end{aligned}
\tag{2-6}
$$

式中，i 为顺时针，j 为逆时针。

2.2.2 四电机驱动自同步振动机的同步性条件

通过运用 Hamilton 原理建立了该振动机实现自同步运转和同步稳定运转的条件。一个周期内的 Hamilton 作用量为：

$$H=\int_0^{2\pi}(L-T)\mathrm{d}t=\frac{\pi A^2\cos^2\alpha_x}{2m'_x\omega^2}+\frac{\pi B^2\cos^2\alpha_y}{2m'_y\omega^2}+\frac{\pi C^2\cos^2\alpha_\psi}{2J'_\psi\omega^2}-$$

$$\frac{\pi\cos\alpha_x\cos\alpha_y}{m'_xJ'_\psi\omega^2}\left(\sum_{i=0}^{4}m_il_i\sin\beta_i\right)[(A_1C_1+A_2C_2)\cos(\alpha_x-\alpha_\psi)+(A_1C_2-A_2C_1)\sin(\alpha_x-\alpha_\psi)]+$$

$$\frac{\pi\cos\alpha_x\cos\alpha_y}{m'_yJ'_\psi\omega^2}\left(\sum_{i=0}^{4}m_il_i\cos\beta_i\right)[(B_1C_1+B_2C_2)\cos(\alpha_y-\alpha_\psi)+(B_1C_2-B_2C_1)\sin(\alpha_y-\alpha_\psi)]+$$

$$\frac{\pi m_1r_1\cos\alpha_x}{m'_x}\left[-A_1\sin\left(\alpha_x-\frac{1}{2}\alpha_{12}\right)-A_2\cos\left(\alpha_x-\frac{1}{2}\alpha_{12}\right)\right]-$$

$$\frac{\pi m_3r_3\cos\alpha_x}{m'_x}\left[-A_1\sin\left(\alpha_x+\frac{1}{2}\alpha_{12}-\alpha_{23}\right)-A_2\cos\left(\alpha_x+\frac{1}{2}\alpha_{12}-\alpha_{23}\right)\right]-$$

$$\frac{\pi m_2r_2\cos\alpha_x}{m'_x}\left[-A_1\sin\left(\alpha_x+\frac{1}{2}\alpha_{12}\right)-A_2\cos\left(\alpha_x+\frac{1}{2}\alpha_{12}\right)\right]-$$

$$\frac{\pi m_4r_4\cos\alpha_x}{m'_x}\left[-A_1\sin\left(\alpha_x+\frac{1}{2}\alpha_{12}-\alpha_{23}+\alpha_{34}\right)-A_2\cos\left(\alpha_x+\frac{1}{2}\alpha_{12}-\alpha_{23}+\alpha_{34}\right)\right]-$$

$$\frac{\pi m_1r_1\cos\alpha_y}{m'_y}\left[B_1\cos\left(\alpha_y-\frac{1}{2}\alpha_{12}\right)-B_2\sin\left(\alpha_y-\frac{1}{2}\alpha_{12}\right)\right]-$$

$$\frac{\pi m_3r_3\cos\alpha_y}{m'_y}\left[B_1\cos\left(\alpha_y+\frac{1}{2}\alpha_{12}-\alpha_{23}\right)-B_2\sin\left(\alpha_y+\frac{1}{2}\alpha_{12}-\alpha_{23}\right)\right]-$$

$$\frac{\pi m_2r_2\cos\alpha_y}{m'_y}\left[B_1\cos\left(\alpha_y+\frac{1}{2}\alpha_{12}\right)-B_2\sin\left(\alpha_y+\frac{1}{2}\alpha_{12}\right)\right]-$$

$$\frac{\pi m_4r_4\cos\alpha_y}{m'_y}\left[B_1\cos\left(\alpha_y+\frac{1}{2}\alpha_{12}-\alpha_{23}+\alpha_{34}\right)-B_2\sin\left(\alpha_y+\frac{1}{2}\alpha_{12}-\alpha_{23}+\alpha_{34}\right)\right]-$$

$$\frac{\pi m_1r_1l_1\cos\alpha_\psi}{J'_\psi}\left[C_1\cos\left(\alpha_\psi-\frac{1}{2}\alpha_{12}+\beta_1\right)-C_2\sin\left(\alpha_\psi-\frac{1}{2}\alpha_{12}+\beta_1\right)\right]+$$

$$\frac{\pi m_3r_3l_3\cos\alpha_\psi}{J'_\psi}\left[-C_1\cos\left(\alpha_\psi+\frac{1}{2}\alpha_{12}-\alpha_{23}-\beta_3\right)+C_2\sin\left(\alpha_\psi+\frac{1}{2}\alpha_{12}-\alpha_{23}-\beta_3\right)\right]+$$

$$\frac{\pi m_2r_2l_2\cos\alpha_\psi}{J'_\psi}\left[-C_1\sin\left(\alpha_\psi+\frac{1}{2}\alpha_{12}-\beta_2\right)+C_2\cos\left(\alpha_\psi+\frac{1}{2}\alpha_{12}-\beta_2\right)\right]+$$

$$\frac{\pi m_4r_4l_4\cos\alpha_\psi}{J'_\psi}\left[-C_1\sin\left(\alpha_\psi+\frac{1}{2}\alpha_{12}-\alpha_{23}+\alpha_{34}-\beta_4\right)+C_2\cos\left(\alpha_\psi+\frac{1}{2}\alpha_{12}-\alpha_{23}+\alpha_{34}-\beta_4\right)\right] \tag{2-7}$$

对式（2-7）进行简化，设：

$$\frac{\cos^2\alpha_x}{m'_x}=D''_x,\frac{\cos^2\alpha_y}{m'_y}=D''_y,\frac{\cos^2\alpha_\psi}{J'_\psi}=D''_\psi,\frac{\cos\alpha_x}{m'_x}=D'_x,\frac{\cos\alpha_y}{m'_y}=D'_y,\frac{\cos\alpha_\psi}{J'_\psi}=D'_\psi$$

$$\sum_{i=0}^{4}m_il_i\sin\beta_i=J_{\sin},\sum_{i=0}^{4}m_il_i\cos\beta_i=J_{\cos}$$

若略去弹性力和阻尼力的影响，该力学系统在运动过程中，除受到有势力即重力的作用外，还受受到驱动力矩和摩擦力矩的作用，所以系统是一个完整的非保守系统。由完整非保守系统的 Hamiton 原理有：

$$\delta H + \int_0^{2\pi} \sum_{i=1}^{3} Q_i \delta q_i \mathrm{d}(\omega t) = 0 \tag{2-8}$$

式中，Q_i 为该系统的非广义力，q_i 为广义坐标。在该系统中 α_{12}、α_{23}、α_{34} 为系统的广义坐标，则广义力 Q_i 分别为：

$$\begin{cases} Q_1 = \sum_{i=1}^{4} (M_{gi} - M_{fi}) \dfrac{\partial \varphi_i}{\partial \alpha_{12}} = \dfrac{1}{2}(M_{g1} - M_{f1}) - \dfrac{1}{2}(M_{g2} - M_{f2}) - \dfrac{1}{2}(M_{g3} - M_{f3}) - \\ \dfrac{1}{2}(M_{g4} - M_{f4}) \\ Q_2 = \sum_{i=1}^{4} (M_{gi} - M_{fi}) \dfrac{\partial \varphi_i}{\partial \alpha_{23}} = (M_{g3} - M_{f3}) + (M_{g4} - M_{f4}) \\ Q_3 = \sum_{i=1}^{4} (M_{gi} - M_{fi}) \dfrac{\partial \varphi_i}{\partial \alpha_{34}} = -(M_{g4} - M_{f4}) \end{cases} \tag{2-9}$$

计算 Hamilton 作用量对广义坐标的导数，分别得到式（2-10）～式（2-12）：

$$\frac{\partial H}{\partial \alpha_{12}} = \pi\omega^2 [m_1 r_1 m_3 r_3 \sqrt{\lambda_{1\cos}^2 + \lambda_{1\sin}^2} \sin(\alpha_{12} - \alpha_{23} + \lambda_1') + \\ m_1 r_1 m_2 r_2 \sqrt{\lambda_{2\cos}^2 + \lambda_{2\sin}^2} \sin(\alpha_{12} + \lambda_2') + m_1 r_1 m_4 r_4 \sqrt{\lambda_{3\cos}^2 + \lambda_{3\sin}^2} \sin(\alpha_{12} - \alpha_{23} + \alpha_{34} + \lambda_3')] \tag{2-10}$$

式中，$\lambda_1' = \arctan(\lambda_{1\sin}/\lambda_{1\cos})$

$\lambda_2' = \arctan(\lambda_{2\sin}/\lambda_{2\cos})$

$\lambda_3' = \arctan(\lambda_{3\sin}/\lambda_{3\cos})$

$$\lambda_{1\cos} = D_x'' - D_y'' - D_\psi'' l_1 l_3 \cos(\beta_3 + \beta_1) - J_{\sin}' D_x' D_\psi' [l_3 \sin(\alpha_x - \alpha_\psi - \beta_3) - \\ l_1 \sin(\beta_1 + \alpha_x - \alpha_\psi)] + J_{\cos}' D_y' D_\psi' [-l_3 \cos(-\beta_3 - \alpha_y + \alpha_\psi) - l_1 \cos(\beta_1 - \alpha_y + \alpha_\psi)] - \\ 2D_x' \cos\alpha_x + 2D_y' \cos\alpha_y + D_\psi' l_1 l_3 [\cos(\alpha_\psi + \beta_3 + \beta_1) + \cos(\alpha_\psi - \beta_3 - \beta_1)]$$

$$\lambda_{1\sin} = D_\psi'' l_1 l_3 \sin(\beta_3 + \beta_1) - J_{\sin}' D_x' D_\psi' [-l_3 \cos(\alpha_x - \alpha_\psi - \beta_3) - l_1 \cos(\beta_1 + \alpha_x - \alpha_\psi)] + \\ J_{\cos}' D_y' D_\psi' [-l_3 \sin(\beta_3 - \alpha_y + \alpha_\psi) + l_1 \sin(\beta_1 - \alpha_y + \alpha_\psi)] + \\ D_\psi' l_1 l_3 [-\sin(\alpha_\psi + \beta_3 + \beta_1) + \sin(\alpha_\psi - \beta_3 - \beta_1)]$$

$$\lambda_{2\cos} - D_x'' - D_y'' \quad D_\psi'' l_1 l_2 \cos(\beta_2 + \beta_1) - J_{\sin}' D_x' D_\psi' [l_2 \sin(-\beta_2 + \alpha_x - \alpha_\psi) + \\ l_1 \sin(-\beta_1 - \alpha_x + \alpha_\psi)] + J_{\cos}' D_y' D_\psi' [-l_2 \cos(-\beta_2 - \alpha_y + \alpha_\psi) - l_1 \cos(-\beta_1 - \alpha_y + \alpha_\psi)] - \\ 2D_x' \cos\alpha_x + 2D_y' \cos\alpha_y + D_\psi' l_1 l_2 [\cos(\alpha_\psi + \beta_2 + \beta_1) + \cos(\alpha_\psi - \beta_2 - \beta_1)]$$

$$\lambda_{2\sin} = D_\psi'' l_1 l_2 \sin(\beta_2 + \beta_1) - J_{\sin}' D_x' D_\psi' [-l_2 \cos(-\beta_2 + \alpha_x - \alpha_\psi) - \\ l_1 \cos(-\beta_1 - \alpha_x + \alpha_\psi)] + J_{\cos}' D_y' D_\psi' [-l_2 \sin(-\beta_2 - \alpha_y + \alpha_\psi) - l_1 \sin(-\beta_1 - \alpha_y + \alpha_\psi)] + \\ D_\psi' l_1 l_2 [-\sin(\alpha_\psi + \beta_2 + \beta_1) + \sin(\alpha_\psi - \beta_2 - \beta_1)]$$

$$\lambda_{3\cos} = D_x'' - D_y'' - D_\psi'' l_1 l_4 \cos(\beta_4 + \beta_1) - J_{\sin}' D_x' D_\psi' [l_4 \sin(-\beta_4 + \alpha_x - \alpha_\psi) - \\ l_1 \sin(\beta_1 + \alpha_x - \alpha_\psi)] + J_{\cos}' D_y' D_\psi' [-l_4 \cos(-\beta_4 - \alpha_y + \alpha_\psi) - l_1 \cos(\beta_1 - \alpha_y + \alpha_\psi)] - \\ 2D_x' \cos\alpha_x + 2D_y' \cos\alpha_y + D_\psi' l_1 l_4 [\cos(\beta_4 + \beta_1 + \alpha_\psi) + \cos(\alpha_\psi - \beta_4 - \beta_1)]$$

$$\lambda_{3\sin}=D''_{\psi}l_1l_4\sin(\beta_4+\beta_1)-J'_{\sin}D'_xD'_{\psi}[-l_4\cos(-\beta_4+\alpha_x-\alpha_{\psi})-l_1\cos(\beta_1+\alpha_x-\alpha_{\psi})]+J'_{\cos}D'_yD'_{\psi}[-l_4\sin(-\beta_4-\alpha_y+\alpha_{\psi})+l_1\sin(\beta_1-\alpha_y+\alpha_{\psi})]+D'_{\psi}l_1l_4[-\sin(\beta_4+\beta_1+\alpha_{\psi})+\sin(\alpha_{\psi}-\beta_4-\beta_1)]$$

$$\frac{\partial H}{\partial\alpha_{23}}=\pi\omega^2[-m_1r_1m_3r_3\sqrt{\lambda_{1\cos}^2+\lambda_{1\sin}^2}\sin(\alpha_{12}-\alpha_{23}+\lambda'_1)-m_1r_1m_4r_4\sqrt{\lambda_{3\cos}^2+\lambda_{3\sin}^2}\sin(\alpha_{12}-\alpha_{23}+\alpha_{34}+\lambda'_3)+m_2r_2m_3r_3\sqrt{\theta_{1\cos}^2+\theta_{1\sin}^2}\sin(\alpha_{23}+\theta'_1)+m_2r_2m_4r_4\sqrt{\theta_{2\cos}^2+\theta_{2\sin}^2}\sin(\alpha_{23}-\alpha_{34}+\theta'_2)] \tag{2-11}$$

式中，$\theta'_1=\arctan(\theta_{1\sin}/\theta_{1\cos})$

$\theta'_2=\arctan(\theta_{2\sin}/\theta_{2\cos})$

$$\theta_{1\cos}=-D''_x-D''_y-D''_{\psi}l_2l_3\cos(\beta_2-\beta_3)-J'_{\sin}D'_xD'_{\psi}[-l_2\sin(-\beta_2+\alpha_x-\alpha_{\psi})+l_3\sin(\beta_3-\alpha_x+\alpha_{\psi})]+J'_{\cos}D'_yD'_{\psi}[-l_2\cos(-\beta_2-\alpha_y+\alpha_{\psi})-l_3\cos(\beta_3-\alpha_y+\alpha_{\psi})]+2D'_x\cos\alpha_x+2D'_y\cos\alpha_y+D'_{\psi}l_3l_2[\cos(\alpha_{\psi}+\beta_2-\beta_3)+\cos(\alpha_{\psi}-\beta_2+\beta_3)]$$

$$\theta_{1\sin}=D''_{\psi}l_3l_2\sin(\beta_2-\beta_3)+J'_{\sin}D'_xD'_{\psi}[l_2\cos(-\beta_2+\alpha_x-\alpha_{\psi})+l_3\cos(\beta_3-\alpha_x+\alpha_{\psi})]+J'_{\cos}D'_yD'_{\psi}[-l_2\sin(-\beta_2-\alpha_y+\alpha_{\psi})-l_3\sin(\beta_3-\alpha_y+\alpha_{\psi})]+D'_{\psi}l_3l_2[-\sin(\alpha_{\psi}+\beta_2-\beta_3)+\sin(\alpha_{\psi}-\beta_2+\beta_3)]$$

$$\theta_{2\cos}=-D''_x-D''_y-D''_{\psi}l_2l_4\cos(\beta_4-\beta_2)-J'_{\sin}D'_xD'_{\psi}[l_4\sin(\beta_4+\alpha_x-\alpha_{\psi})-l_2\sin(\alpha_x-\alpha_{\psi}-\beta_2)]+J'_{\cos}D'_yD'_{\psi}[-l_4\cos(\beta_4-\alpha_y+\alpha_{\psi})-l_2\cos(-\beta_2-\alpha_y+\alpha_{\psi})]+2D'_x\cos\alpha_x+2D'_y\cos\alpha_y+D'_{\psi}l_4l_2[\cos(\alpha_{\psi}+\beta_4-\beta_2)+\cos(\alpha_{\psi}-\beta_4+\beta_2)]$$

$$\theta_{2\sin}=-D''_{\psi}l_2l_4\sin(\beta_4-\beta_2)-J'_{\sin}D'_xD'_{\psi}[-l_4\cos(\beta_4+\alpha_x-\alpha_{\psi})+l_2\cos(\alpha_x-\alpha_{\psi}-\beta_2)]+J'_{\cos}D'_yD'_{\psi}[-l_4\sin(\beta_4-\alpha_y+\alpha_{\psi})-l_2\sin(-\beta_2-\alpha_y+\alpha_{\psi})]+D'_{\psi}l_4l_2[\sin(\alpha_{\psi}+\beta_4-\beta_2)-\sin(\alpha_{\psi}-\beta_4+\beta_2)]$$

$$\frac{\partial H}{\partial\alpha_{34}}=\pi\omega^2[+m_1r_1m_4r_4\sqrt{\lambda_{3\cos}^2+\lambda_{3\sin}^2}\sin(\alpha_{12}-\alpha_{23}+\alpha_{34}+\lambda'_3)-m_2r_2m_4r_4\sqrt{\theta_{2\cos}^2+\theta_{2\sin}^2}\sin(\alpha_{23}-\alpha_{34}+\theta'_2)+m_3r_3m_4r_4\sqrt{\delta_{\cos}^2+\delta_{\sin}^2}\sin(\alpha_{34}+\delta')] \tag{2-12}$$

式中，

$\delta'=\arctan(\delta_{\sin}/\delta_{\cos})$

$$\delta_{\cos}=-D''_x-D''_y-D''_{\psi}l_3l_4\cos(\beta_4-\beta_3)+J'_{\sin}D'_xD'_{\psi}[-l_4\sin(\alpha_x-\alpha_{\psi}-\beta_4)-l_3\sin(\alpha_x-\alpha_{\psi}+\beta_3)]+J'_{\cos}D'_yD'_{\psi}[-l_4\cos(-\beta_4-\alpha_y+\alpha_{\psi})-l_3\cos(-\beta_3-\alpha_y+\alpha_{\psi})]+2D'_x\cos\alpha_x+2D'_y\cos\alpha_y-D'_{\psi}l_4l_3[\cos(\alpha_{\psi}+\beta_4+\beta_3)-\cos(\alpha_{\psi}-\beta_4+\beta_3)]$$

$$\delta_{\sin}=-D''_{\psi}l_3l_4\sin(\beta_4-\beta_3)+J'_{\sin}D'_xD'_{\psi}[-l_4\cos(\alpha_x-\alpha_{\psi}-\beta_4)-l_3\cos(\alpha_x-\alpha_{\psi}+\beta_3)]+J'_{\cos}D'_yD'_{\psi}[-l_4\sin s(-\beta_4-\alpha_y+\alpha_{\psi})+l_3\sin(-\beta_3-\alpha_y+\alpha_{\psi})]+D'_{\psi}l_4l_3[\sin(\alpha_{\psi}+\beta_4+\beta_3)+\sin(\alpha_{\psi}-\beta_4+\beta_3)]$$

由于α_{12}、α_{23}、α_{34}相互独立，则将式（2-9）～式（2-12）带入（2-8）中得到：

$$\pi\omega^2[m_1r_1m_3r_3\sqrt{\lambda_{1\cos}^2+\lambda_{1\sin}^2}\sin(\alpha_{12}-\alpha_{23}+\lambda_1')+m_1r_1m_2r_2\sqrt{\lambda_{2\cos}^2+\lambda_{2\sin}^2}\sin(\alpha_{12}+\lambda_2')+m_1r_1m_4r_4\sqrt{\lambda_{3\cos}^2+\lambda_{3\sin}^2}\sin(\alpha_{12}-\alpha_{23}+\alpha_{34}+\lambda_3')]+(M_{g1}-M_{f1})-(M_{g2}-M_{f2})-(M_{g3}-M_{f3})-(M_{g4}-M_{f4})=0 \tag{2-13}$$

$$\pi\omega^2[-m_1r_1m_3r_3\sqrt{\lambda_{1\cos}^2+\lambda_{1\sin}^2}\sin(\alpha_{12}-\alpha_{23}+\lambda_1')-m_1r_1m_4r_4\sqrt{\lambda_{3\cos}^2+\lambda_{3\sin}^2}\sin(\alpha_{12}-\alpha_{23}+\alpha_{34}+\lambda_3')+m_2r_2m_3r_3\sqrt{\theta_{1\cos}^2+\theta_{1\sin}^2}\sin(\alpha_{23}+\theta_1')+m_2r_2m_4r_4\sqrt{\theta_{2\cos}^2+\theta_{2\sin}^2}\sin(\alpha_{23}-\alpha_{34}+\theta_2')]+2(M_{g3}-M_{f3})+2(M_{g4}-M_{f4})=0 \tag{2-14}$$

$$\pi\omega^2[+m_1r_1m_4r_4\sqrt{\lambda_{3\cos}^2+\lambda_{3\sin}^2}\sin(\alpha_{12}-\alpha_{23}+\alpha_{34}+\lambda_3')-m_2r_2m_4r_4\sqrt{\theta_{2\cos}^2+\theta_{2\sin}^2}\sin(\alpha_{23}-\alpha_{34}+\theta_2')+m_3r_3m_4r_4\sqrt{\delta_{\cos}^2+\delta_{\sin}^2}\sin(\alpha_{34}+\delta')]-2(M_{g4}-M_{f4})=0 \tag{2-15}$$

式（2-13）～式（2-15）中的 α_{12}、α_{23}、α_{34} 有解是满足振动机同步性的必要条件，α_{12}、α_{23}、α_{34} 是该振动机的激振转轴的平衡点，由于系统的广义坐标相互独立，则将式（2-13）～式（2-15）相互叠加得式（2-16）：

$$\omega^2m_1r_1m_2r_2\sqrt{\lambda_{2\cos}^2+\lambda_{2\sin}^2}\sin(\alpha_{12}+\lambda_2')+\omega^2m_1r_1m_4r_4\sqrt{\lambda_{3\cos}^2+\lambda_{3\sin}^2}\sin(\alpha_{12}-\alpha_{23}+\alpha_{34}+\lambda_3')+\omega^2m_2r_2m_3r_3\sqrt{\theta_{1\cos}^2+\theta_{1\sin}^2}\sin(\alpha_{23}+\theta_1')+\omega^2m_3r_3m_4r_4\sqrt{\delta_{\cos}^2+\delta_{\sin}^2}\sin(\alpha_{34}+\delta')+W=0 \tag{2-16}$$

式中，$W=[(M_{g1}-M_{f1})-(M_{g2}-M_{f2})+(M_{g3}-M_{f3})-(M_{g4}-M_{f4})]$

式（2-16）满足有解的条件，该系统满足同步性条件。式（2-16）变换为：

$$\sin(\alpha_{12}+\lambda_2')=\frac{\left(\begin{array}{l}-W-\omega^2m_1r_1m_4r_4\sqrt{\lambda_{3\cos}^2+\lambda_{3\sin}^2}\sin(\alpha_{12}-\alpha_{23}+\alpha_{34}+\lambda_3')-\\ \omega^2m_2r_2m_3r_3\sqrt{\theta_{1\cos}^2+\theta_{1\sin}^2}\sin(\alpha_{23}+\theta_1')-\omega^2m_3r_3m_4r_4\sqrt{\delta_{\cos}^2+\delta_{\sin}^2}\sin(\alpha_{34}+\delta')\end{array}\right)}{\omega^2m_1r_1m_2r_2\sqrt{\lambda_{2\cos}^2+\lambda_{2\sin}^2}} \tag{2-17}$$

要使 α_{12} 有解，必须使式（2-17）等号右边的绝对值小于 1。

将上式换算为：

$$\left|\frac{-W-\omega^2m_1r_1m_4r_4\sqrt{\lambda_{3\cos}^2+\lambda_{3\sin}^2}\sin(\alpha_{12}-\alpha_{23}-\alpha_{34}+\lambda_3')-\omega^2m_2r_2m_3r_3\sqrt{\theta_{1\cos}^2+\theta_{1\sin}^2}\sin(\alpha_{23}+\theta_1')-\omega^2m_3r_3m_4r_4\sqrt{\delta_{\cos}^2+\delta_{\sin}^2}\sin(\alpha_{34}+\delta')}{\omega^2m_1r_1m_2r_2\sqrt{\lambda_{2\cos}^2+\lambda_{2\sin}^2}}\right|$$

$$\leqslant\frac{\left(\begin{array}{l}|W|+|\omega^2m_1r_1m_4r_4\sqrt{\lambda_{3\cos}^2+\lambda_{3\sin}^2}||\sin(\alpha_{12}-\alpha_{23}+\alpha_{34}+\lambda_3')|+|\omega^2m_2r_2m_3r_3\\ \sqrt{\theta_{1\cos}^2+\theta_{1\sin}^2}||\sin(\alpha_{23}+\theta_1')|+|\omega^2m_3r_3m_4r_4\sqrt{\delta_{\cos}^2+\delta_{\sin}^2}||\sin(\alpha_{34}+\delta')|\end{array}\right)}{|\omega^2m_1r_1m_2r_2\sqrt{\lambda_{2\cos}^2+\lambda_{2\sin}^2}|}$$

$$\leqslant\frac{\left(\begin{array}{l}|W|+|\omega^2m_1r_1m_4r_4\sqrt{\lambda_{3\cos}^2+\lambda_{3\sin}^2}|+|\omega^2m_2r_2m_3r_3\sqrt{\theta_{1\cos}^2+\theta_{1\sin}^2}|+\\ |\omega^2m_3r_3m_4r_4\sqrt{\delta_{\cos}^2+\delta_{\sin}^2}|\end{array}\right)}{|\omega^2m_1r_1m_2r_2\sqrt{\lambda_{2\cos}^2+\lambda_{2\sin}^2}|} \tag{2-18}$$

如果式（2-17）成立，必须满足：

$$\frac{\left(\begin{array}{l}|W|+|\omega^2 m_1 r_1 m_4 r_4\sqrt{\lambda_{3\cos}^2+\lambda_{3\sin}^2}|+|\omega^2 m_2 r_2 m_3 r_3\sqrt{\theta_{1\cos}^2+\theta_{1\sin}^2}|+\\|\omega^2 m_3 r_3 m_4 r_4\sqrt{\delta_{\cos}^2+\delta_{\sin}^2}|\end{array}\right)}{|\omega^2 m_1 r_1 m_2 r_2\sqrt{\lambda_{2\cos}^2+\lambda_{2\sin}^2}|}\leqslant 1 \tag{2-19}$$

式（2-19）为四电机驱动自同步振动机同步性的条件之一。同理可得到：

$$\frac{\left(\begin{array}{l}|W|+|\omega^2 m_1 r_1 m_2 r_2\sqrt{\lambda_{2\cos}^2+\lambda_{2\sin}^2}|+|\omega^2 m_2 r_2 m_3 r_3\sqrt{\theta_{1\cos}^2+\theta_{1\sin}^2}|+\\|\omega^2 m_3 r_3 m_4 r_4\sqrt{\delta_{\cos}^2+\delta_{\sin}^2}|\end{array}\right)}{|\omega^2 m_1 r_1 m_4 r_4\sqrt{\lambda_{3\cos}^2+\lambda_{3\sin}^2}|}\leqslant 1 \tag{2-20}$$

$$\frac{\left(\begin{array}{l}|W|+|\omega^2 m_1 r_1 m_4 r_4\sqrt{\lambda_{3\cos}^2+\lambda_{3\sin}^2}|+|\omega^2 m_1 r_1 m_2 r_2\sqrt{\lambda_{2\cos}^2+\lambda_{2\sin}^2}|+\\|\omega^2 m_3 r_3 m_4 r_4\sqrt{\delta_{\cos}^2+\delta_{\sin}^2}|\end{array}\right)}{|\omega^2 m_2 r_2 m_3 r_3\sqrt{\theta_{1\cos}^2+\theta_{1\sin}^2}|}\leqslant 1 \tag{2-21}$$

$$\frac{\left(\begin{array}{l}|W|+|\omega^2 m_1 r_1 m_4 r_4\sqrt{\lambda_{3\cos}^2+\lambda_{3\sin}^2}|+|\omega^2 m_2 r_2 m_3 r_3\sqrt{\theta_{1\cos}^2+\theta_{1\sin}^2}|+\\|\omega^2 m_1 r_1 m_2 r_2\sqrt{\lambda_{2\cos}^2+\lambda_{2\sin}^2}|\end{array}\right)}{|\omega^2 m_3 r_3 m_4 r_4\sqrt{\delta_{\cos}^2+\delta_{\sin}^2}|}\leqslant 1 \tag{2-22}$$

式（2-19）～式（2-22）共同构成了四电机驱动的自同步振动机的同步性条件。

2.2.3　四电机驱动自同步振动机同步状态下的同步稳定性条件

自同步振动机的同步稳定性条件是根据哈密顿作用量具有极值、多元函数系统的稳定性判别以及函数的极值理论来分析的。四电机驱动自同步振动机同步稳定性条件为

$$\begin{cases}\dfrac{\partial^2 H}{\partial\alpha_{12}^2}>0,\\[2mm]\dfrac{\partial^2 H}{\partial\alpha_{12}^2}\cdot\dfrac{\partial^2 H}{\partial\alpha_{23}^2}-\left[\dfrac{\partial^2 H}{\partial\alpha_{12}\partial\alpha_{23}}\right]^2>0,\\[2mm]\begin{vmatrix}\dfrac{\partial^2 H}{\partial\alpha_{12}^2} & \dfrac{\partial^2 H}{\partial\alpha_{12}\partial\alpha_{23}} & \dfrac{\partial^2 H}{\partial\alpha_{12}\partial\alpha_{34}}\\ \dfrac{\partial^2 H}{\partial\alpha_{12}\partial\alpha_{23}} & \dfrac{\partial^2 H}{\partial\alpha_{23}^2} & \dfrac{\partial^2 H}{\partial\alpha_{23}\partial\alpha_{34}}\\ \dfrac{\partial^2 H}{\partial\alpha_{12}\partial\alpha_{34}} & \dfrac{\partial^2 H}{\partial\alpha_{23}\partial\alpha_{34}} & \dfrac{\partial^2 H}{\partial\alpha_{34}^2}\end{vmatrix}>0\end{cases} \tag{2-23}$$

由此可以得到：

$$\begin{array}{l}m_3 r_3\sqrt{\lambda_{1\cos}^2+\lambda_{1\sin}^2}\cos(\alpha_{12}-\alpha_{23}+\lambda_1')+m_2 r_2\sqrt{\lambda_{2\cos}^2+\lambda_{2\sin}^2}\cos(\alpha_{12}+\lambda_2')+\\m_4 r_4\sqrt{\lambda_{3\cos}^2+\lambda_{3\sin}^2}\cos(\alpha_{12}-\alpha_{23}+\alpha_{34}+\lambda_3')>0\end{array} \tag{2-24}$$

$$[m_3r_3\sqrt{\lambda_{1\cos}^2+\lambda_{1\sin}^2}\cos(\alpha_{12}-\alpha_{23}+\lambda_1')+m_4r_4\sqrt{\lambda_{3\cos}^2+\lambda_{3\sin}^2}\cos(\alpha_{12}-\alpha_{23}+\alpha_{34}+\lambda_3')]$$
$$[m_3r_3\sqrt{\theta_{1\cos}^2+\theta_{1\sin}^2}\cos(\alpha_{23}+\theta_1')+m_4r_4\sqrt{\theta_{2\cos}^2+\theta_{2\sin}^2}\cos(\alpha_{23}-\alpha_{34}+\theta_2')]+$$
$$\sqrt{\lambda_{2\cos}^2+\lambda_{2\sin}^2}\cos(\alpha_{12}+\lambda_2')[m_1r_1m_3r_3\sqrt{\lambda_{1\cos}^2+\lambda_{1\sin}^2}\cos(\alpha_{12}-\alpha_{23}+\lambda_1')+$$
$$m_1r_1m_4r_4\sqrt{\lambda_{3\cos}^2+\lambda_{3\sin}^2}\cos(\alpha_{12}-\alpha_{23}+\alpha_{34}+\lambda_3')+m_2r_2m_3r_3\sqrt{\theta_{1\cos}^2+\theta_{1\sin}^2}\cos(\alpha_{23}+\theta_1')+$$
$$m_2r_2m_4r_4\sqrt{\theta_{2\cos}^2+\theta_{2\sin}^2}\cos(\alpha_{23}-\alpha_{34}+\theta_2')]>0 \tag{2-25}$$

$$m_1r_1m_4r_4\sqrt{\lambda_{3\cos}^2+\lambda_{3\sin}^2}\cos(\alpha_{12}-\alpha_{23}+\alpha_{34}+\lambda_3')\{m_1r_1m_3r_3\sqrt{\lambda_{1\cos}^2+\lambda_{1\sin}^2}$$
$$\cos(\alpha_{12}-\alpha_{23}+\lambda_1')[m_1r_1m_2r_2\sqrt{\lambda_{2\cos}^2+\lambda_{2\sin}^2}\sin(\alpha_{12}+\lambda_2')+m_2r_2m_3r_3\sqrt{\theta_{1\cos}^2+\theta_{1\sin}^2}$$
$$\cos(\alpha_{23}+\theta_1')+m_2r_2m_4r_4\sqrt{\theta_{2\cos}^2+\theta_{2\sin}^2}\cos(\alpha_{23}-\alpha_{34}+\theta_2')-m_3r_3m_4r_4\sqrt{\delta_{\cos}^2+\delta_{\sin}^2}$$
$$\sin(\alpha_{34}+\delta')]+m_1r_1m_2r_2\sqrt{\lambda_{2\cos}^2+\lambda_{2\sin}^2}\sin(\alpha_{12}+\lambda_2')m_2r_2m_3r_3\sqrt{\theta_{1\cos}^2+\theta_{1\sin}^2}\cos(\alpha_{23}+\theta_1')-$$
$$m_1r_1m_4r_4\sqrt{\lambda_{3\cos}^2+\lambda_{3\sin}^2}\cos(\alpha_{12}-\alpha_{23}+\alpha_{34}+\lambda_3')m_3r_3m_4r_4\sqrt{\delta_{\cos}^2+\delta_{\sin}^2}\sin(\alpha_{34}+\delta')\}$$
$$[m_1r_1m_3r_3\sqrt{\lambda_{1\cos}^2+\lambda_{1\sin}^2}\cos(\alpha_{12}-\alpha_{23}+\lambda_1')+m_1r_1m_2r_2\sqrt{\lambda_{2\cos}^2+\lambda_{2\sin}^2}\sin(\alpha_{12}+\lambda_2')+$$
$$m_1r_1m_4r_4\sqrt{\lambda_{3\cos}^2+\lambda_{3\sin}^2}\cos(\alpha_{12}-\alpha_{23}+\alpha_{34}+\lambda_3')]\{[m_2r_2m_4r_4\sqrt{\theta_{2\cos}^2+\theta_{2\sin}^2}$$
$$\cos(\alpha_{23}-\alpha_{34}+\theta_2')+m_3r_3m_4r_4\sqrt{\delta_{\cos}^2+\delta_{\sin}^2}\sin(\alpha_{34}+\delta')]m_2r_2m_3r_3\sqrt{\theta_{1\cos}^2+\theta_{1\sin}^2}$$
$$\cos(\alpha_{23}+\theta_1')+[m_1r_1m_4r_4\sqrt{\lambda_{3\cos}^2+\lambda_{3\sin}^2}\cos(\alpha_{12}-\alpha_{23}+\alpha_{34}+\lambda_3')+m_2r_2m_4r_4$$
$$\sqrt{\theta_{2\cos}^2+\theta_{2\sin}^2}\cos(\alpha_{23}-\alpha_{34}+\theta_2')]m_2r_2m_4r_4\sqrt{\theta_{2\cos}^2+\theta_{2\sin}^2}\cos(\alpha_{23}-\alpha_{34}+\theta_2')\}+[m_2r_2m_4r_4$$
$$\sqrt{\theta_{2\cos}^2+\theta_{2\sin}^2}\cos(\alpha_{23}-\alpha_{34}+\theta_2')+m_3r_3m_4r_4\sqrt{\delta_{\cos}^2+\delta_{\sin}^2}\sin(\alpha_{34}+\delta')]$$
$$m_1r_1m_2r_2\sqrt{\lambda_{2\cos}^2+\lambda_{2\sin}^2}\sin(\alpha_{12}+\lambda_2')m_1r_1m_3r_3\sqrt{\lambda_{1\cos}^2+\lambda_{1\sin}^2}\cos(\alpha_{12}-\alpha_{23}+\lambda_1')>0 \tag{2-26}$$

式（2-24）～式（2-26）共同构成四电机驱动的自同步振动机的同步稳定性条件。由四电机驱动的振动机的同步理论进行进一步分析多种类型的多电机驱动自同步振动机的同步理论，下面将具体分析。

2.3 双电机驱动自同步振动机的同步理论

对于双电机驱动的振动机，无论两激振电机偏心块的偏心质量距（偏心质量距为偏心块质量和半径之积）相等与否，也不管二者是同向等速回转还是反向等速回转，在系统满足一定的条件时，两激振轴都能自同步稳定运转。通过 2.2 节中的四电机驱动的自同步振动机的同步理论可以分析出双电机驱动自同步振动机的同步理论。双电机驱动振动机按激振电机的安装方式可分为偏移式振动机和对称安装振动机；按激振电机两转子回转方向可分为反向回转振动机和同向回转振动机。

2.3.1 对称安装反向回转自同步振动机的同步理论

当机体的质心位于两个激振电机的偏心转子轴心连线的中垂线上时，称为双电机对称安装振动机。如图 2-1 所示，如果其中 $l_1=l_4$，当带有偏心转子 1 和 4 的电机供电，带有转子 2 和 3 的电机不供电时，构成了双电机驱动激振电机对称安装反向回转振动机。将 φ_1 和 φ_4 的相位差角 $\alpha_{12}-\alpha_{23}+\alpha_{34}$ 设为 α_{14}。式（2-16）简化为：

$$\omega^2 m_1 r_1 m_4 r_4 \sqrt{\lambda_{3\cos}^2+\lambda_{3\sin}^2}\sin\alpha_{14}+W=0 \tag{2-27}$$

式中，$W=(M_{g1}-M_{f1})-(M_{g4}-M_{f4})$

对称安装振动机的机体质心位于两个激振电机的偏心转子轴心连线的中垂线上，式（2-10）中的 $l_1=l_4=l_0$，$\beta_4+\beta_1=\pi$。因此，$\lambda_{3\cos}=-\left(\frac{l_0^2}{J_\psi'}\cos^2\alpha_\psi-\frac{\cos^2\alpha_y}{m_y'}+\frac{\cos^2\alpha_x}{m_x'}\right)$，$\lambda_{3\sin}=0$，$\lambda_3'=0$。振动机同步运转必须满足式（2-27）有解，即得到双电机对称安装反向回转振动机的同步条件为：

$$\frac{\omega^2 m_1 r_1 m_4 r_4 \mid \lambda_{3\cos} \mid}{\mid (M_{g1}-M_{f1})-(M_{g4}-M_{f4}) \mid}\geqslant 1 \tag{2-28}$$

对称安装反向回转振动机的同步稳定性条件为：

$$\frac{\partial^2 H}{\partial \alpha_{14}^2}=\pi\omega^2 m_1 r_1 m_4 r_4 \left|\lambda_{3\cos}\right| \cos\alpha_{14}>0 \tag{2-29}$$

即

$$\mid \lambda_{3\cos} \mid \cos\alpha_{14}>0 \tag{2-30}$$

同步性条件式（2-28）和同步稳定性条件式（2-30）构成的同步理论是可应用于偏心质量距相等和不等两种类型的双电机驱动对称安装反向回转振动机中。对于其中某一电机停止供电时，即 $M_{gi}=0$，例如，切断电机 1 的电源时，式（2-28）中的 $M_{g1}=0$。在自同步振动机中双电机达到同步稳定状态后，切断电机 1 的电源后，如果两转子仍能保持同步状态，则振动机一定满足

$$\frac{\omega^2 m_1 r_1 m_4 r_4 \mid \lambda_{3\cos} \mid}{\mid (-M_{f1})-(M_{g4}-M_{f4}) \mid}\geqslant 1 \tag{2-31}$$

振动机才能实现同步运转的工作状态。

对于该类振动机偏心质量距相等的研究很多，例如，当偏心块的 $m_1=m_4=m_0$，$r_1=r_4=r_0$时，动静坐标、质心的原点重合于两激振电机偏心转子轴心连线的中点处（O''、O'、O 重合于一点），这时 $l_1=l_4=l_0$，$\beta_1=0°$，$\beta_4=180°$，该振动机构成了双电机驱动机体质心位于两轴连线中点反向回转形式的振动机，由式（2-28）得到振动机的同步性条件为：

$$\frac{\omega^2 m_0^2 r_0^2 \mid \lambda_{3\cos} \mid}{\mid (M_{g1}-M_{f1})-(M_{g4}-M_{f4}) \mid}\geqslant 1 \tag{2-32}$$

同步稳定性条件为式（2-30），此偏心质量距相等类型的同步理论分析与文献 2 中同步理论分析一致。对于振动体质心位于两激振电机偏心转子轴心连线的中垂线上，非中点处的情况，例如 $\beta_1=\pi/6$，$\beta_4=5\pi/6$，$l_1=l_4=0.4\text{m}$，$m_0=m_1=m_4=3.5\text{kg}$，$r_0=r_1=r_4=0.08\text{m}$，经分析，偏心质量距相等情况时对称安装的自同步振动机的同步性条件为（2-32），其同步稳定性条件为式（2-30）。

2.3.2　对称安装同向回转自同步振动机的同步理论

如图2-1，如果其中 $l_2=l_3$，当带有偏心转子2和3的电机供电，带有转子1和4的电机不供电时，构成了双电机驱动的对称安装同向回转振动机，则式（2-16）简化为：

$$\omega^2 m_2 r_2 m_3 r_3 \sqrt{\theta_{1\cos}^2+\theta_{1\sin}^2}\sin(\alpha_{23}+\theta_1')+W=0 \tag{2-33}$$

式中，$W=-(M_{g2}-M_{f2})+(M_{g3}-M_{f3})$

对称安装振动机的机体的质心位于两个激振电机的偏心转子轴心连线的中垂线上，式（2-11）中的 $l_2=l_3=l_0$，$\beta_2+\beta_3=\pi$。得到 $\theta_{1\cos}=-\left(\frac{l_0^2}{J_\psi'}\cos^2\alpha_\psi-\frac{\cos^2\alpha_y}{m_y'}-\frac{\cos^2\alpha_x}{m_x'}\right)$，$\theta_{1\sin}=0$，$\theta_1'=0$。满足式（2-33）有解，才能得到对称安装同向回转振动机的同步的必要条件为：

$$\frac{\omega^2 m_2 r_2 m_3 r_3\ |\theta_{1\cos}|}{|-(M_{g2}-M_{f2})+(M_{g3}-M_{f3})|}\geqslant 1 \tag{2-34}$$

对于其中某一电机停止供电时，即 $M_{gi}=0$，在自同步振动机的电机达到同步稳定状态后，切断电机2的电源后，如果两转子仍能保持同步状态，则振动机一定满足同步性条件 $\frac{\omega^2 m_2 r_2 m_3 r_3|\theta_{1\cos}|}{|M_{f2}+(M_{g3}-M_{f3})|}\geqslant 1$，这就是振动同步运转的工作状态。

振动机的同步稳定性条件是：

$$\frac{\partial^2 H}{\partial\alpha_{23}^2}=\pi\omega^2 m_2 r_2 m_3 r_3|\theta_{1\cos}|\cos\alpha_{23}>0 \tag{2-35}$$

即

$$|\theta_{1\cos}|\ \cos\alpha_{23}>0 \tag{2-36}$$

同步条件式（2-34）和同步稳定性条件式（2-36）构成的同步理论可应用于偏心质量距相等和不等两种类型的对称安装同向回转振动机中。

进一步研究偏心质量距相等情况，取机体质心位于两激振电机偏心转子轴心连线的中垂线的中点上，例如，当设偏心块 $m_2=m_3=m_0$、$r_2=r_3=r_0$ 时，O''、O'、O 重合于一点，$l_2=l_3=l_0$，$\beta_2=0°$，$\beta_3=180°$，由式（2-34）得到双电机驱动机体质心位于两激振电机偏心转子轴心连线的中垂线的中点处时，同向回转振动机的同步性条件为：

$$\frac{|\omega^2 m_0^2 r_0^2\ |\theta_{1\cos}|}{|(M_{g3}-M_{f3})-(M_{g2}-M_{f2})|}\geqslant 1 \tag{2-37}$$

该振动机的同步稳定性条件为式（2-36），此偏心质量距相等类型的对称安装同向回转振动机的同步理论分析与文献2中理论分析一致。

当机体质心位于两激振电机偏心转子轴心连线的中垂线（除中点外）上时，取 $\beta_2=\pi/6$，$\beta_3=5\pi/6$，$l_2=l_3=0.4\text{m}$，$m_0=m_2=m_3=3.5\text{kg}$，$r_0=r_2=r_3=0.08\text{m}$，分析得出此时振动机的同步性条件为式（2-37），同步稳定性条件为式（2-36）。

2.3.3　质心偏移式反向回转自同步振动机的同步理论

当机体的质心不落在两激振电机偏心转子的轴心连线的中垂线上时，称为质心偏移式振动机。如图2-1所示，如果其中 $l_1\neq l_2$，当带有偏心块1和2电机供电，带有偏心块3和4的电机不供电时，构成了双电机驱动机体质心偏移式反向回转自同步振动机，则式（2-16）可简化为

$$\omega^2 m_1 r_1 m_2 r_2 \sqrt{\lambda_{2\cos}^2+\lambda_{2\sin}^2}\sin(\alpha_{12}+\lambda_2')+W=0 \tag{2-38}$$

式中，$W=(M_{g1}-M_{f1})-(M_{g2}-M_{f2})$

上式有解才能得到质心偏移式反向回转自同步振动机同步必要条件为：

$$\frac{|\omega^2 m_1 r_1 m_2 r_2 \sqrt{\lambda_{2\cos}^2+\lambda_{2\sin}^2}|}{|(M_{g1}-M_{f1})-(M_{g2}-M_{f2})|}\geqslant 1 \tag{2-39}$$

质心偏移式反向回转振动机的同步稳定性条件是：

$$\frac{\partial^2 H}{\partial \alpha_{12}^2}=\pi\omega^2 m_1 r_1 m_2 r_2 \sqrt{\lambda_{2\cos}^2+\lambda_{2\sin}^2}\cos(\alpha_{12}+\lambda_2')>0 \tag{2-40}$$

即

$$\cos(\alpha_{12}+\lambda_2')>0 \tag{2-41}$$

同步性条件式（2-39）和同步稳定性条件式（2-41）构成的同步理论是可应用于偏心质量距相等和不等两种类型的质心偏移式反向回转振动机械中。当振动机达到稳定状态后，对其中某一电机停止供电，例如切断电机 2 的电源时，质心偏移式反向回转振动机必须满足式（2-39）中 W 变化为 $W=[(M_{g1}-M_{f1})-(0-M_{f2})]$ 的同步性条件，振动机才仍能同步运转。

2.3.4 质心偏移式同向回转自同步振动机的同步理论

图 2-1 中，如果其中 $l_3\neq l_4$ 当带有偏心块 3 和 4 的电机供电，带有偏心块 1 和 2 的电机不供电时，构成了质心偏移式同向回转自同步振动机，式（2-16）简化为：

$$\omega^2 m_3 r_3 m_4 r_4 \sqrt{\delta_{\cos}^2+\delta_{\sin}^2}\sin(\alpha_{34}+\delta')+W=0 \tag{2-42}$$

式中，$W=(M_{g3}-M_{f3})-(M_{g4}-M_{f4})$

质心偏移式同向回转振动机同步必要条件为：

$$\frac{|\omega^2 m_3 r_3 m_4 r_4 \sqrt{\delta_{\cos}^2+\delta_{\sin}^2}|}{|(M_{g3}-M_{f3})-(M_{g4}-M_{f4})|}\geqslant 1 \tag{2-43}$$

同步稳定性条件是：

$$\frac{\partial^2 H}{\partial \alpha_{34}^2}=\pi\omega^2 m_3 r_3 m_4 r_4 \sqrt{\delta_{\cos}^2+\delta_{\sin}^2}\cos(\alpha_{34}+\delta')>0 \tag{2-44}$$

即

$$\cos(\alpha_{34}+\delta')>0 \tag{2-45}$$

上述的同步条件式（2-43）和同步稳定性条件式（2-45）构成的同步理论是可应用于偏心质量距相等和不等两种类型的质心偏移式同向回转振动机中。切断电机 4 的电源时，若振动机两转子仍能保持同步状态，质心偏移式反向回转振动机必须满足式（2-43）中 W 变化为 $W=[(M_{g3}-M_{f3})-(0-M_{f4})]$ 的同步性条件，振动机才仍能同步运转。

2.4 三电机驱动自同步振动机的同步理论

2.4.1 三电机驱动反向回转自同步振动机的同步理论

图 2-1 中，当带有偏心块 4 的电机不供电，其他电机供电时，该振动机构成了三电机

驱动反向回转自同步振动机，式（2-16）简化为

$$\omega^2 m_1 r_1 m_2 r_2 \sqrt{\lambda_{2\cos}^2+\lambda_{2\sin}^2}\sin(\alpha_{12}+\lambda_2')+\omega^2 m_2 r_2 m_3 r_3 \sqrt{\theta_{1\cos}^2+\theta_{1\sin}^2}\sin(\alpha_{23}+\theta_1')+W=0 \quad (2\text{-}46)$$

式中，$W=(M_{g1}-M_{f1})-(M_{g2}-M_{f2})+(M_{g3}-M_{f3})$

同步必要条件为：

$$\frac{|W|+|\omega^2 m_2 r_2 m_3 r_3 \sqrt{\theta_{1\cos}^2+\theta_{1\sin}^2}|}{|\omega^2 m_1 r_1 m_2 r_2 \sqrt{\lambda_{2\cos}^2+\lambda_{2\sin}^2}|}\leqslant 1 \quad (2\text{-}47)$$

$$\frac{|W|+|\omega^2 m_1 r_1 m_2 r_2 \sqrt{\lambda_{2\cos}^2+\lambda_{2\sin}^2}|}{|\omega^2 m_2 r_2 m_3 r_3 \sqrt{\theta_{1\cos}^2+\theta_{1\sin}^2}|}\leqslant 1 \quad (2\text{-}48)$$

振动机的同步状态下的同步稳定性条件为：

$$\begin{cases}\dfrac{\partial^2 H}{\partial\alpha_{12}^2}>0\\ \dfrac{\partial^2 H}{\partial\alpha_{12}^2}\cdot\dfrac{\partial^2 H}{\partial\alpha_{23}^2}-\left[\dfrac{\partial^2 H}{\partial\alpha_{12}\partial\alpha_{23}}\right]^2>0\end{cases} \quad (2\text{-}49)$$

即 $$m_3 r_3 \sqrt{\lambda_{1\cos}^2+\lambda_{1\sin}^2}\cos(\alpha_{12}-\alpha_{23}+\lambda_1')+m_2 r_2 \sqrt{\lambda_{2\cos}^2+\lambda_{2\sin}^2}\cos(\alpha_{12}+\lambda_2')]>0 \quad (2\text{-}50)$$

$$\begin{aligned}&m_3 r_3 \sqrt{\lambda_{1\cos}^2+\lambda_{1\sin}^2}\cos(\alpha_{12}-\alpha_{23}+\lambda_1')m_2 r_2 \sqrt{\theta_{1\cos}^2+\theta_{1\sin}^2}\cos(\alpha_{23}+\theta_1')+\\&m_2 r_2 \sqrt{\lambda_{2\cos}^2+\lambda_{2\sin}^2}\cos(\alpha_{12}+\lambda_2')[m_1 r_1 \sqrt{\lambda_{1\cos}^2+\lambda_{1\sin}^2}\cos(\alpha_{12}-\alpha_{23}+\lambda_1')+\\&m_2 r_2 \sqrt{\theta_{1\cos}^2+\theta_{1\sin}^2}\cos(\alpha_{23}+\theta_1')]>0\end{aligned} \quad (2\text{-}51)$$

同步必要条件式（2-47）～式（2-48）和同步稳定运转条件式（2-50）～式（2-51）构成的同步理论可应用于偏心质量距相等和不等两种类型的三电机驱动反向回转自同步振动机。当振动机达到稳定状态后，对其中某一电机停止供电时，即 $M_{gi}=0$。例如，切断电机2的电源时，如果振动机三个偏心转子仍能保持同步状态，三电机驱动反向回转振动机要满足式（2-47）～式（2-48）中 W 变化为 $W=(M_{g1}-M_{f1})-(0-M_{f2})+(M_{g3}-M_{f3})$ 的同步性条件，振动机才仍能同步运转。

具体分析一组参数系统，取 $\beta_1=\pi/6$，$\beta_2=\pi/2$，$\beta_3=5\pi/6$，$l_1=l_3=0.4\text{m}$，$l_2=0.2\text{m}$，$m_0=m_1=m_2=m_3=3.5\text{kg}$，$r_0=r_1=r_2=r_3=0.08\text{m}$。经分析，$\lambda_{1\cos}=\lambda_{2\cos}=-\theta_{1\cos}$ 设为 $\varepsilon_{\cos}$，$\lambda_{1\sin}=\lambda_{2\sin}=-\theta_{1\sin}$ 设为 $\varepsilon_{\sin}$，$\lambda_1'=\lambda_2'=\theta_1'$ 设为 ε，因此，式（2-46）变为：

$$\omega^2 m_0{}^2 r_0{}^2 \sqrt{\varepsilon_{\cos}^2+\varepsilon_{\sin}^2}[\sin(\alpha_{12}+\varepsilon)+\sin(\alpha_{23}+\varepsilon)]+W=0 \quad (2\text{-}52)$$

式中，$W=(M_{g1}-M_{f1})-(M_{g2}-M_{f2})+(M_{g3}-M_{f3})$

同步必要条件为：

$$\frac{2\omega^2 m_0^2 r_0^2 \sqrt{\varepsilon_{\cos}^2+\varepsilon_{\sin}^2}}{W}\geqslant 1 \quad (2\text{-}53)$$

当 W 越接近0，三电机驱动反向回转的振动机越趋于同步。对于该参数状态下的振动机同步状态下的同步稳定性条件是

$$m_0 r_0 \sqrt{\varepsilon_{\cos}^2+\varepsilon_{\sin}^2}[\cos(\alpha_{12}-\alpha_{23}+\varepsilon)+\cos(\alpha_{12}+\varepsilon)]>0 \quad (2\text{-}54)$$

$$m_0 r_0\sqrt{\varepsilon_{\cos}^2+\varepsilon_{\sin}^2}[\cos(\alpha_{12}-\alpha_{23}+\varepsilon)+\cos(\alpha_{23}+\varepsilon)][m_0 r_0\sqrt{\varepsilon_{\cos}^2+\varepsilon_{\sin}^2}\cos(\alpha_{12}+\varepsilon)+1]>0 \tag{2-55}$$

偏心转子偏心质量距相等情况下的三电机驱动反向回转自同步振动机的同步性条件为式（2-53），同步稳定性条件式（2-54）和式（2-55）。

2.4.2　三电机驱动同向回转自同步振动机的同步理论

图 2-1 所示，当带有偏心块 1 的电机不供电，构成了三电机驱动同向回转自同步振动机，式（2-16）简化为

$$\omega^2 m_2 r_2 m_3 r_3\sqrt{\theta_{1\cos}^2+\theta_{1\sin}^2}\sin(\alpha_{23}+\theta_1')+\omega^2 m_3 r_3 m_4 r_4\sqrt{\delta_{\cos}^2+\delta_{\sin}^2}\sin(\alpha_{34}+\delta')+W=0 \tag{2-56}$$

其中，$W=-(M_{g2}-M_{f2})+(M_{g3}-M_{f3})-(M_{g4}-M_{f4})$

三电机驱动同向回转自同步振动机的同步必要性条件为：

$$\frac{|W|+|\omega^2 m_3 r_3 m_4 r_4\sqrt{\delta_{\cos}^2+\delta_{\sin}^2}|}{|\omega^2 m_2 r_2 m_3 r_3\sqrt{\theta_{1\cos}^2+\theta_{1\sin}^2}|}\leqslant 1 \tag{2-57}$$

$$\frac{|W|+|\omega^2 m_2 r_2 m_3 r_3\sqrt{\theta_{1\cos}^2+\theta_{1\sin}^2}|}{|\omega^2 m_3 r_3 m_4 r_4\sqrt{\delta_{\cos}^2+\delta_{\sin}^2}|}\leqslant 1 \tag{2-58}$$

同步稳定性条件是：

$$\begin{cases}\dfrac{\partial^2 H}{\partial\alpha_{23}^2}>0\\[2ex]\dfrac{\partial^2 H}{\partial\alpha_{23}^2}\cdot\dfrac{\partial^2 H}{\partial\alpha_{34}^2}-[\dfrac{\partial^2 H}{\partial\alpha_{23}\partial\alpha_{34}}]^2>0\end{cases} \tag{2-59}$$

即

$$m_3 r_3\sqrt{\theta_{1\cos}^2+\theta_{1\sin}^2}\cos(\alpha_{23}+\theta_1')+m_4 r_4\sqrt{\theta_{2\cos}^2+\theta_{2\sin}^2}\cos(\alpha_{23}-\alpha_{34}+\theta_2')>0 \tag{2-60}$$

$$\begin{aligned}&m_3 r_3\sqrt{\theta_{1\cos}^2+\theta_{1\sin}^2}\cos(\alpha_{23}+\theta_1')[m_2 r_2\sqrt{\theta_{2\cos}^2+\theta_{2\sin}^2}\cos(\alpha_{23}-\alpha_{34}+\theta_2')+\\&m_3 r_3\sqrt{\delta_{\cos}^2+\delta_{\sin}^2}\cos(\alpha_{34}+\delta')]+m_4 r_4\sqrt{\theta_{2\cos}^2+\theta_{2\sin}^2}\cos(\alpha_{23}-\alpha_{34}+\theta_2')\\&[m_3 r_3\sqrt{\delta_{\cos}^2+\delta_{\sin}^2}\cos(\alpha_{34}+\delta')]>0\end{aligned} \tag{2-61}$$

同步必要性条件式（2-57）～式（2-58）和同步运转下同步稳定性条件式（2-60）～式（2-61）构成的同步理论可应用于偏心质量距相等和不等两种类型的三电机驱动同向回转自同步振动机中。当切断电机 2 的电源时，如果三个激振电机的偏心转子仍能保持同步状态，三电机驱动同向回转自同步振动机必须要满足式（2-57）～式（2-58）中的 W 变化为 $W=-(0-M_{f2})+(M_{g3}-M_{f3})-(M_{g4}-M_{f4})$ 的同步必要性条件，振动机才仍能同步运转。

具体参数如下，$\beta_2=\pi/6$，$\beta_3=\pi/2$，$\beta_4=5\pi/6$，$l_2=l_4=0.4\text{m}$，$l_3=0.2\text{m}$，$m_0=m_2=m_3=m_4=3.5\text{kg}$，$r_0=r_2=r_3=r_4=0.08\text{m}$，分析得到 $\theta_{1\cos}=\theta_{2\cos}=\delta_{1\cos}$ 设为 $\tau_{\cos}$，$\theta_{1\sin}=\theta_{2\sin}=\delta_{1\sin}$ 设为 $\tau_{\sin}$，$\theta_1'=\theta_2'=\delta'$ 设为 τ，则式（2-56）变为：

$$\omega^2 m_0{}^2 r_0{}^2\sqrt{\tau_{\cos}^2+\tau_{\sin}^2}[\sin(\alpha_{23}+\tau)+\sin(\alpha_{34}+\tau)]+W=0 \tag{2-62}$$

同步性条件为：

$$\frac{2\omega^2 m_0^2 r_0^2 \sqrt{\tau_{\cos}^2+\tau_{\sin}^2}}{W} \geqslant 1 \tag{2-63}$$

同步稳定性条件是：

$$m_0 r_0 \sqrt{\tau_{\cos}^2+\tau_{\sin}^2}[\cos(\alpha_{23}+\tau)+\cos(\alpha_{23}-\alpha_{34}+\tau)]>0 \tag{2-64}$$

$$m_0 r_0 \sqrt{\tau_{\cos}^2+\tau_{\sin}^2}[\cos(\alpha_{23}-\alpha_{34}+\tau)+\cos(\alpha_{34}+\tau)][m_0 r_0 \sqrt{\tau_{\cos}^2+\tau_{\sin}^2}\cos(\alpha_{23}+\tau)+1]>0 \tag{2-65}$$

因此，偏心转子偏心质量距相等情况下的三电机驱动同向回转自同步振动机的同步性条件为式（2-63），同步稳定性条件为式（2-64）和式（2-65）。

2.5　本章小结

本章主要介绍多电机驱动的自同步振动机的同步理论。从四电机驱动自同步振动机的简化模型出发，详细地推导四电机驱动的自同步振动机的经典振动力学方程式，利用 Hamilton 原理，从理论上建立了该振动机的同步性条件和同步稳定性判据，从而得到了四电机驱动自同步振动机的同步理论。

采用四电机驱动的自同步振动机的同步理论进一步分析，分别得到了双电机和三电机驱动的自同步振动机的同步理论。双电机驱动的自同步振动机中分别分析了激振电机质心对称安装式反向和同向回转振动机的同步理论，以及质心偏移式反向和同向回转振动机同步理论；三电机驱动的自同步振动机分别分析了反向回转和同向回转自同步振动机的同步理论。本书还提出了偏心质量距相等和不等情况时各种类型的自同步振动机的同步理论，并分析了无论哪种类型的自同步振动机中，当其中的一电机停止供电时，此时自同步条件式中 M_{gi}，$(M_{gj})=0$，若振动机仍满足该断电状态下的同步性条件，系统仍能同步运转，也就是所谓的振动同步运转的工作状态。

研究结果表明：本章全面系统地推导了各种类型多电机驱动的自同步振动机的同步性条件和同步稳定性条件，该方法拓宽了自同步振动机的同步理论的研究思路，为该类产品设计的提供了重要的理论依据和参考。

第3章　机电耦合情况下振动机同步特性

3.1　概述

自同步振动机模型是由电机转子驱动的机械振动系统模型和电机系统的数学模型两部分组成，这意味着自同步振动机动力学模型是一个多参数、多变量自同步振动系统的动力学模型。针对多参数、多变量自同步振动系统的动力学模型，经典的自同步理论中却还有许多问题未得到圆满解决，因此采用数学解析方法仍很难精确求出。近十几年来，解决多变量自同步振动系统的动力学模型，机电耦合的方法得到广泛发展，而建立机械和电机系统的耦合动力学模型是研究和解决多参数、多变量系统的自同步行为特性的基础。许多文献已经做了大量基础性的工作，高景德等建立了串联电容时电机转子系统本身的自激振动模型，其电机系统的数学模型包括电机的状态方程模型、电磁转矩模型和电机转子的动力学模型三部分。熊万理在传统的振动机械模型基础上首次给出了双电机驱动的激振电机对称安装反向回转自同步振动机的机电耦合模型，并利用该模型进行数值模拟，对一系列实际现象作出了合理的定量解释，该自同步振动机机电耦合模型具有多变量强耦合的非线性特征。在此基础上，也有学者对三电机反向回转机电耦合自同步振动系统进行了研究，给出了三电机驱动的自同步振动机机电耦合模型，揭示了三电机驱动的自同步振动机的振动同步的一系列状态，为多电机驱动的自同步振动机的振动同步特性的研究作出了贡献。本章主要是全面地再现并定量解释双电机和三电机驱动自同步振动机具有自行恢复同步行为的能力。

本书第2章已从机械动力学解析角度，解释自同步振动机的同步条件和同步状态下的同步稳定性条件，为工程设计计算及相关试验提供理论依据。但为了获得更精确的结果，可以进一步考虑电机参数的影响。由于系统在同步过程中，电机的转速、输出转矩和电流等会发生变化，因此，在研究系统的过渡过程中，分析电机转速和负载的变化就可以使人们进一步从机械和电机结合的角度清晰地了解多电机实现同步的过渡过程。鉴于此，本章首先主要研究双电机和三电机驱动惯性式自同步振动机的同步特性，通过建立自同步振动机机电耦合数学模型，仿真模拟在几种典型状态时系统同步过渡过程中的一系列实际现象。最后，建立了另外一类双电磁振动机机电耦合数学仿真模型，根据模型对几种典型工作状态下进行自同步行为分析。

3.2　振动机机电耦合模型的具体情况

3.2.1　振动电机模型的建立

观察自同步振动机的机电耦合动力学模型可以发现变量多、变量与变量之间存在复杂的耦合关系，因此，选择电机系统的模型尤为重要。

MT 坐标系是随转子一起旋转的旋转坐标系，选择该坐标系主要是可以得到形式上更简洁、方程阶数更少的电机系统的状态方程，有利于解析分析和数值计算。鉴于此，本文在后续的研究中都先以 *MT* 坐标系下的物理量为未知量进行计算，然后将计算结果变换为 *abc* 坐标系下的物理量进行分析。这两种坐标系之间存在着下述的代换关系。由 *abc* 坐标系变换为 *MT* 坐标系的转换矩阵为：

$$\boldsymbol{C}_{\mathrm{abc-MT}}=\begin{bmatrix}\frac{2}{3}\cos(\omega_1 t+\gamma_0) & \frac{2}{3}\cos\left(\omega_1 t+\gamma_0-\frac{2}{3}\pi\right) & \frac{2}{3}\cos(\omega_1 t+\gamma_0+\frac{2}{3}\pi) \\ -\frac{2}{3}\sin(\omega_1 t+\gamma_0) & -\frac{2}{3}\sin\left(\omega_1 t+\gamma_0-\frac{2}{3}\pi\right) & -\frac{2}{3}\sin\left(\omega_1 t+\gamma_0+\frac{2}{3}\pi\right) \\ \frac{1}{3} & \frac{1}{3} & \frac{1}{3}\end{bmatrix} \tag{3-1}$$

电压变换为

$$\begin{bmatrix}U_{\mathrm{M}} \\ U_{\mathrm{T}} \\ 0\end{bmatrix}=\boldsymbol{C}_{\mathrm{abc-MT}}\begin{bmatrix}u_{\mathrm{a}}-u_{\mathrm{ac}} \\ u_{\mathrm{b}}-u_{\mathrm{bc}} \\ u_{\mathrm{c}}-u_{\mathrm{cc}}\end{bmatrix} \tag{3-2}$$

式中，$\boldsymbol{C}_{\mathrm{abc-MT}}$表示坐标变换矩阵；$u_{\mathrm{a}}$，$u_b$，$u_{\mathrm{c}}$，$u_{\mathrm{ac}}$，$u_{\mathrm{bc}}$，$u_{\mathrm{cc}}$分别表示 *abc* 坐标系下的三相电网电压和串联电容电压（V）。

对于电机系统中，由于过渡过程中转子的转速是不断变化的，依据式（3-1）转换矩阵，取随转子以同步转速旋转的 *MT* 坐标系作为参考坐标系，可以得到电机的状态方程如下：

$$\begin{bmatrix}u_{\mathrm{M1}} \\ u_{\mathrm{T1}} \\ 0 \\ 0\end{bmatrix}=\begin{bmatrix}R_1+pL_{\mathrm{s}} & -\omega_1 L_{\mathrm{s}} & pL_{\mathrm{m}} & -\omega_1 L_{\mathrm{m}} \\ \omega_1 L_{\mathrm{s}} & R_{1\mathrm{k}}+pL_{\mathrm{sk}} & \omega_1 L_{\mathrm{m}} & pL_{\mathrm{m}} \\ pL_{\mathrm{m}} & -(\omega_1-n_{\mathrm{p}}\dot{\varphi})L_{\mathrm{m}} & R'_{2\mathrm{k}}+pL_{\mathrm{r}} & -(\omega_1-n_{\mathrm{p}}\dot{\varphi})L_{\mathrm{r}} \\ (\omega_1-n_{\mathrm{p}}\dot{\varphi})L_{\mathrm{m}} & pL_{\mathrm{m}} & (\omega_1-n_{\mathrm{p}}\dot{\varphi})L_{\mathrm{r}} & R'_2+pL_{\mathrm{r}}\end{bmatrix}\begin{bmatrix}i_{\mathrm{M1}} \\ i_{\mathrm{T1}} \\ i_{\mathrm{M2}} \\ i_{\mathrm{T2}}\end{bmatrix} \tag{3-3}$$

式中，u_{M1}、u_{T1}表示电机在旋转的 *MT* 坐标系下的电压（V）；i_{M1}、i_{M2}、i_{T1}、i_{T2}表示电机在旋转的 *MT* 坐标系下的电流（A）；角标 1、2 分别表示定子、转子；L_{s}、L_{r} 和 L_{m} 分别表示电机的定子相绕组、转子相绕组的自感和定转子相绕组之间的互感（H）；n_{p} 表示电机的磁极对数；ω_1 表示电机定子的电角速度（rad/s）；$\dot{\varphi}$ 为电机的转速（rad/s）；R_1

和 R_2' 分别表示电机的定子电阻和转子折算电阻（Ω）；p 表示微分算子即 $p=\frac{\mathrm{d}}{\mathrm{d}t}$。

由此分析，写成状态方程形式为：

$$\dot{X}=AX+BU \tag{3-4}$$

即

$$\begin{bmatrix}\dot{i}_{M1}\\ \dot{i}_{T1}\\ \dot{i}_{M2}\\ \dot{i}_{T2}\end{bmatrix}=F\begin{bmatrix}-R_1L_r & \omega_1(L_sL_r-L_m^2)+n_p\dot{\varphi}L_m & R_rL_m & n_p\dot{\varphi}L_rL_m\\ -\omega_1(L_sL_r-L_m^2)-n_p\dot{\varphi}L_m & -R_1L_r & -n_p\dot{\varphi}L_rL_m & R_rL_m\\ R_1L_m & -n_p\dot{\varphi}L_sL_m & -R_2'L_s & \omega_1(L_sL_r-L_m^2)-n_p\dot{\varphi}L_m\\ n_p\dot{\varphi}L_sL_m & R_1L_m & -\omega_1(L_sL_r-L_m^2)+n_p\dot{\varphi}L_m & -R_2'L_s\end{bmatrix}\begin{bmatrix}i_{M1}\\ i_{T1}\\ i_{M2}\\ i_{T2}\end{bmatrix}+\begin{bmatrix}L_r & 0\\ 0 & L_r\\ -L_m & 0\\ 0 & L_m\end{bmatrix}\begin{bmatrix}u_{M1}\\ u_{T1}\end{bmatrix}F \tag{3-5}$$

式中，$F=1/(L_sL_r-L_m^2)$

电机的电磁转矩方程[4,55]为：

$$T_m=\frac{3}{2}\cdot n_pL_m(i_{T1}i_{M2}-i_{M1}i_{T2}) \tag{3-6}$$

电机的转子运动方程[4,55]为：

$$\frac{J_0}{n_p}\dot{\omega}=T_m-T_f \tag{3-7}$$

式中，J_0 表示转子系统的转动惯量（$\mathrm{kg\cdot m^2}$）；T_m 和 T_f 分别为电机轴上的电磁转矩和负载转矩（N·m）。

3.2.2　机电耦合模型情况下振动机特性的研究方法

自同步振动机机电耦合动力学模型具有几个典型的特性：变量多，变量与变量之间存在复杂的耦合关系，许多耦合关系表现为非线性。对系统特性的研究方法有：

（1）对系统模型做定量分析，以数值分析方法为主。由于该系统各个参数间存在复杂的非线性耦合关系，很难用解析方法求解。因此，只能用定量数值方法进行研究。并且，基于各个方程之间的非线性耦合关系，在具体数值计算时，要根据具体情况对方程进行变换，以便得到计算算法要求的规范形式。

（2）为了直观地显示系统的运动规律，采用解析方法分析求解时，由于变量之间复杂的耦合非线性关系，因此，应该尽量通过引入合理假设对系统进行简化，得到系统某些特性的解析表达式，但解析表达式的准确性有赖于用定量分析的数值方法进行检验。

(3) 采用试验研究的方法来寻找系统的特性规律。但是，由于工程实际系统比理论分析的数学模型描述的系统更加复杂，影响因素众多，试验结果中可信度较高的是由比较分析得到的定性结果，而用试验得到的定量结果来判断理论数学模型的准确性时需要特别慎重的考虑。

(4) 基于对科学技术的不断探索，研究自同步振动机时，借鉴其他学科中的相关研究成果，定性地评价已经取得的研究结果，类比寻找研究问题的新思路。

本章是根据自同步振动机机电耦合动力学模型数值计算得到的信息图谱。信息图谱依次描述振动机竖直方向和水平方向位移的时域曲线、扭摆方向位移时域曲线、电机偏心转子相位差的时域曲线、电机的转速曲线、振动机稳定状态后的质心轨迹等。通过这些多信息图谱能更加容易全方位地反映和分析自同步振动机的动力学特性。

3.3 双电机驱动自同步振动机的机电耦合模型

自同步振动机机电耦合动力学模型可以概括地分为两部分，即电机系统的数学模型和电机驱动振动机的数学模型。上一节已经介绍电机系统模型，电机系统的数学模型包括电机的状态方程模型、电磁转矩模型和电机转子的动力学模型三部分。振动机的数学模型通过第2章中的经典机械动力学模型知识已获得。由于电机的输出扭矩通常即为机械转子的输入扭矩，因此以转矩为纽带可将电机系统模型[188-192,206-214]与电机转子驱动振动机械模型有机地结合起来。依据建立的机电耦合转子模型即可以定量地描述多种工况下振动机的同步稳定运动状态。

3.3.1 对称安装反向回转自同步振动机的机电耦合模型

双电机驱动对称安装反向回转振动机的简化模型如图3-1所示，由第2章中式(2-6)得到简化模型(图3-1)的自同步振动机数学模型为：

$$
\begin{aligned}
&M\ddot{x}+c_x\dot{x}+k_x x=m_1r_1(\ddot{\varphi}_1\sin\varphi_1+\dot{\varphi}_1^2\cos\varphi_1)-m_2r_2(\ddot{\varphi}_2\sin\varphi_2+\dot{\varphi}_2^2\cos\varphi_2)\\
&M\ddot{y}+c_y\dot{y}+k_y y=m_1r_1(-\ddot{\varphi}_1\cos\varphi_1+\dot{\varphi}_1^2\sin\varphi_1)-m_2r_2(\ddot{\varphi}_2\cos\varphi_2-\dot{\varphi}_2^2\sin\varphi_2)\\
&J\ddot{\psi}+c_\psi\dot{\psi}+k_\psi\psi=c_1(\dot{\varphi}_1-\dot{\psi})-c_2(\dot{\varphi}_2+\dot{\psi})+\\
&m_1l_1r_1[-\ddot{\varphi}_1\cos(\varphi_1-\beta_1-\psi)+\dot{\varphi}_1^2\sin(\varphi_1-\beta_1-\psi)]+\\
&m_2l_2r_2[-\ddot{\varphi}_2\cos(\varphi_2+\beta_2+\psi)+\dot{\varphi}_2^2\sin(\varphi_2+\beta_2+\psi)]\\
&J_{01}\ddot{\varphi}_1=T_{m1}-T_{f1}-c_1(\dot{\varphi}_1-\dot{\psi})+m_1r_1[\ddot{x}\sin\varphi_1-\ddot{y}\cos\varphi_1]+\\
&m_1l_1r_1[-\ddot{\psi}_1\cos(\varphi_1-\beta_1-\psi)-\dot{\psi}_1^2\sin(\varphi_1-\beta_1-\psi)]\\
&J_{02}\ddot{\varphi}_2=T_{m2}-T_{f2}-c_2(\dot{\varphi}_2+\dot{\psi})-m_2r_2[\ddot{x}\sin\varphi_2+\ddot{y}\cos\varphi_2]+\\
&m_2l_2r_2[-\ddot{\psi}_2\cos(\varphi_2+\beta_2+\psi)+\dot{\psi}_2^2\sin(\varphi_2+\beta_2+\psi)]
\end{aligned}
\tag{3-8}
$$

由式(3-3)得双电机的状态方程为：

$$\begin{bmatrix} u_{\mathrm{M1k}} \\ u_{\mathrm{T1k}} \\ 0 \\ 0 \end{bmatrix}=\begin{bmatrix} R_{1\mathrm{k}}+pL_{\mathrm{sk}} & -\omega_1 L_{\mathrm{sk}} & pL_{\mathrm{mk}} & -\omega_1 L_{\mathrm{mk}} \\ \omega_1 L_{\mathrm{sk}} & R_{1\mathrm{k}}+pL_{\mathrm{sk}} & \omega_1 L_{\mathrm{mk}} & pL_{\mathrm{mk}} \\ pL_{\mathrm{mk}} & -(\omega_1-n_{\mathrm{p}}\dot{\varphi}_{\mathrm{k}})L_{\mathrm{m}} & R'_{2\mathrm{k}}+pL_{\mathrm{rk}} & -(\omega_1-n_{\mathrm{p}}\dot{\varphi}_{\mathrm{k}})L_{\mathrm{rk}} \\ (\omega_1-n_{\mathrm{p}}\dot{\varphi}_{\mathrm{k}})L_{\mathrm{mk}} & pL_{\mathrm{mk}} & (\omega_1-n_{\mathrm{p}}\dot{\varphi}_{\mathrm{k}})L_{\mathrm{rk}} & R'_{2\mathrm{k}}+pL_{\mathrm{rk}} \end{bmatrix}\begin{bmatrix} i_{\mathrm{M1k}} \\ i_{\mathrm{T1k}} \\ i_{\mathrm{M2k}} \\ i_{\mathrm{T2k}} \end{bmatrix} \tag{3-9}$$

式中，k 表示电机，$k=1$，2。

由式（3-6）电机的电磁转矩方程为：

$$T_{\mathrm{mk}}=\frac{3}{2}\cdot n_{\mathrm{p}}L_{\mathrm{mk}}(i_{\mathrm{T1k}}i_{\mathrm{M2k}}-i_{\mathrm{M1k}}i_{\mathrm{T2k}})\quad(k=1,2) \tag{3-10}$$

由式（3-7）得到电机的转子运动方程为：

$$\frac{J_0}{n_{\mathrm{p}}}\ddot{\varphi}_{\mathrm{k}}=T_{\mathrm{mk}}-T_{\mathrm{fk}}\quad(k=1,2) \tag{3-11}$$

当式（3-8）中 $l_1=l_2$ 时，式（3-8）～式（3-11）合在一起即构成了双电机驱动的对称安装反向回转自同步振动机机电耦合数学模型。该模型表示的是一个多变量的时变非线性系统，具有强的机电耦合特征，由于机械系统各个参数和电机参数间存在复杂的非线性耦合关系，用解析方法不易求解，通常只能用数值方法进行研究。与传统的机械模型相比较，该模型反映了机械振动系统和电机系统之间以及两个电机子系统之间的相互影响关系。本章以该模型为基础，对对称安装反向回转自同步振动机的振动同步过渡过程进行定量分析和研究。

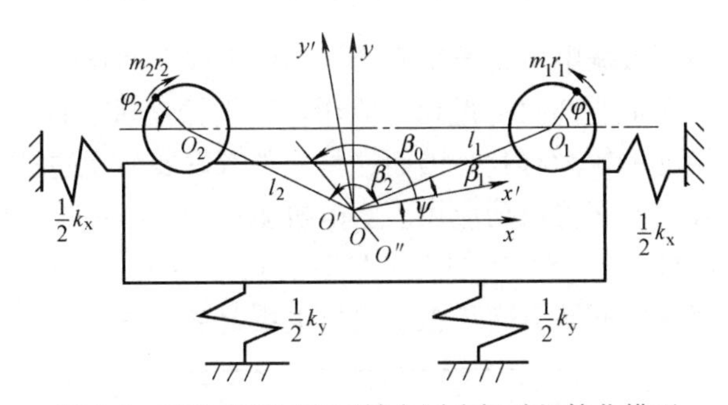

图 3-1 对称安装反向回转自同步振动机简化模型

3.3.2 对称安装同向回转自同步振动机的机电耦合模型

双电机驱动（即双转子）对称安装同向回转振动机的简化模型如图 3-2 所示，由第 2

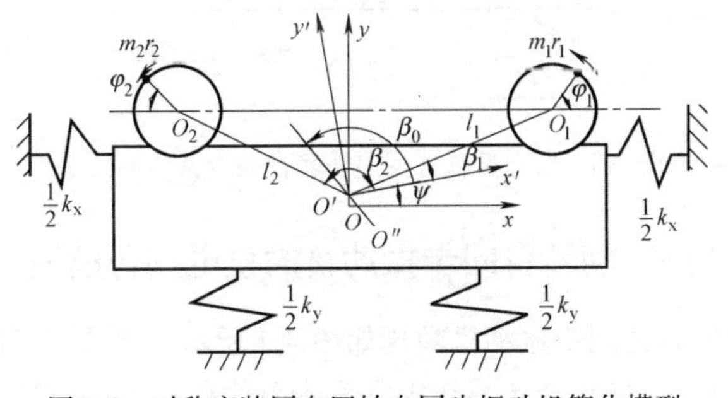

图 3-2 对称安装同向回转自同步振动机简化模型

章中式（2-6）得到简化模型（图 3-2）的振动机数学模型为：

$$
\begin{aligned}
&M\ddot{x}+c_x\dot{x}+k_x x=m_1r_1(\ddot{\varphi}_1\sin\varphi_1+\dot{\varphi}_1^2\cos\varphi_1)+m_2r_2(\ddot{\varphi}_2\sin\varphi_2+\dot{\varphi}_2^2\cos\varphi_2)\\
&M\ddot{y}+c_y\dot{y}+k_y y=m_1r_1(-\ddot{\varphi}_1\cos\varphi_1+\dot{\varphi}_1^2\sin\varphi_1)+m_2r_2(-\ddot{\varphi}_2\cos\varphi_2+\dot{\varphi}_2^2\sin\varphi_2)\\
&J\ddot{\psi}+c_\psi\dot{\psi}+k_\psi\psi=c_1(\dot{\varphi}_1-\dot{\psi})+c_2(\dot{\varphi}_2-\dot{\psi})+\\
&m_1l_1r_1[-\ddot{\varphi}_1\cos(\varphi_1-\beta_1-\psi)+\dot{\varphi}_1^2\sin(\varphi_1-\beta_1-\psi)]+\\
&m_2l_2r_2[-\ddot{\varphi}_2\cos(\varphi_2-\beta_2-\psi)+\dot{\varphi}_2^2\sin(\varphi_2-\beta_2-\psi)]\\
&J_{01}\ddot{\varphi}_1=T_{m1}-T_{f1}-c_1(\dot{\varphi}_1-\dot{\psi})+m_1r_1[\ddot{x}\sin\varphi_1-\ddot{y}\cos\varphi_1]+\\
&m_1l_1r_1[-\ddot{\psi}_1\cos(\varphi_1-\beta_1-\psi)-\dot{\psi}_1^2\sin(\varphi_1-\beta_1-\psi)]\\
&J_{02}\ddot{\varphi}_2=T_{m2}-T_{f2}-c_2(\dot{\varphi}_2-\dot{\psi})+m_2r_2[\ddot{x}\sin\varphi_2-\ddot{y}\cos\varphi_2]+\\
&m_2l_2r_2[-\ddot{\psi}_2\cos(\varphi_2-\beta_2-\psi)-\dot{\psi}_2^2\sin(\varphi_2-\beta_2-\psi)]
\end{aligned}
\tag{3-12}
$$

当式（3-12）中 $l_1=l_2$ 时，式（3-12）、式（3-9）～式（3-11）合在一起即构成了双电机驱动对称安装同向回转自同步振动机机电耦合动力学数学模型。该模型同样具有多变量强耦合的非线性特征，且反映了对称安装同向回转自同步振动机械和双电机系统之间的相互耦合关系。

3.3.3　质心偏移式反向回转自同步振动机的机电耦合模型

机体的质心不落在两激振电机转子轴心连线的中垂线上的自同步振动机（或称激振器偏转式自同步振动机）在工业部门中得到了应用，这类振动机的优点是机器的高度较低，对提高机体的强度和刚度也较为有利，因而这是一种有发展前途的机器，自同步振动和振动同步传动在机械工程上已获得成功应用。双电机驱动的质心偏移式反向回转振动机的简化模型如图 3-3 所示，当式（3-8）中的 $l_1\neq l_2$ 时，式（3-8）、式（3-9）～式（3-11）合在一起构成了质心偏移式反向回转自同步振动机机电耦合数学模型。

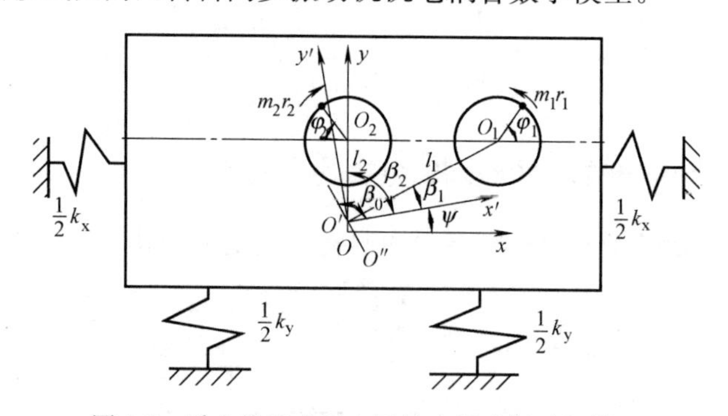

图 3-3　质心偏移式反向回转自同步振动机模型

3.3.4　质心偏移式同向回转自同步振动机的机电耦合模型

质心偏移式同向回转自同步振动机简化如图 3-4 所示，当式（3-12）中 $l_1\neq l_2$ 时，式（3-12）、式（3-9）～式（3-11）合在一起构成了质心偏移式同向回转自同步振动机机电耦合数学模型。

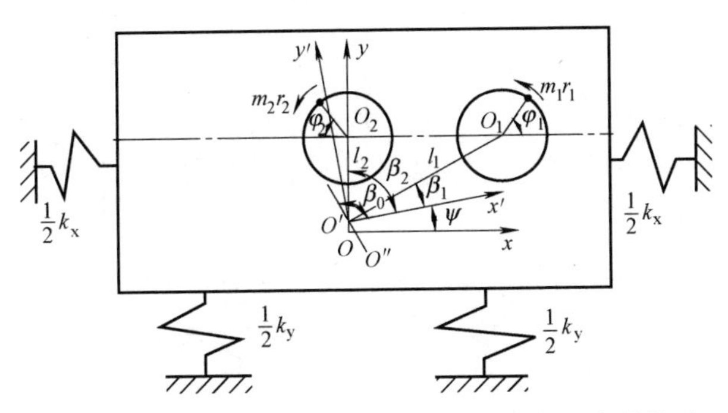

图 3-4 质心偏移式同向回转自同步振动机的力学模型

3.4 三电机驱动自同步振动机的机电耦合模型

3.4.1 三电机驱动反向回转自同步振动机的机电耦合模型

三电机驱动反向回转振动机的简化模型如图 3-5 所示，由第 2 章中式（2-6）得到振动机数学模型为：

$$
\begin{aligned}
& M\ddot{x}+c_x\dot{x}+k_x x=m_1r_1(\ddot{\varphi}_1\sin\varphi_1+\dot{\varphi}_1^2\cos\varphi_1)-m_3r_3(\ddot{\varphi}_3\sin\varphi_3+\dot{\varphi}_3^2\cos\varphi_3)- \\
& m_2r_2(\ddot{\varphi}_2\sin\varphi_2+\dot{\varphi}_2^2\cos\varphi_2) \\
& M\ddot{y}+c_y\dot{y}+k_y y=m_1r_1(-\ddot{\varphi}_1\cos\varphi_1+\dot{\varphi}_1^2\sin\varphi_1)-m_3r_3(\ddot{\varphi}_3\cos\varphi_3-\dot{\varphi}_3^2\sin\varphi_3)- \\
& m_2r_2(\ddot{\varphi}_2\cos\varphi_2-\dot{\varphi}_2^2\sin\varphi_2) \\
& J\ddot{\psi}+c_\psi\dot{\psi}+k_\psi\psi=c_1(\dot{\varphi}_1-\dot{\psi})-c_3(\dot{\varphi}_3+\dot{\psi})-c_2(\dot{\varphi}_2+\dot{\psi})+ \\
& m_1l_1r_1[-\ddot{\varphi}_1\cos(\varphi_1-\beta_1-\psi)+\dot{\varphi}_1^2\sin(\varphi_1-\beta_1-\psi)]+m_3l_3r_3[-\ddot{\varphi}_3\cos(\varphi_3+\beta_3+\psi)+ \\
& \dot{\varphi}_3^2\sin(\varphi_3+\beta_3+\psi)]+m_2l_2r_2[-\ddot{\varphi}_2\cos(\varphi_2+\beta_2+\psi)+\dot{\varphi}_2^2\sin(\varphi_2+\beta_2+\psi)] \\
& J_{01}\ddot{\varphi}_1=T_{m1}-T_{f1}-c_1(\dot{\varphi}_1-\dot{\psi})+m_1r_1[\ddot{x}\sin\varphi_1-\ddot{y}\cos\varphi_1]+ \\
& m_1l_1r_1[-\ddot{\psi}_1\cos(\varphi_1-\beta_1-\psi)-\dot{\psi}_1^2\sin(\varphi_1-\beta_1-\psi)] \\
& J_{0i}\ddot{\varphi}_i=T_{mi}-T_{fi}-c_i(\dot{\varphi}_i+\dot{\psi})-m_ir_i[\ddot{x}\sin\varphi_i+\ddot{y}\cos\varphi_i]+ \\
& m_il_ir_i[-\ddot{\psi}_i\cos(\varphi_i+\beta_i+\psi)+\dot{\psi}_i^2\sin(\varphi_i+\beta_i+\psi)] \qquad i=2,3
\end{aligned}
\tag{3-13}
$$

当式（3-9）～式（3-11）中的 $k=1$，2，3 时（代表三个电机的系统），式（3-13）、式（3-9）～式（3-11）合在一起构成了三电机驱动反向回转自同步振动机机电耦合数学模型。

3.4.2 三电机驱动同向回转自同步振动机的机电耦合模型

三电机驱动同向回转振动机的简化模型如图 3-6 所示，由第 2 章中式（2-6）可以得到简化模型（图 3-6）振动机数学模型为：

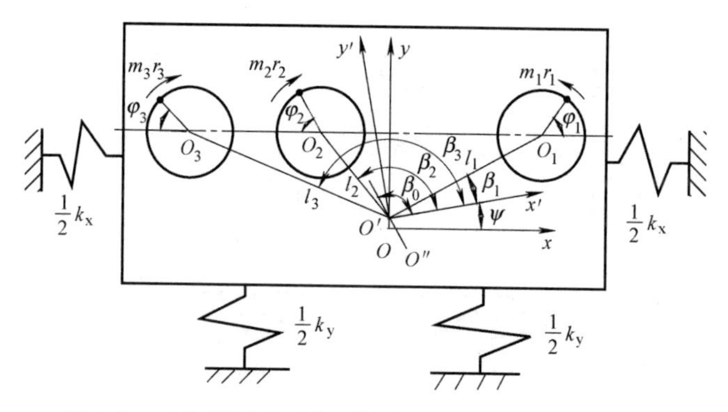

图 3-5　三电机驱动反向回转自同步振动机的力学模型

$$
\begin{aligned}
&M\ddot{x}+c_{x}\dot{x}+k_{x}x=m_1r_1(\ddot{\varphi}_1\sin\varphi_1+\dot{\varphi}_1{}^2\cos\varphi_1)+m_2r_2(\ddot{\varphi}_2\sin\varphi_2+\dot{\varphi}_2{}^2\cos\varphi_2)+\\
&m_3r_3(\ddot{\varphi}_3\sin\varphi_3+\dot{\varphi}_3{}^2\cos\varphi_3)\\
&M\ddot{y}+c_{y}\dot{y}+k_{y}y=m_1r_1(-\ddot{\varphi}_1\cos\varphi_1+\dot{\varphi}_1{}^2\sin\varphi_1)+m_2r_2(-\ddot{\varphi}_2\cos\varphi_2+\dot{\varphi}_2{}^2\sin\varphi_2)+\\
&m_3r_3(-\ddot{\varphi}_3\cos\varphi_3+\dot{\varphi}_3{}^2\sin\varphi_3)\\
&J\ddot{\psi}+c_{\psi}\dot{\psi}+k_{\psi}\psi=c_1(\dot{\varphi}_1-\dot{\psi})+c_2(\dot{\varphi}_2-\dot{\psi})+c_3(\dot{\varphi}_3-\dot{\psi})+m_1l_1r_1[-\ddot{\varphi}_1\cos(\varphi_1-\beta_1-\psi)+\\
&\dot{\varphi}_1^2\sin(\varphi_1-\beta_1-\psi)]+m_2l_2r_2[-\ddot{\varphi}_2\cos(\varphi_2-\beta_2-\psi)+\dot{\varphi}_2^2\sin(\varphi_2-\beta_2-\psi)]+\\
&m_3l_3r_3[-\ddot{\varphi}_3\cos(\varphi_3-\beta_3-\psi)+\dot{\varphi}_3{}^2\sin(\varphi_3-\beta_3-\psi)]\\
&J_{0i}\ddot{\varphi}_i=T_{mi}-T_{fi}-c_i(\dot{\varphi}_i-\dot{\psi})+m_ir_i[\ddot{x}\sin\varphi_i-\ddot{y}\cos\varphi_i]+\\
&m_il_ir_i[-\ddot{\psi}_i\cos(\varphi_i-\beta_i-\psi)-\dot{\psi}_i{}^2\sin(\varphi_i-\beta_i-\psi)]\qquad i=1,2,3
\end{aligned}
\tag{3-14}
$$

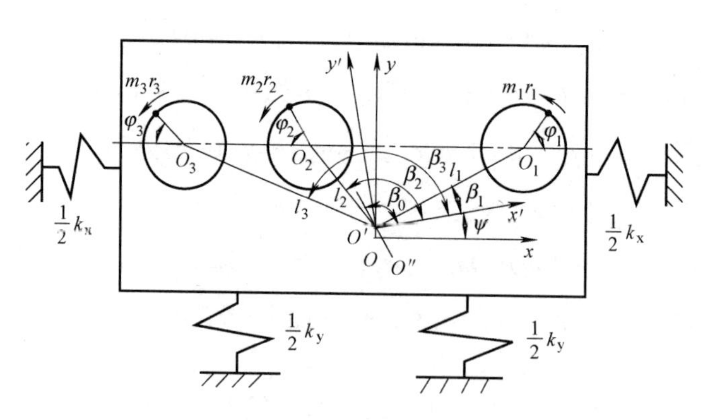

图 3-6　三电机驱动同向回转自同步振动机的力学模型

当式（3-9）～式（3-11）中的 $k=1$，2，3 时（代表的是三个电机的系统），式(3-14)、式（3-9）～式（3-11）合在一起构成了三电机驱动同向回转自同步振动机机电耦合数学模型。

3.5 双电机驱动自同步振动机机电耦合情况下的自同步特性

自同步振动的过渡过程反映的是振动机械系统中电机及相应偏心块的转速和相位的变化规律。根据工程实际经验，这种过渡过程常出现在振动机械的启动过程之中。基于建立了自同步振动机机电耦合数学模型，从机电耦合的角度定量再现了振动机从不同步到同步，或是从一种同步状态过渡到另一种同步状态的过渡过程中，振动机各参量的变化规律，从而揭示了自同步振动机的自同步行为。

3.5.1 对称安装反向回转自同步振动机机电耦合情况下的自同步特性

从对称安装反向回转自同步振动机模型图 3-1 出发，以该机电耦合数学模型式（3-8）～式（3-11）为依据，编制了专门的数值仿真软件，直观地模拟振动机在各种条件下发生振动同步运动的过渡过程中各参数的变化规律。机械系统力学模型和工程实际相结合，确定一组双电机驱动对称安装的自同步振动机的参数如下：

$M=148\text{kg}$，$m_1=m_2=3.5\text{kg}$，$J=17\text{kg}\cdot\text{m}^2$，$J_{01}=J_{02}=0.01\text{kg}\cdot\text{m}^2$，$r_1=r_2=0.08\text{m}$，$k_y=77600\text{N/m}$，$k_x=30000\text{N/m}$，$k_\psi=3000\text{N}\cdot\text{m/rad}$，阻尼系数的近似取值为 $c_x=c_y=1000\text{N}\cdot\text{s/m}$，$c_\psi=1000\text{Nm}\cdot\text{s/rad}$，$l_1=l_2=0.4\text{m}$，$c_1=c_2=0.01\text{Nm}\cdot\text{s/rad}$，$\beta_1=\pi/6$，$\beta_2=5\pi/6$。

针对对称安装反向回转的自同步振动机，启动时由于振动机的动力学参数和初始条件不可能完全对称，双电机在逐步加速至额定转速的过程中，其转速和相应偏心块的相位并不完全相等，而激振力的大小和方向也在不断改变。这种变化反映在振动机上就表现为振动的方向角和振幅不断发生变化，且伴随扭振方向的变化。对于对称式反向回转自同步振动机而言，随着双电机的转速和偏心块的相位逐步趋于一致，振动机振动方向和扭振方向的振动最终都同步稳定振动。本节所要关注的是自同步振动机在受到外界干扰时自行恢复同步的能力。

1. 理想条件下对称安装反向回转振动机的自同步过程

当该振动机的初始条件和几何参数完全对称，振动机在理想工作状态时自同步过渡过程如图 3-7 所示。由图可观察到，仅有竖直位移 y 方向的位移变化，最终是按一定周期的运动。其水平位移 x 和扭摆方向 ψ 都没有产生振幅即为零。两偏心转子的相位差恒定为零，振动机实现自同步，此时为相位同步。对称安装的自同步振动机，在整个启动过程中两个电机将一直处于同步状态，随着电机转速将保持一致，双电机的相位差角也保持一致并一直为 0，振动机水平方向和扭摆方向的振动将为 0，仅竖直方向的振动经历短暂的过渡过程后表现为稳定的周期振动。图中的最后一小图为振动机达到稳定状态后振动体质心轨迹，轨迹图显示，振动机最终作竖直方向的直线稳定振动。

图 3-7 与下面研究的双电机和三电机振动机自同步过程图中各小图的横坐标和纵坐标代表的物理量分别为：时间 t(s)、振动机竖直方向位移 y(mm)、振动机水平方向位移 x(mm)、振动机扭摆方向的位移 ψ(rad)、电机偏心转子相位差（rad)、电机转速 ω(rad/s)。

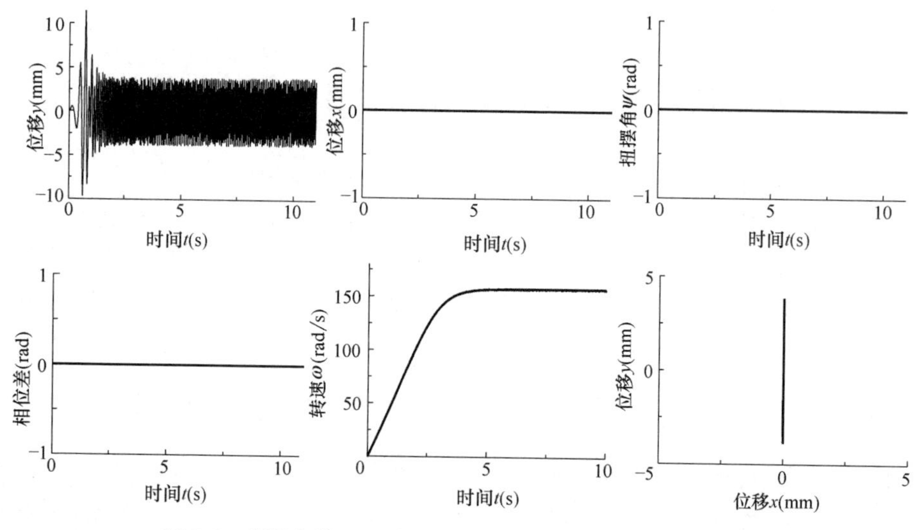

图 3-7　理想条件下对称安装反向回转振动机的自同步过程

2. 初始条件不同时对称安装反向回转振动机自同步过程

实际上振动机的动力学参数和初始条件不可能完全一致，因此必然影响振动机从不同步到同步的过渡过程。当两转子初始相位差为 0.5rad 时振动机的自同步过程如图 3-8 所示，由于初始相位的不同，其水平、扭摆方向在启动后都有急剧振动发生，但最终都衰减为零，竖直 y 方向与理想状态时没有显著变化。随着电机转速和相位差趋于稳定一致，振动机各振动方向上的振动也趋于稳定一致，振动机实现自同步振动。由于相位差趋于稳定恒定为零值时，实现的同步称为相位同步，由图中的最后一小图观察到，待振动机达到稳定状态后，振动机质心轨迹仍然作竖直 y 方向的直线稳定振动。当两转子的初始转速差为 13rad/s 时，振动机自同步过程如图 3-9 所示。由于双电机转子转速初始条件不同，双电机转速与理想状态时的自同步过程有显著不同。在刚开始启动的过程中，两台电机的转速并不严格相等，而是在很小的范围内相互波动，这表明系统的同步是一种动态平衡，此时双电机通过振动机机体的振动进行能量交换。随着双电机的转速和偏心转子的相位差角逐渐趋于一致，振动机各方向位移实现同步稳定的状态，其经历的过程缩短，更容易达到同步稳定状态，最终相位差趋于稳定恒定值在 2πrad，即为 0°的倍数，振动机仍然为原同步运动形态，由图中的最后一小图（振动机达到稳定状态后的质心轨迹图）也可观察到，振动机达到稳定后仍作竖直方向的直线稳定振动。

3. 双电机的参数有微小差异时对称安装反向回转振动机的自同步过程

当双电机的参数有微小差异时，振动机自同步过程如图 3-10。由图可观察到，振动机各方向的振动都是伴随着相位差不断变化而发生的，且相位差角不为零，而是为一恒定的稳定值，因此在水平和扭摆方向的振动将不会完全衰减为零，最终作小幅周期稳定运动。随着双电机的转速和偏心转子的相位差角逐渐趋于一致，振动机各方向振动实现稳定的同步状态，振动机自行恢复了同步。由稳定状态的质心轨迹图可知，电机参数差异影响了振动机的稳定振动方向，由理想状态时的竖直 y 方向的直线振动转变为与竖直方向有一定夹角方向的直线振动。

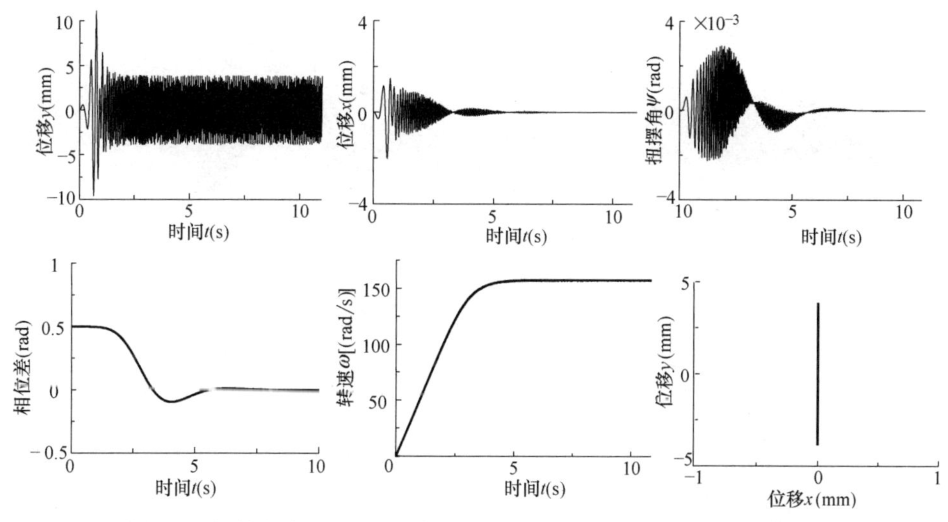

图 3-8 初始相位差 0.5rad 时对称安装反向回转振动机的自同步过程

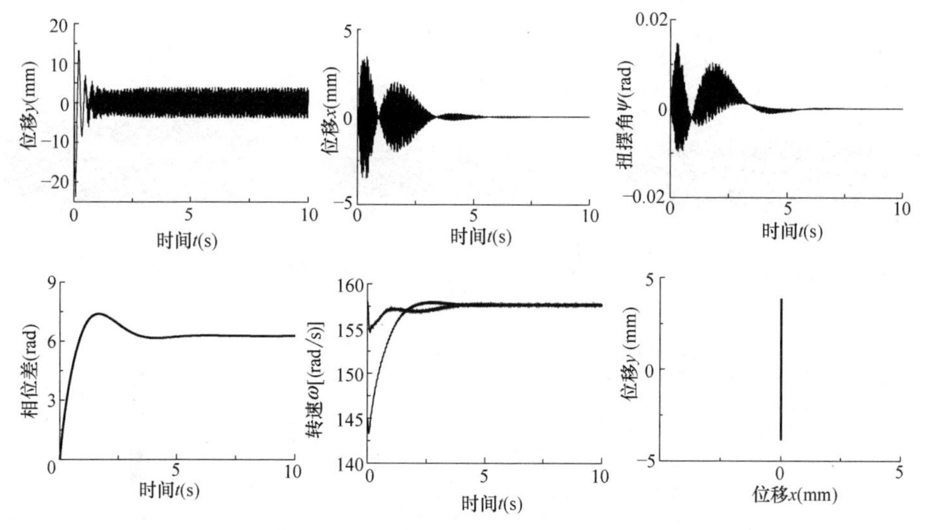

图 3-9 电机初始转速不同时对称安装反向回转振动机的自同步过程

4. 偏心质量距不等时对称安装反向振动机的自同步过程

两偏心转子的偏心质量距不等，也会影响振动机的自同步行为。通过改变偏心转子的质量 $m_1=4\text{kg}$，使振动机的偏心质量距不等，该状态下振动机的自同步过程如图 3-11。从图中可观察到，竖直方向的运动与理想状态时实现自同步过程相比变化不大。由于偏心质量距不等，双电机偏心转子之间存在着相位差，双电机轴上的偏心转子的惯性力在水平方向的分力不能完全抵消，因此振动机会产生水平方向和扭摆方向的振动，仅三方向稳定后振动幅值略有增大。随着双电机的转速和偏心转子的相位差角逐渐趋于一致，相位差最终稳定在−0.06rad，振动机各方向振动也趋于稳定，振动机实现了自同步。系统改变了偏心质量距，从而改变了激振力的大小，转子的相位差角最终稳定为非零恒定值，双电机由原来的同步状态过渡到新的同步状态的过程，此时自同步可称为延迟自同步。由振动机稳定状态后的轨迹图可观察到，因为振动机的激振力不等的缘故，振动机的运动轨迹由理想状态时的竖直方向直线运动变化为在 xy 面作细小的椭圆运动。

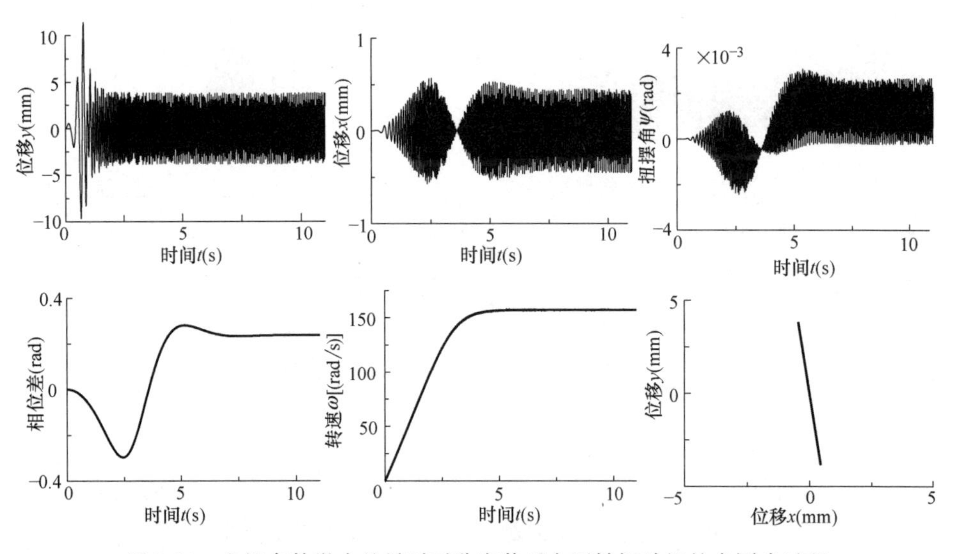

图 3-10　电机参数微小差异时对称安装反向回转振动机的自同步过程

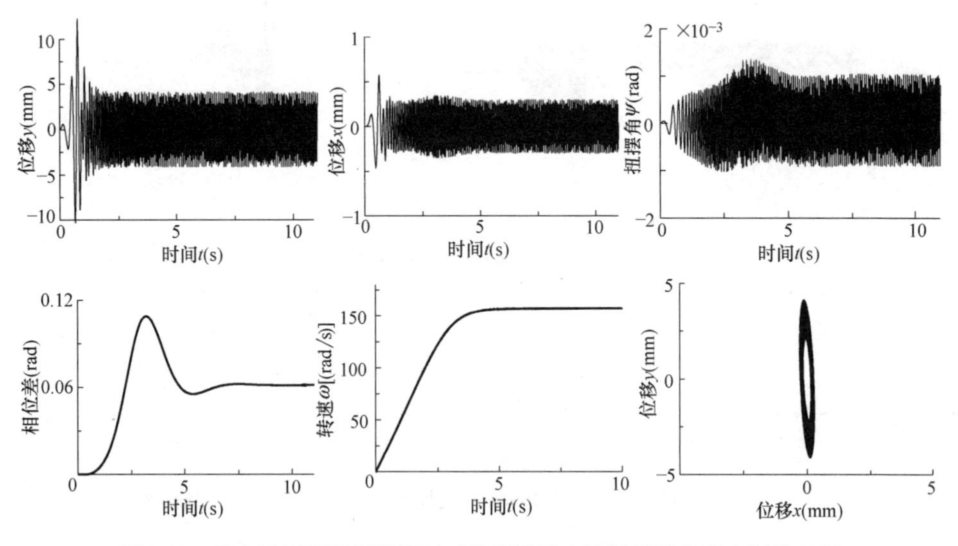

图 3-11　偏心质量距不等情况时对称安装反向回转振动机的自同步过程

5. 切断一台电机的电源后对称安装反向回转振动机的自同步过程

待到振动机达到同步稳定状态后，5 秒时切断一台电机的电压，没关掉电机时与理想工作状态下的参数响应一样。两转子在 5s 后得到振动机的自同步过程如图 3-12 所示，转速图中细线为断开电源的电机转速，5s 后振动机 y 方向的振动经历时间很短、波幅很小的一段波动后迅速稳定下来，振动的幅值没有发生明显变化，振动机仍处于良好的同步振动状态。振动机在水平方向和扭摆方向的振动经历了具有“拍”特征的过渡过程，最后表现为规则周期振动。同时两个偏心转子的相位差角也经历了一个振荡过程，最后稳定在约 0.4rad 的位置。由于双电机偏心转子之间存在着相位差，双电机轴上的偏心转子的惯性力在水平方向的分力不能完全抵消，因此振动机会产生水平方向和扭转方向的振动。振动方向的振幅不断变化，且还有扭摆发生。两转子的相位差角为恒定值，此时振动机仍然能自行恢复振动同步状态。从图中可观察到，切断电源前，双电机的转速和相位完全相等；切断电源后双电机重新同步后，双电机的转速相等但是比断电前略有降低，而且并不严格相等，而是在很小的范围内相互波动，并且其中断电电机的波动远远小于带电电机的波动，这表明系统的同步是一种动态平衡，此时双电机通过振动机机体的振动进行能量交换，双电机的相位不再相等而是保持一个恒定非零的相位差。振动自同步过程是指切断同步运行的两台电机中的一台电机的电源后，双电机由原来的同步状态过渡到新的同步状态的过程。从最后一个小图（振动机稳定后的质心轨迹图）可知，切断电源的振动机稳定后的运动轨迹由理想状态时竖直方向的直线运动轨迹变为在与竖直方向有一定夹角的方向上做直线运动。

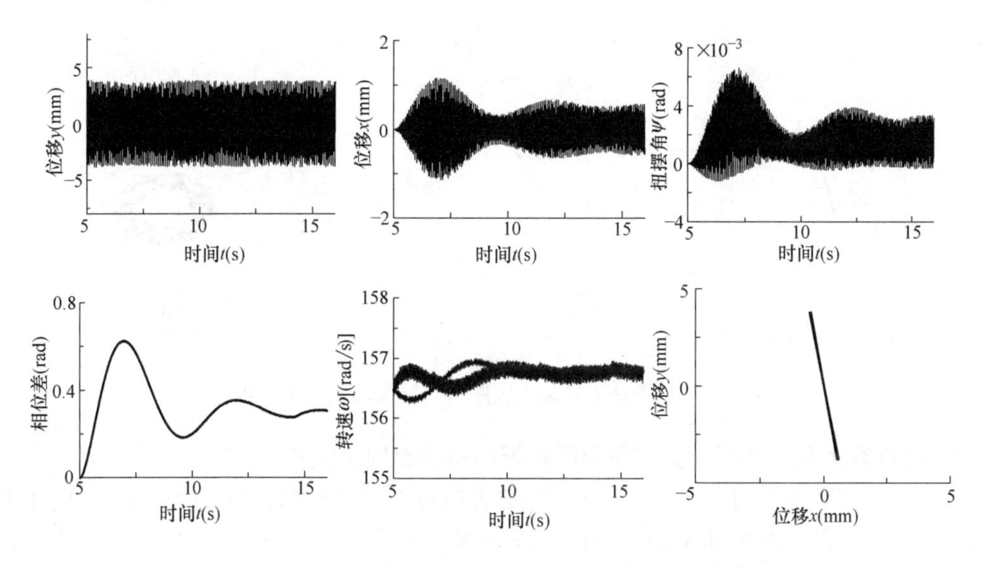

图 3-12　切断一台电机电源后对称安装反向回转振动机的自同步过程

3.5.2　对称安装同向回转自同步振动机机电耦合情况下的自同步特性

对对称式安装同向回转的振动机机电耦合情况下自同步特性进行研究分析。理论分析，对于双电机对称安装同向回转自同步振动机的自同步行为而言，如果振动机的物理参数条件及几何初始条件完全对称，在该振动机的整个启动过程中两个电机将一直处于同步状态，即双电机的转速和相位差角将趋于一致，振动机竖直、水平方向以及扭摆方向位移以都会有显著的变化，最后经历短暂的过渡过程后表现为稳定的周期振动状态。以对称安装同向回转的机电耦合数学模型式（3-12）、式（3-9）～式（3-11）为依据，采用对称安装反向回转自同步振动机的系统参数，基于数值仿真软件，模拟振动机在各种状态下各参数的变化规律。

1. 理想条件下对称安装同向回转振动机的自同步过程

理想条件即振动体和双电机的几何参数完全一致、振动机的初始条件完全相同的情况，在理想条件下振动机自同步过程如图 3-13。图中各小图的横坐标和纵坐标代表的物理量与对称安装反向回转时相同。电机启动中，电机的转速和偏心块的相位差不会完全相同，激振力的大小和方向因此也不断发生变化，从而使振动机振动的方向和振幅不断发生变化，同时伴随着扭振的发生，但电机的相位差经过一段过渡过程后趋于稳定一致，且稳定在2.5rad左右，振动机各振动方向也趋于稳定，振动机实现了自同步。针对扭摆振动的稳定值为0.005rad，在工程上，极小扭摆幅值可近似为0，因此，在该参数下的振动机扭摆方向位移近似为0。由最后一个小图（振动机稳定状态后的质心轨迹图）能清晰观察出，振动机稳定状态后做近似圆运动。

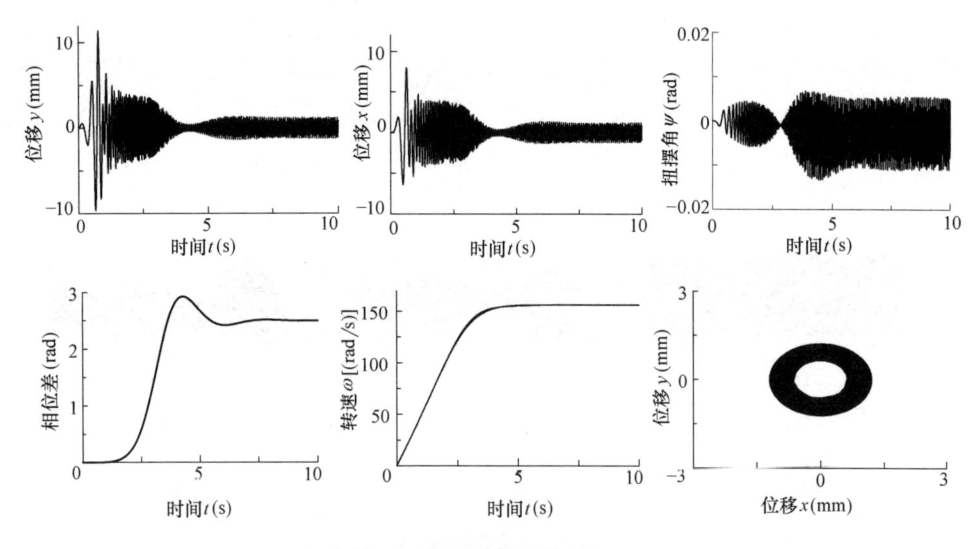

图3-13 理想条件下对称安装同向回转振动机的自同步过程

2. 初始条件不同时对称安装同向回转振动机的自同步过程

双电机转子的初始相位为0.5rad时振动机的自同步过程如图3-14所示；两转子的初始转速差为13rad/s时振动机的自同步过程如图3-15所示。从图3-14中可以看出，由于电机转子相位初始角不同，电机的转速和偏心块的相位差不会完全相同，使振动机振动的方向和振幅不断发生变化，同时伴随着扭摆的发生，但电机的相位差经过一段过渡过程后趋于稳定一致，且稳定在−3.3rad左右，系统实现自同步振动。由最后一个小图能清晰

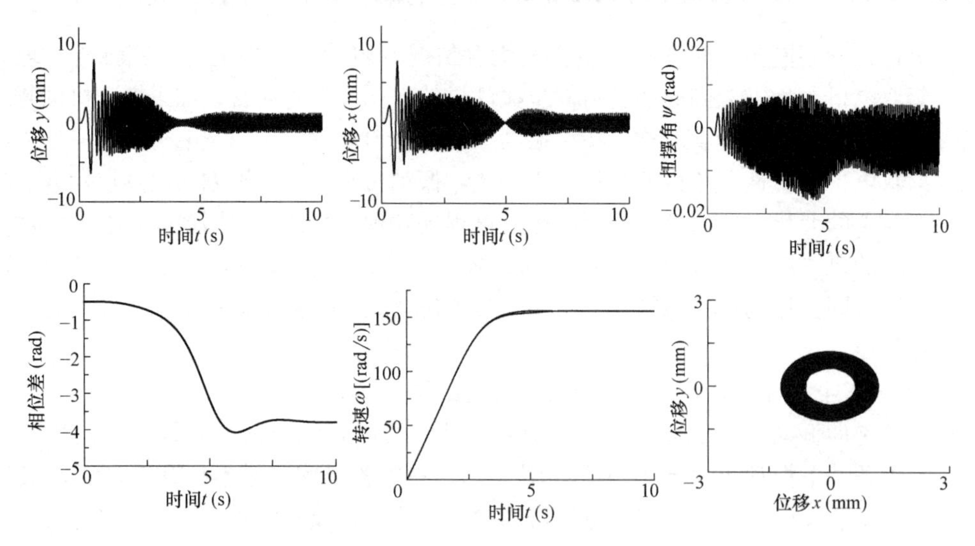

图3-14 偏心块初始相位不同时对称安装同向回转振动机的自同步过程

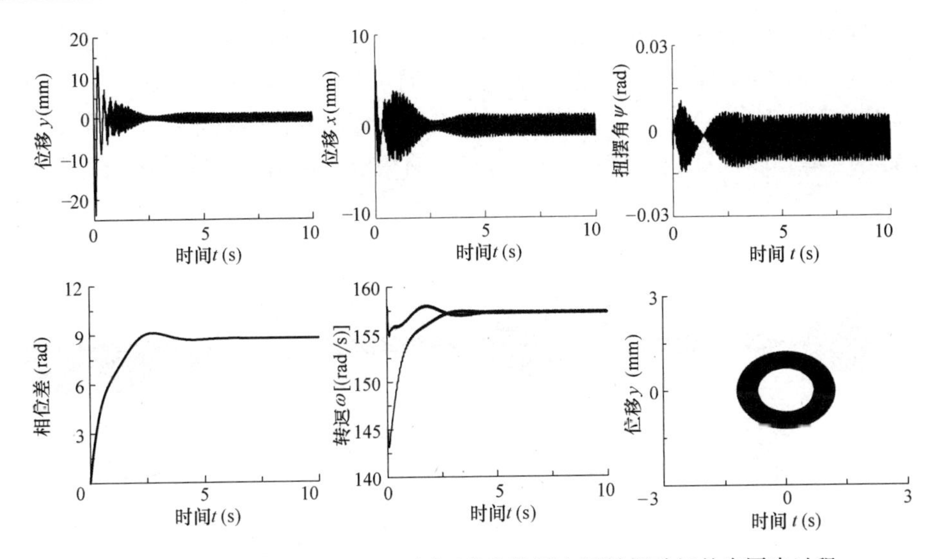

图 3-15 电机转子初始转速不同对称安装同向回转振动机的自同步过程

观察出，该振动机稳定状态后仍然作近似圆运动。图 3-15 显示，由于双电机转子转速初始条件不同，双电机转速显著不同。在启动过程中，两台电机的转速并不严格相等，而是在很小的范围内相互波动，表明系统的同步是一种动态平衡，此时两电机通过振动机机体的振动进行能量交换。随着两电机的转速和偏心转子的相位差角逐渐趋于一致，相位差角稳定在 9rad 左右，振动机各方向位移实现同步稳定状态，振动机实现了自同步。

3. 电机参数差异和偏心质量距不等时对称安装同向回转振动机的自同步过程

当双电机参数有微小差异时振动机的自同步过程如图 3-16，当两激振电机的偏心转子的质量不等，标志着偏心转子偏心质量距不等，也标志着激振电机所产生的激振力不等，此状态时振动机的自同步过程见图 3-17 和图 3-18。如图 3-16 和图 3-18 所示，启动过程中，振动机在竖直和水平方向以及扭摆方向的振动经历了具有“拍”过程，表明振动机启动过渡过程时共振明显，而图 3-18“拍”更显著，其经历的非稳定过程时间更长些。

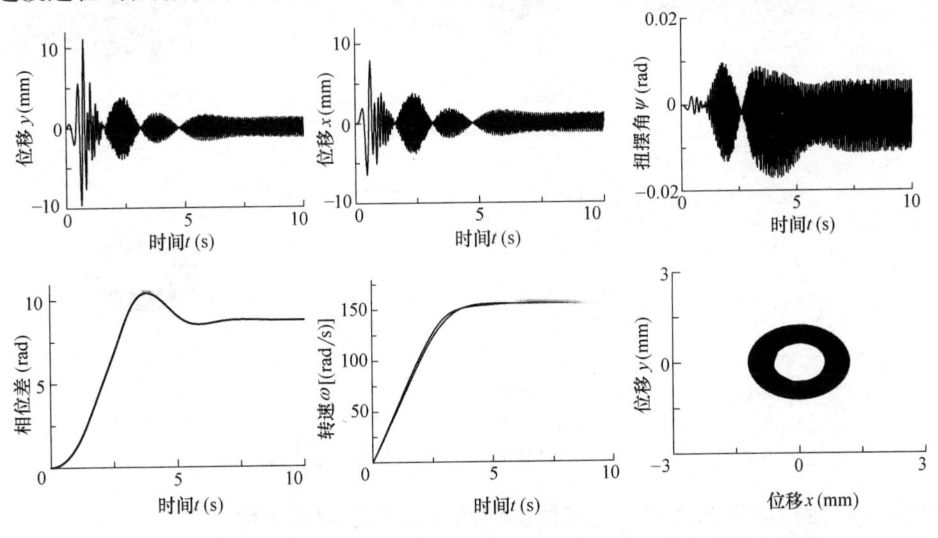

图 3-16 电机参数有微小差异时对称安装同向回转振动机自同步过程

随着双电机的转速和偏心转子的相位差角逐渐趋于一致，其相位差角分别稳定在 9.4rad 和 15.7rad 左右，振动机各方向位移实现稳定的同步状态。由图 3-17 显示，振动机的各参数与理想状态时实现自同步过程相比较，并没有显著的变化，只是振动机扭摆方向产生的振动略微不同。随着双电机的转速和偏心转子的相位差角趋于一致，振动机仍实现自同步稳定状态。

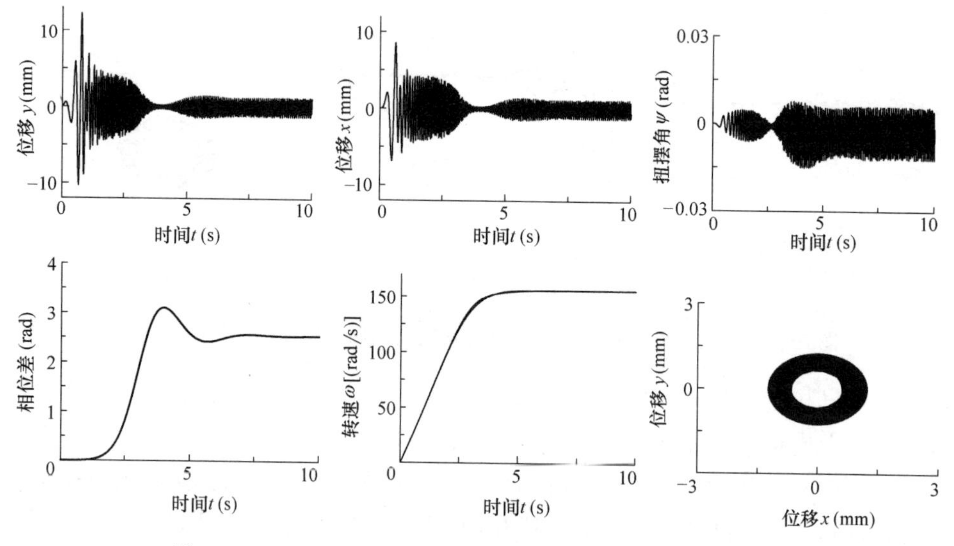

图 3-17 $m_2=4$kg 时对称安装同向回转振动机的自同步过程

图 3-17 和图 3-18 相比较而言，$m_2=4$kg 时振动机的各参数并没有 $m_2=12$kg 时振动机的各参数那样急剧的现象，分析说明，双电机转子的偏心质量距之差大时，所产生的激振力差值越大，会影响振动机的自同步稳定特性。

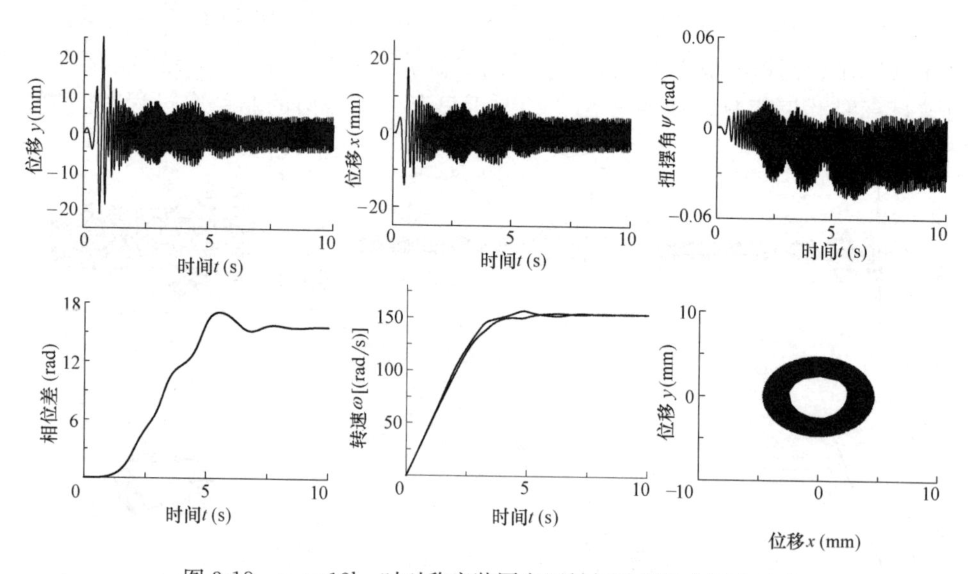

图 3-18 $m_2=12$kg 时对称安装同向回转振动机的自同步过程

4. 负载转矩扰动情况时对称安装同向回转振动机自同步过程

双电机的负载转矩有微小扰动时，振动机的自同步过程如图 3-19。从图中观察到电机的偏心转子的相位差角平滑地变化，最后稳定在约－9.58rad的位置，即π的倍数，在状态2区间的范围［90°，270°］内，随着，双电机的转速和相位差逐步趋于一致，最终振动机表现为竖直方向和水平方向的振动幅值逐渐衰减到稳定值，扭摆方向稳定在一个小范围内也作同步摆动。因此该参数下对称安装的同向回转振动机也具有自行恢复同步的能力。最后一个小图（振动体稳定状态后的质心轨迹图）观察到该振动机最终仍为近似圆运动。

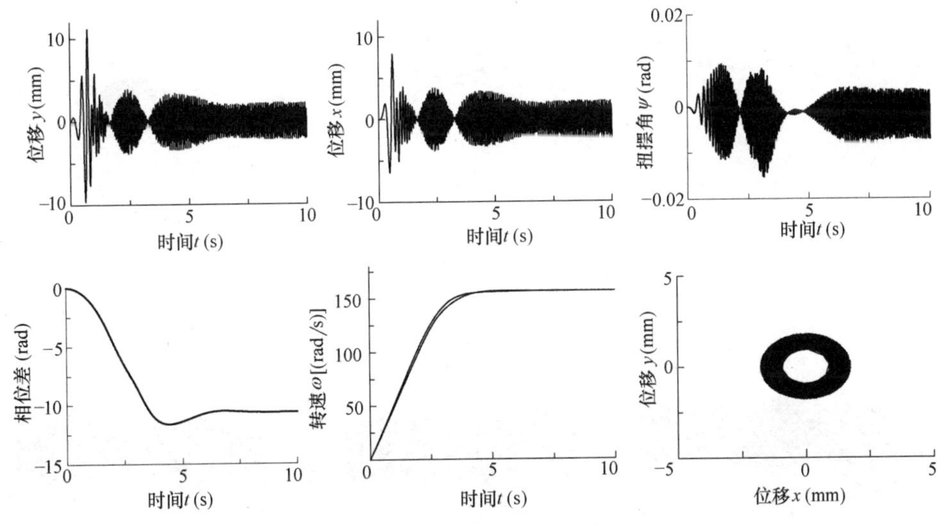

图3-19　电机1的负载转矩扰动后对称安装同向回转振动机的自同步过程

5. 电机断电后对称安装同向回转振动机自同步过程

在对称安装同向回转自同步振动机偏心转子偏心质量距相等和不等情况下，待到5s后断开电机的电源后，振动机的自同步过程分别如图3-20～图3-22所示。每图中电机转速图中细线代表为断电电机的转速。从图3-20～图3-22中看到，无论偏心转子的质量是否相等，无论是加大哪一个偏心转子的质量（即加大哪个激振电机所产生的激振力），待

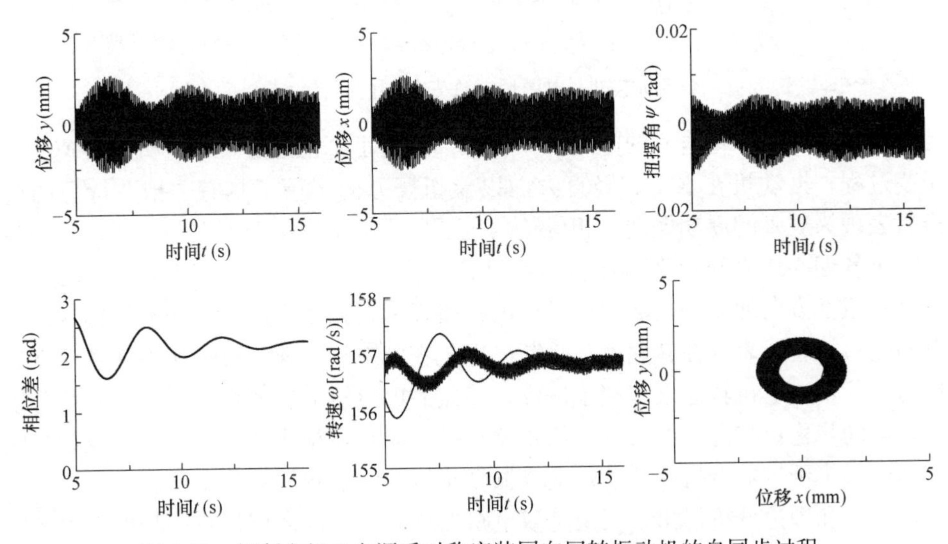

图3-20　切断电机2电源后对称安装同向回转振动机的自同步过程

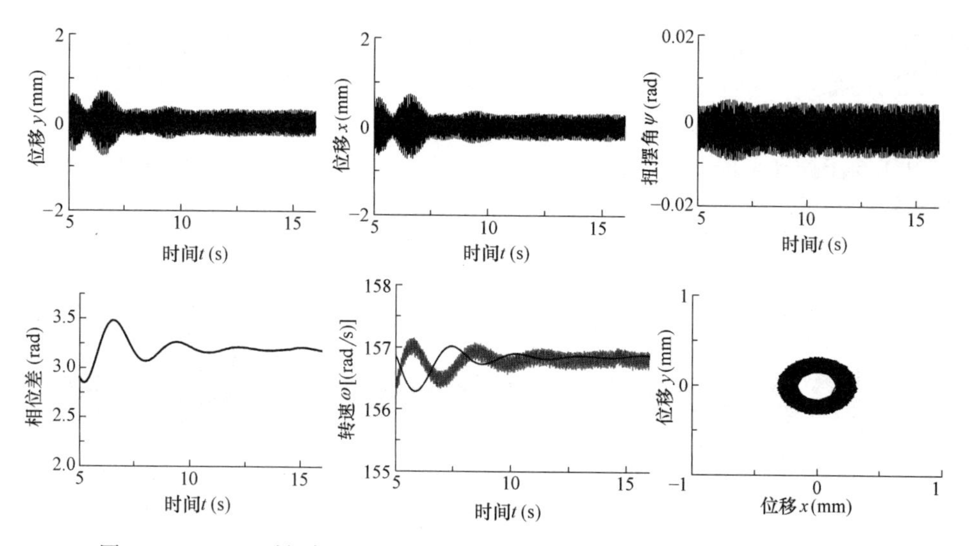

图 3-21　$m_1=4$ 时切断电机 1 电源后对称安装同向回转振动机的自同步过程

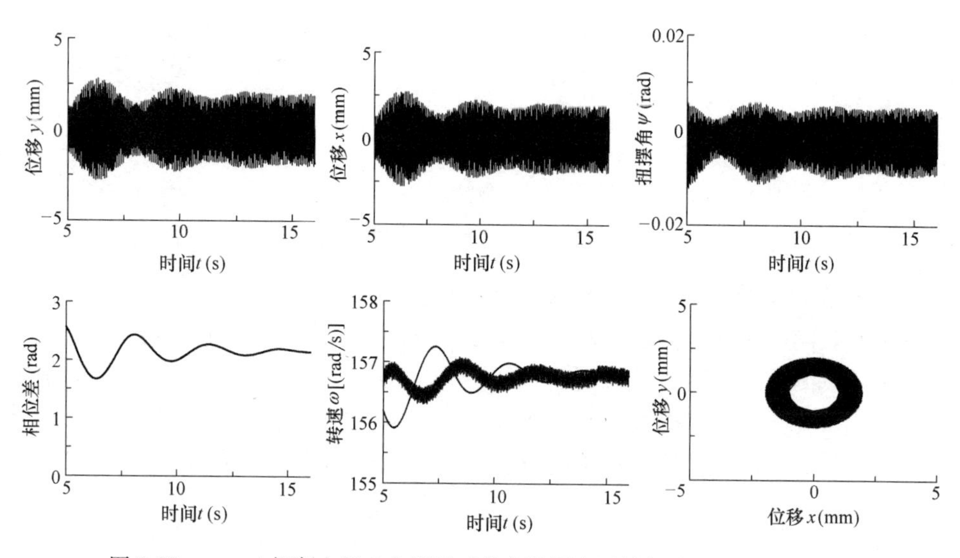

图 3-22　$m_2=4$ 切断电机 2 电源后对称安装同向回转振动机的自同步过程

到振动机稳定后切断一台电机的电源，振动机都经历了不稳定过程，电机的转速经历了很小的振荡过程，振动机在水平、竖直方向以及扭摆方向经历了具有“拍”特征的过渡过程，最后表现为规则的周期振动，相位差角也经历了一个很小上下波动过程，重新达到稳定值。由于各偏心块之间存在着相位差，其惯性力不能完全抵消，因此振动机会产生水平、竖直和扭摆方向的振动，从而使带电电机得以通过振动机向断电的电机输送能量，带动断电的电机旋转，表现在转速上就是断电电机在断电后转速经过迅速下降然后回升，经多次振荡后与带电电机转速逐步趋于一致，稳定后的电机的转速和转子相位差都分别比断电前振动机同步稳定状态时的稳定幅值稍微小些，并且在很小的范围内相互波动，断电电机的波动远远小于带电电机的波动，最终振动机仍会实现自同步稳定状态。

经过实际和理论分析得出，无论是双电机对称式安装同向回转自同步振动机还是双电机驱动对称安装反向回转自同步振动机，无论偏心转子的偏心质量距相等还是不等，只要满足振动机的同步理论条件，振动机就能实现稳定的同步运转。

3.5.3 质心偏移式反向回转自同步振动机机电耦合情况下的自同步特性

目前质心偏移式的自同步振动机已广泛应用于工业工程方面，对于质心偏移式的自同步振动机机电耦合研究更加重要。从简化力学模型图 3-3 出发，以该机电耦合数学模型式（3-8）中的 $l_1 \neq l_2$ 和式（3-9）～式（3-11）为依据，编制了专门的数值仿真软件。通过该数值仿真软件，直观显示和模拟在各种状态下振动机振动同步过渡过程中振动机各参数的变化规律。基于力学模型及工程实际，确定了一组质心偏移式自同步振动机的参数如下：$M=148\text{kg}$，$m_1=m_2=3.5\text{kg}$，$J=17\text{kg}\cdot\text{m}^2$，$J_{01}=J_{02}=0.01\text{kg}\cdot\text{m}^2$，$r_1=r_2=0.08\text{m}$，$k_y=77600\text{N/m}$，$k_x=30000\text{N/m}$，$k_\psi=3000\text{N}\cdot\text{m/rad}$，阻尼系数的近似取值为：$c_x=c_y=1000\text{N}\cdot\text{s/m}$，$c_\psi=1000\text{Nm}\cdot\text{s/rad}$，$l_1=0.4\text{m}$，$l_2=0.2\text{mm}$，$c_1=c_2=0.01\text{Nm}\cdot\text{s/rad}$，$\beta_1=\pi/6$，$\beta_2=\pi/2$。

经理论分析，对于双电机驱动质心偏移式反向回转自同步振动机，如果恰当安装两个偏心转子满足同步理论，最终两转子的转速相同并且两转子相位差也能趋于一致，相位差角为恒定值，振动机实现了自同步，如果相位差为非零恒定值时，振动机实现了延迟自同步。质心偏移式反向回转自同步振动机稳定运动轨迹是按激振力方向（即振动方向）做直线振动。如果把振动机振动方向分解为竖直和水平两个方向，则振动机就产生水平和竖直两方向的周期稳定振动。

1. 理想条件下质心偏移式反向回转振动机的延迟自同步过程

针对质心偏移式反向回转的振动机，其理想状态与对称安装式的反向回转振动机不同，由于质心偏移，振动机几何参数并不能完全对称一致，偏移式振动机的理想状态设定为该参数下时正常工作状态，得到理想状态时振动机自同步过程为图 3-23。从图中可观察到，偏心转子反向回转质心偏移式自同步振动机的双电机的转速和相位差启动时经过短暂一段过渡过程后都趋于一致，其竖直和水平方向以及扭摆方向也都经过一段过渡过程，最后都做稳定的周期运动，并且扭摆方向最终稳定的幅值为 0.002rad。在工程上，极小

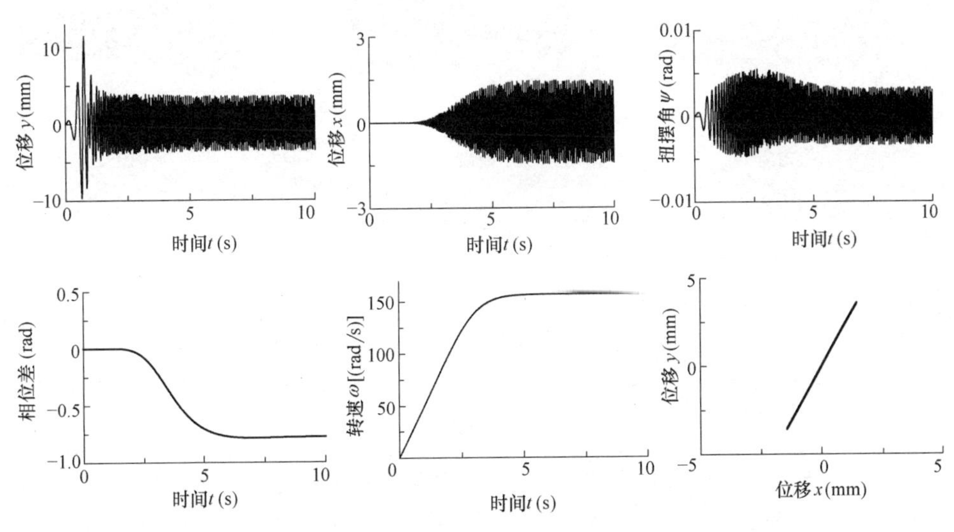

图 3-23 理想状态下质心偏移式反向回转振动机的延迟自同步过程

的扭摆角度可忽略不计，因此，振动机只在振动方向上做直线振动。并且由最后一小图（即振动机稳定状态后 xy 平面轨迹图）显示该振动机在某一倾斜线上作直线稳态运动，可以测得其振动方向与水平方向的夹角即振动方向角为 67.66°，相位差小图显示的相位差为偏心转子 1 相位减去偏心转子 2 的相位，经过测量得到相位差最终的稳定值为 −0.78rad，也就是偏心转子 m_2 超前偏心转子 m_1 大约为 0.78rad=44.69°。采用文献 8 中对相位差的理论分析可以推导计算出偏心转子 m_2 和偏心转子 m_1 的相位差值为 0.78rad，在文献中也给出了相位差角和振动方向角之间的关系，即振动方向角为 90°−44.69°/2=67.655°。因此，仿真分析和历史文献理论分析一致。在质心偏移式反向回转振动机中，双电机的转速和相位差最终稳定一致，并且相位差角最终稳定为非零恒定值，该振动机实现了延迟自同步状态。

2. 初始条件不同时质心偏移式反向回转振动机的延迟自同步过程

在工程实际上，非理想状态的情况比比皆是，针对偏移式反向回转振动机也不可避免。当两电机的初始相位不同时振动机的延迟自同步特性如图 3-24，从图中可以观察到，其偏心块 1 的初始相位为 0.5rad，双电机在逐步加速至额定转速的过程中，激振力的大小和方向在不断发生变化。随着电机的转速和偏心转子的相位差角趋于一致，振动机竖直、水平的振动位移以及扭摆方向位移都趋于稳态振动，即振动机恢复到了同步状态。与理想状态下相比，初始相位差变化时，仅振动机水平 x 方向在启动过程中有急剧的变化后最终趋于稳定一致，而振动方向 y 方向和扭摆角方向的位移并没太大变化。该状态与理想状态相比较，两转子的相位差角仍然稳定在 −0.78rad 左右，由轨迹图显示，振动机同步稳定后振动方向角并没有发生改变。充分表明，该状态下振动机仍与理想状态时保持相同的同步状态，自同步振动机的振动方向角为 67.66°，相位差角为 44.69°。由于相位差稳定后为非零的恒定值，因此，初始相位差不同的非理想状态下，质心偏移式反向回转自同步振动机仍能实现延迟自同步稳定状态。

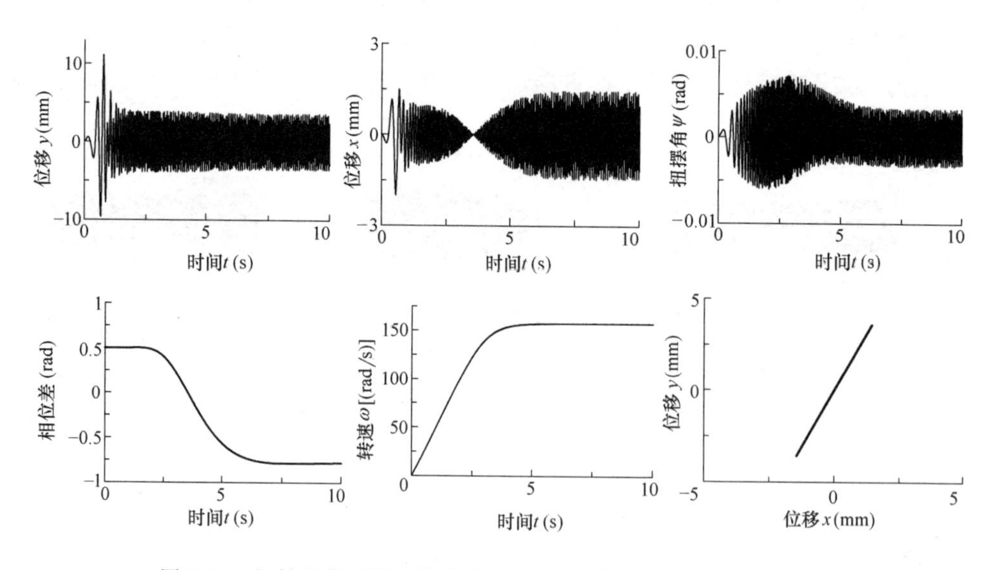

图 3-24　初始相位不同时偏移式反向回转振动机的延迟自同步过程

当双电机的初始转速不同时振动机的自同步过程如图 3-25。初始转速不同将导致振动机

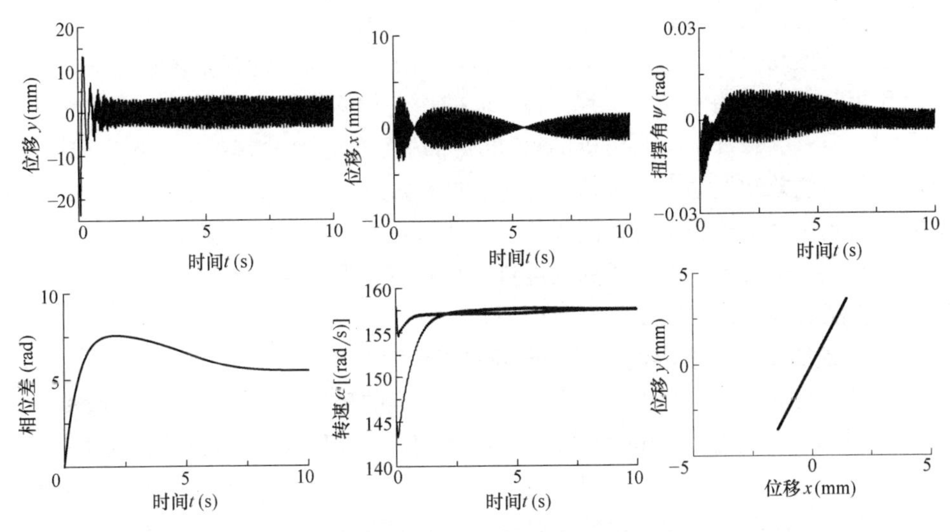

图 3-25 电机初始转速不同时偏移式反向回转振动机的延迟自同步过程

竖直、水平方向和扭摆方向在启动过程中产生大幅度的振荡。由图显示，当双电机的初始转速差为 13rad/s 时，电机初始转速的不同影响了振动机的启动过渡过程。与初始相位不同时振动机自同步过程不同的是，此时双电机的转速经历了一段交叉变化的过程，初始阶段由于双电机的转速差很大，导致相应偏心块的相位差逐步增大然后又逐渐减小，最后两电机的转速和偏心转子相位差都逐步趋于一致，最终相位差角稳定在 5.5rad 左右，它和−0.78rad 相差 2π。在理论上，振幅为周期关系，因此，初始转速不同的质心偏移式反向回转自同步振动机的偏心转子相位差稳定值仍然为−0.78rad，即 44.69°，振动方向角仍为 67.66°。该状态下振动机也将重新恢复到同步状态，并且实现了延迟自同步稳定状态。

3. 电机参数有微小差异时质心偏移式反向回转振动机的延迟自同步过程

双电机参数有微小变化的非理想状态时偏移式反向回转振动机自同步过程如图 3-26 所示。由图可观察到，当电机参数有微小差异时，双电机的转速无明显变化，但电机参数

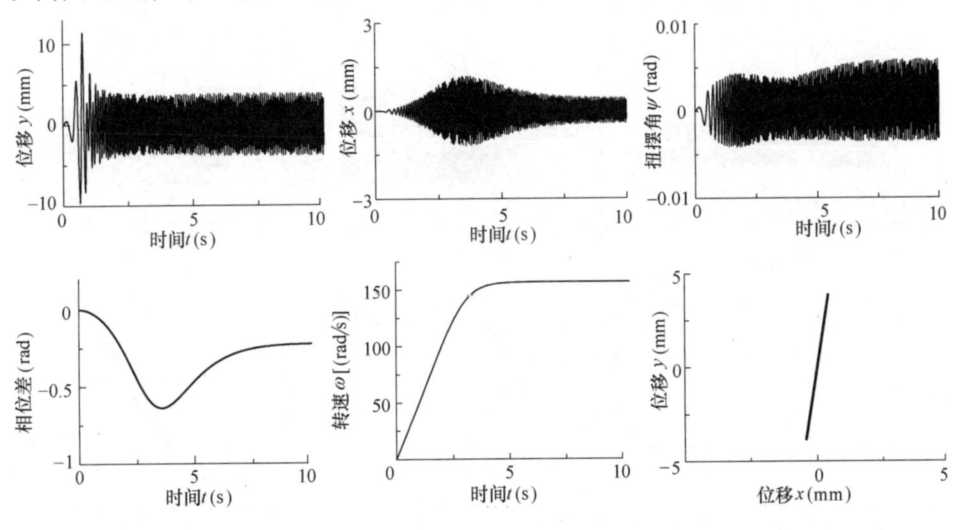

图 3-26 电机参数有微小差异时偏移式反向回转振动机的延迟自同步过程

的变化影响了振动机同步状态的变化，导致振动体的水平方向的位移与理想状态时水平方向的位移相比，振动位移幅值减小，而竖直方向和扭摆方向却没有显著的变化。随着双电机的转速和相位差逐渐趋于稳定一致，各方向的振动位移也趋于稳定一致，经测量其相位差稳定后的值为－0.227rad，振动机的振动方向角将变化为83.50°。采用文献[8]中的理论分析验证了相位差和振动方向角仿真的正确性。振动机同步稳定状态后相位差仍为非零的恒定值，因此振动机仍为延迟自同步状态。通过定量再现了电机微小差异影响电机转速和相位差的变化，也会影响振动机的延迟自同步状态，但如果保证振动机满足一定同步理论，振动机仍能实现延迟自同步状态。

4. 偏心质量距不等时质心偏移式反向回转振动机的延迟自同步过程

两偏心转子的偏心质量距不等，也会影响振动机的延迟自同步行为，因此分别定量再现m_2变化为4kg、r_2变为0.16m两种偏心质量距不等情况时振动机延迟自同步行为特性，如图3-27和图3-28所示。在m_2＝4kg情况下时，竖直和扭摆方向的运动与理想状态实现延迟自同步相比，仅水平方向的位移在启动时有显著变化，其三方向稳定振动幅值略有增大。随着电机转速趋于稳定一致，其相位差也趋于稳定一致，最终稳定在－0.857rad即相位差角为49.10°，由理论分析得出其振动方向变化不为65.45°。由图3-27中最后一小图（振动机稳定状态后的轨迹图）可观察到，由于振动机的激振力不等的缘故，振动机的运动轨迹变化为在振动方向上做细窄的椭圆运动。对于r_2＝0.16m的偏心质量距不等情况与理想状态相比较，扭摆和水平方向位移的变化明显，竖直方向变化不明显，且三方向稳定振动幅值略有增大。相位差最终稳定在－1.176rad，即相位差角为67.38°，其振动方向角变化为56.31°。由图3-28中振动机稳定状态后的轨迹图显示，由于振动机的激振力不等的缘故，振动机的运动轨迹变化为在振动方向上作椭圆运动。在这两种偏心质量距不等状态下，质心偏移式反向回转自同步振动机两转子的相位差角都最终稳定，并为非零的恒定值，因此振动机仍为延迟自同步稳定状态。偏心质量距不等的情况，影响了振动机同步状态的变化，其体现在振动机稳定后的运动轨迹上，轨迹由在振动方向上做直线振动变化为在振动方向上做椭圆运动。

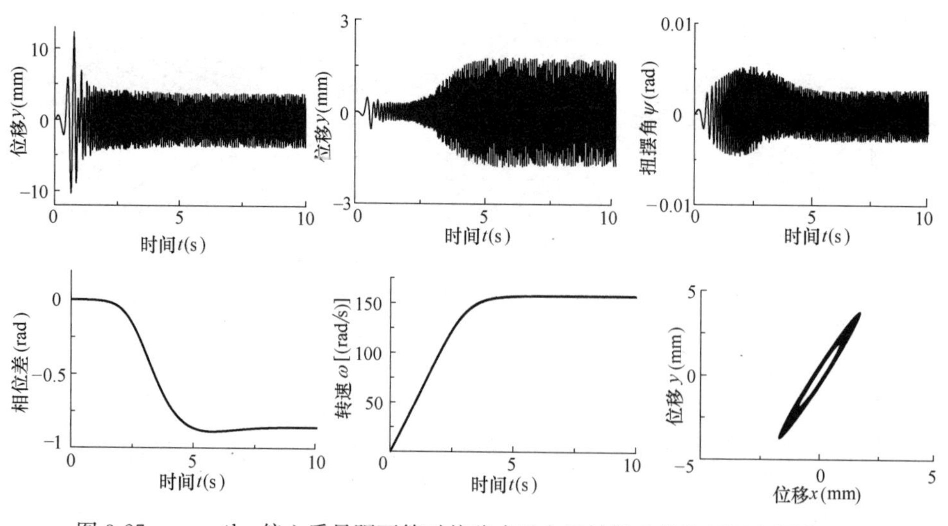

图3-27 m_2＝4kg偏心质量距不等时偏移式反向回转振动机的延迟自同步过程

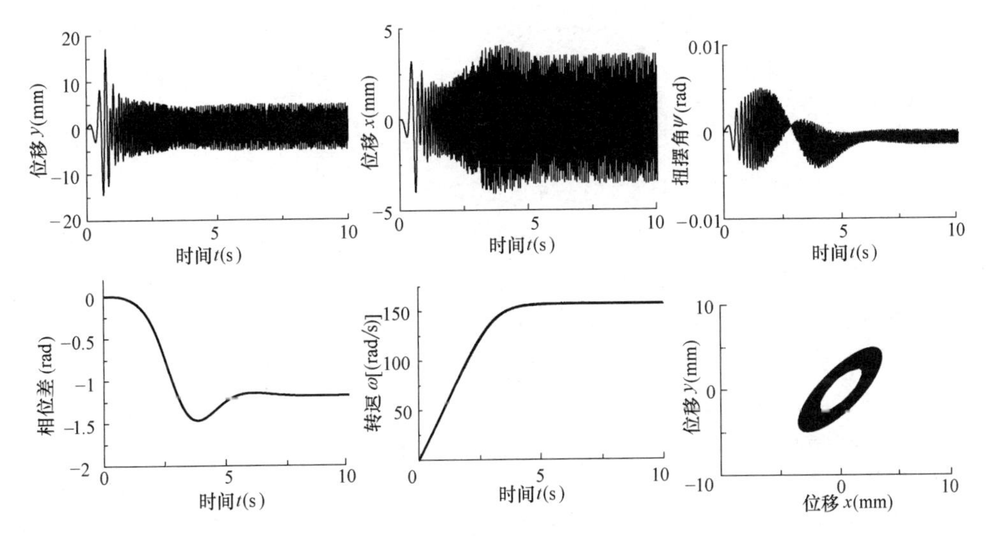

图 3-28 $r_2=0.16$m 时偏心质量距不等时偏移式反向回转振动机的延迟自同步过程

5. 断开一台电机电源后质心偏移式反向回转振动机的延迟自同步过程

振动机达到同步稳定状态后，5s 后切断电机 2 的电压，没关掉电机时与理想工作状态下振动机各参数的变化一样，得到在 5s 后振动机的延迟自同步过程如图 3-29 所示。图 3-29 中转速小图显示的细线代表断电电机 2 的转速。由电机转速小图可观察到，5s 后两个电机转速显著的波动，对于断电电机 2 上下波动小，而没有断电的电机 1 线粗，意味着即使达到稳定状态时其电机转速会在转速稳定位置大幅度地上下波动，这表明系统的同步是一种动态平衡，此时双电机通过振动机机体的振动进行能量交换，断电电机仍然和电机 1 保持一致的运转，仅比没关掉电机时的稳定转速稍微减小。5s 后随着电机转速和相位差都经历了一段振荡过程后趋于稳定一致，振动机在竖直、水平方向和扭摆方向的振动都经历了具有“拍”特征的过渡过程，最后表现为规则的周期振动。两个偏心转子的相位差角也经历了一个振荡过程，最后稳定在约－1.45rad 的位置，即相位差角为 83.07°。经分析和测量得到振动机的振

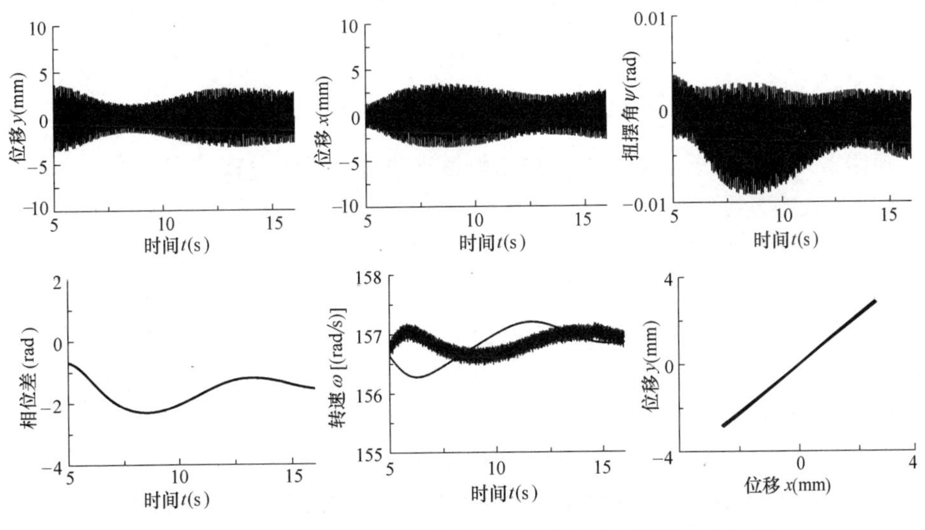

图 3-29 切断电机 2 电源后偏移式反向振动机延迟自同步过程

动方向角变为 48.46°。相位差最终稳定后仍为非零的恒定值，因此振动机也实现了延迟自同步状态，且振动机稳定后的运动轨迹为在振动方向上做直线振动。

3.5.4　质心偏移式同向回转自同步振动机机电耦合情况下的自同步特性

从简化力学模型图 3-4 出发，以机电耦合数学模型式（3-12）中的 $l_1 \neq l_2$ 和式（3-9）～式（3-11）为依据，编制了专门的数值仿真软件，采用偏移式反向回转自同步振动机参数数据，进行质心偏移式同向回转自同步振动机自同步特性分析。

1. 理想条件下质心偏移式同向回转振动机的自同步过程

理想状态时质心偏移式同向回转自同步振动机的自同步过程如图 3-30 所示，在理想状态下，经过启动过渡过程后振动机各方向作周期稳定振动，且振动机运动轨迹为圆运动（或近似圆运动的椭圆运动）和扭摆振动的组合。由图可观察到，随着双电机的转速和偏心转子的相位逐步趋于一致，竖直、水平和扭摆方向的振幅也趋于稳定的周期运动。从图中的扭摆角位移小图显示，0 点位置上下的稳定振动角位移幅值不同，说明振动机扭摆中心不是振动机的质心处。相位差最终稳定为恒定的 π 值，说明相位差在［90°，270°］之间的第二种同步状态区间内，振动机最终实现自同步稳定状态。

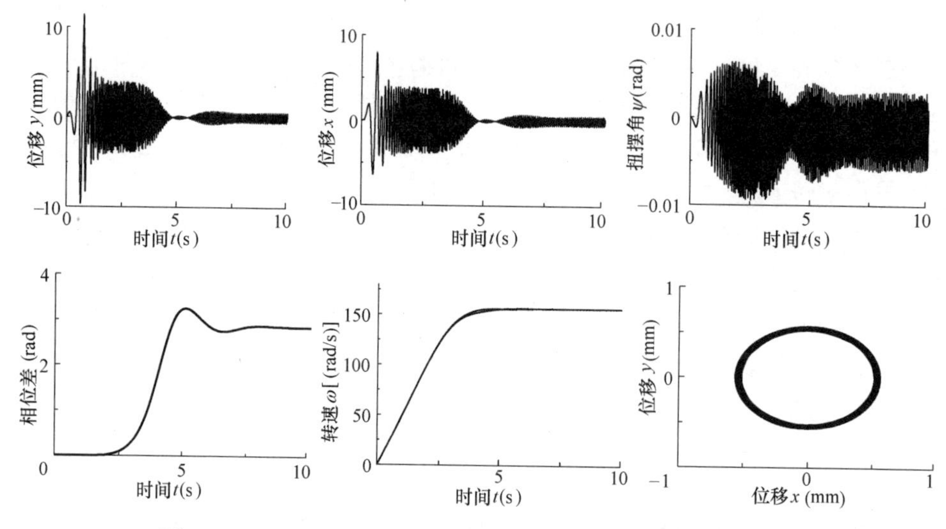

图 3-30　理想状态下质心偏移式同向回转振动机的自同步过程

2. 初始条件不同时质心偏移式同向回转振动机的自同步过程

在实际工程中，振动机启动时几何参数和初始条件不可能完全对称，两转子初始相位差为 0.5rad 得到质心偏移式同向回转振动机的自同步过程（图 3-31）。从图 3-31 中可以观察到，随着电机的转速和偏心转子的相位差角趋于一致，相位差角稳定在 πrad 左右，振动机的竖直、水平和扭摆方向的位移也趋于稳定一致。由图中的扭摆角位移小图显示，0 点位置上下的稳定振动角位移幅值不同，振动机的扭摆中心不在振动机的质心处。由最后一小图（振动机稳定状态后的轨迹图）观察到，在初始相位不同时，偏移式同向回转自同步振动机也同样是圆运动。与理想状态相比较，振动机的各参数并没有显著的变化，振动机竖直、水平方向及扭摆方向的振动也都经历了过渡振荡过程，只是经历过渡到同步的过程比理想状态时的时间短。随着过渡过程的结束，双电机轴上的偏心块的相位差逐步稳定在$-\pi$rad左右（与理想状态时相位差稳定值相同），振动机重新回到同步振动状态。当初始相不同时的质心偏移式同向回转自同步振动机，如果满足该状态时同步理论，振动机仍能自行恢复同步稳定状态。

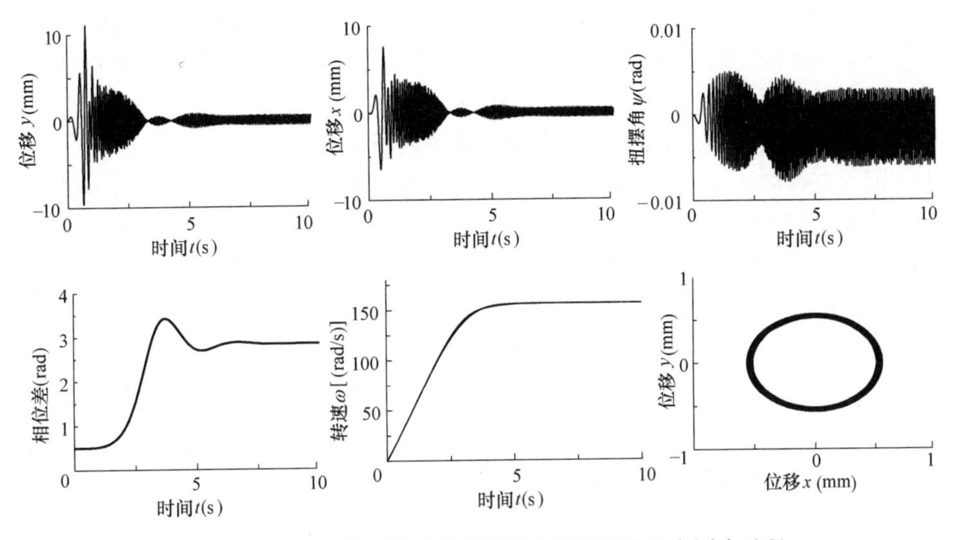

图 3-31 初始相位不同时偏移式同向回转振动机自同步过程

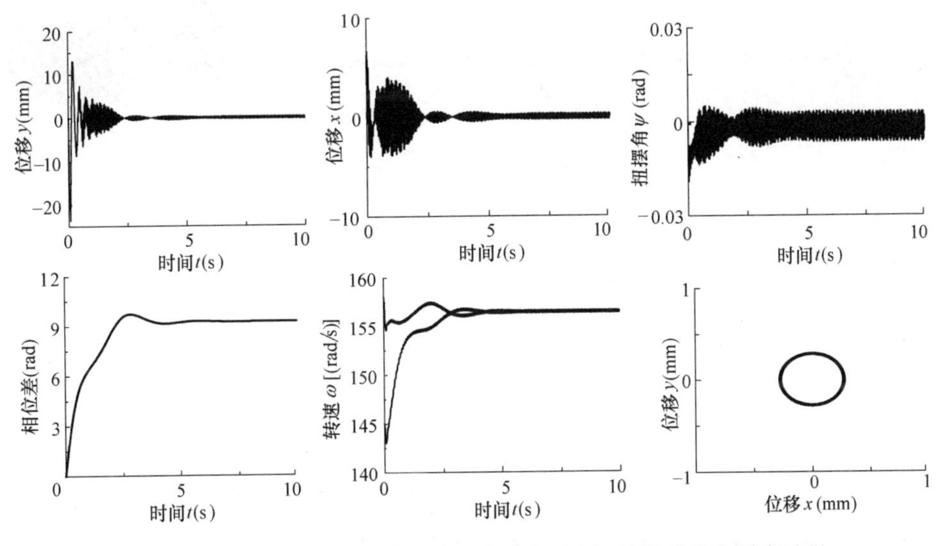

图 3-32 电机转速初始条件不同时偏移式同向回转振动机自同步过程

由于我们所关注的是振动机在受到外界干扰时自行恢复同步的能力，在下面分析自同步振动的过渡过程时，通过加入电机的初始转速差来分析振动机参数的变化规律。双电机的初始转速差为13rad/s时质心偏移式同向回转自同步振动机的自同步过程如图3-32所示。从图3-32可以看出，初始转速不同也将导致振动机在竖直、水平方向和扭摆方向产生大幅度的过渡振荡，与初始相位不同时振动机的自同步过程不同的是，此时双电机的转速经历了一段交叉变化的过程，初始阶段由于双电机的转速差很大，导致相应偏心块的相位差逐步增大，当振动机处于同步状态后，两台电机的转速并不严格相等，而是在很小的范围内相互波动，这表明系统的同步状态是一种动态的平衡状态，此时双电机通过振动机机体的振动进行能量交换。由图可观察到，双电机初始转速不同影响了振动机的同步状态的变化，体现在振动体的竖直、水平方向以及扭摆方向振动逐渐衰减，最终稳定振动幅值比理想状态时稳定振幅小，相位差角稳定位置也发生改变，当偏心块的相位差稳定在9.1rad 即 3πrad，为 π 的倍数，与理想状态时一样，在 π 区间状态即第二种同步状态区间下同步运转，振动机仍处于同步稳定运动状态。

3. 电机参数有微小差异时偏移式同向回转振动机的自同步过程

两电机参数有微小差异的非理想状态时的偏移式同向回转振动机自同步过程如图 3-33 所示。在启动过程中，振动机在竖直 y 方向、水平 x 方向以及扭转方向的振动都经历了具有“拍”过程，表明振动机启动过渡过程时共振明显，从图中的扭摆角位移小图显示扭摆中心不是在该系统的质心处。随着电机的转速和偏心转子的相位差角经历一段过渡过程后，最终趋于稳定一致，相位差角稳定在－3.14rad 即 $-\pi$ 左右，振动机实现了同步振动状态。由图中最后一个小图（振动机稳定后的质心轨迹图）观察到，待振动机达到稳定状态后轨迹仍是圆运动。双电机初始参数的变化，并没有改变两偏心转子相位差角稳定位置，其 $-\pi$rad 是 πrad 的倍数。因此两电机参数有差异时与理想状态下的同步状态区间一样，即在 π 区间状态，振动机仍处于同步稳定状态。

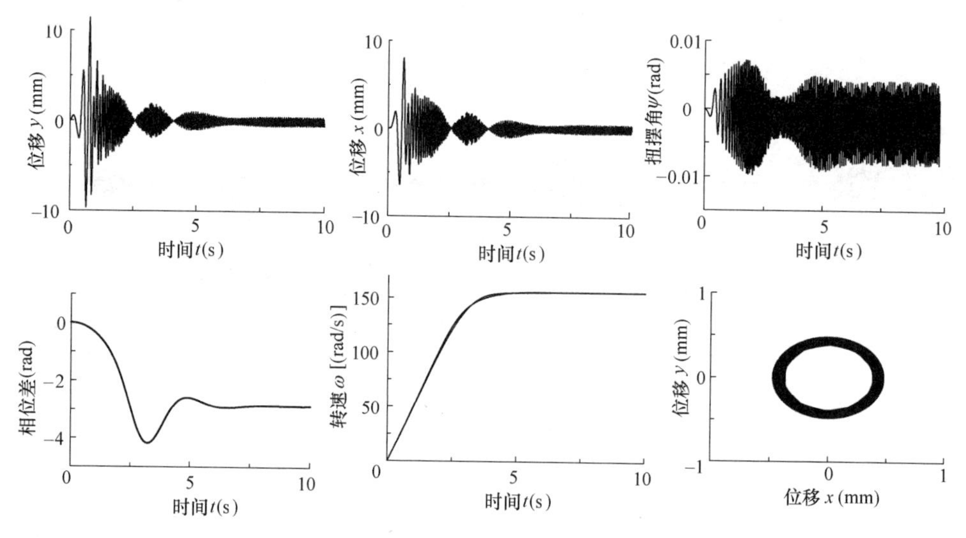

图 3-33　电机参数有微小差异质心偏移式同向回转振动机自同步过程

4. 偏心质量距不等时偏移式同向回转振动机的自同步过程

两激振电机的偏心转子的质量不等，标志着偏心质量距不等，更标志着激振电机所产生的激振力不等。两偏心转子的偏心质量距不等，也会影响振动机的自同步行为。因此以 m_1 变化为 4kg 偏心质量距不等情况为例，定量研究振动机自同步行为特性如图 3-34 所示。由图可观察到，由于 $m_1=4$kg 情况下时，竖直、水平及扭摆方向的运动与理想状态时实现自同步过程相比较，并没有显著变化。相位差也最终稳定在 3.14rad 即 πrad 左右，振动机在该参数状态下与理想状态时自同步过程没有显著的变化，说明偏心质量距不等时，对质心偏移式同向自同步振动机的稳定振动影响不大，与理想状态情况下一样，相位差角最终稳定仍为 πrad，因此振动机仍能实现同步稳定状态。

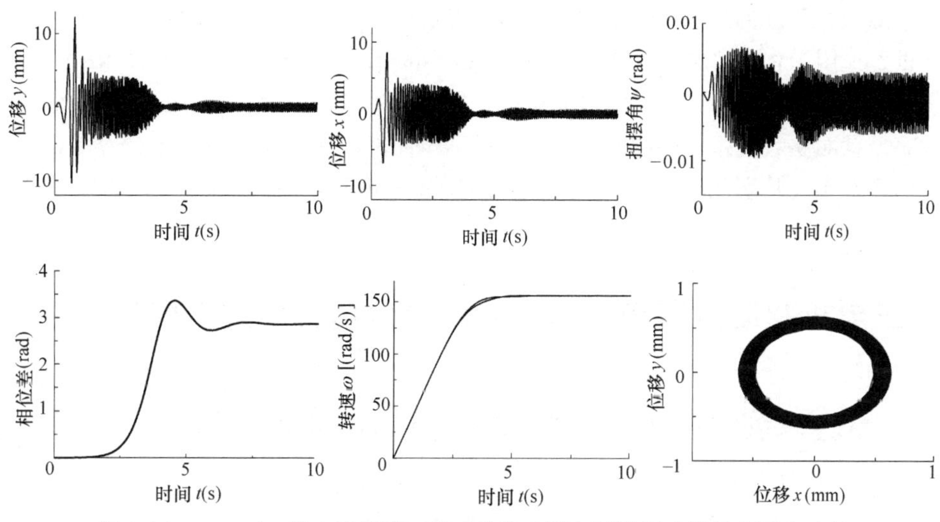

图 3-34 $m_1=4$kg 偏心质量距不等时偏移式同向回转振动机的自同步过程

5. 断开一台电机电源后质心偏移式同向回转振动机的自同步过程

在振动机启动后达到稳定状态后，切断一台电机 2 的电源，没关掉电机时与理想工作状态下的参数响应一样。在 5s 后得到振动机的自同步行为如图 3-35 所示，振动机各方向的振动没有发生明显的变化，振动机仍处于良好的同步振动状态。振动机竖直、水平方向和扭摆方向的振动经历了具有“拍”特征的过渡过程，最后表现为规则的周期振动，由电机转速小图可观察到，其中细线代表停机的电机 2 转速，两电机的转速在 5s 后都经历了大周期的振荡，且断电电机 2 上下波动小，而带电电机 1 线粗，即使达到稳定状态后电机转速也会在转速位置上下波动并且幅度很大，这表明系统的同步是一种动态平衡，此时两电机通过振动机振动进行能量交换。随着两个偏心块的转速和相位差角也经历了一个振荡过程后趋于稳定，相位差最终仍稳定在大约 πrad 位置，因此振动机仍能保持同步稳定状态。

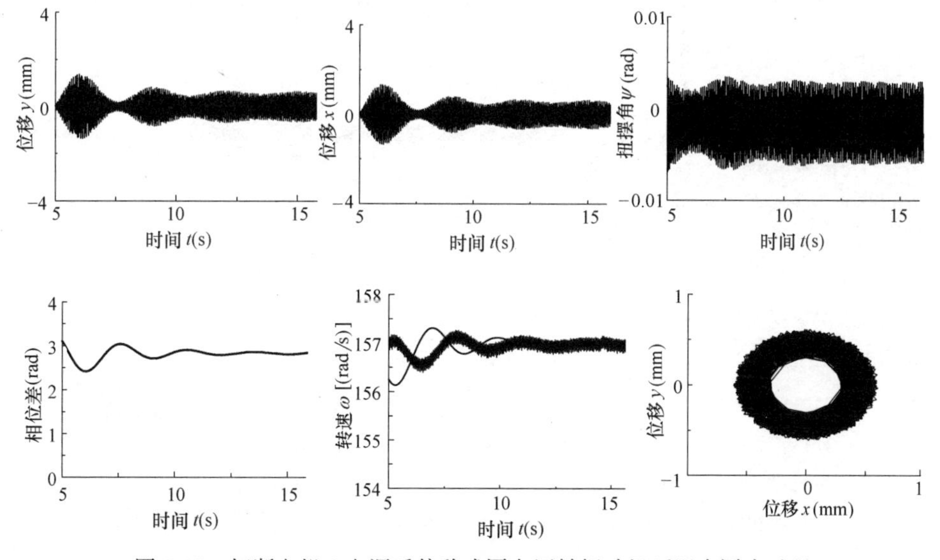

图 3-35 切断电机 2 电源后偏移式同向回转振动机延迟自同步过程

对于双电机驱动的自同步振动机，双电机偏心转子的相位差角变化在振动机的运动状态中起到重要作用。相位差在0°和180°两种状态区间时有着不同的运动状态。当相位差角由一种状态变成另外一种状态时候，则自同步振动机也由一种同步运动状态变化变成另一种同步运动状态。针对质心偏移式同向回转自同步振动机而然，在几种典型情况下，其双电机相位差稳定值都在180°状态区间变化，因此，自同步振动机的同步运动状态并没有变化。

3.6　三电机驱动自同步振动机机电耦合情况下的自同步特性

3.6.1　三电机驱动反向回转自同步振动机机电耦合情况下的自同步特性

以该三电机驱动反向回转的振动机简化模型图3-5为基础，式（3-13）、式（3-9）～式（3-11）构成三电机反向回转振动机机电耦合数学模型，其中式（3-9）～式（3-11）中$k=1$、2、3，采用编制数值仿真软件，定量分析各种状态时三电机驱动反向回转振动机自同步行为。确定该三电机自同步振动机的参数如下：$M=148\text{kg}$，$m_1=m_2=m_3=3.5\text{kg}$，$J=17\text{kg}\cdot\text{m}^2$，$J_{01}=J_{02}=J_{03}=0.01\text{kg}\cdot\text{m}^2$，$r_1=r_2=r_3=0.08\text{m}$，$k_y=77600\text{N/m}$，$k_x=30000\text{N/m}$，$k_\psi=30000\ \text{N}\cdot\text{m/rad}$，阻尼系数的近似取值为$c_x=c_y=1000\text{N}\cdot\text{s/m}$，$c_\psi=1000\text{Nm}\cdot\text{s/rad}$，$l_1=l_3=0.4\text{m}$，$l_2=0.2\text{m}$，$c_1=c_2=c_3=0.01\text{Nm}\cdot\text{s/rad}$，$\beta_1=\pi/6$，$\beta_2=\pi/2$，$\beta_3=5\pi/6$。

1. 理想条件下三电机驱动反向回转振动机的自同步过程

理想状态下振动机的自同步特性如图3-36所示。由图可以看出，电机的相位差分别为电机1与电机2之间的相位差以及电机2和电机3之间的相位差，电机的转速和偏心块的相位差启动时不断变化，激振力的大小和方向也不断发生变化，从而使振动机各个振动方向的振幅不断发生变化后趋于稳定一致，最后相位差趋于稳定，且相位差都分别稳定在1rad、−3rad左右，最终逐步趋于同步稳定振动，即振动机实现了自同步稳定状态。由轨

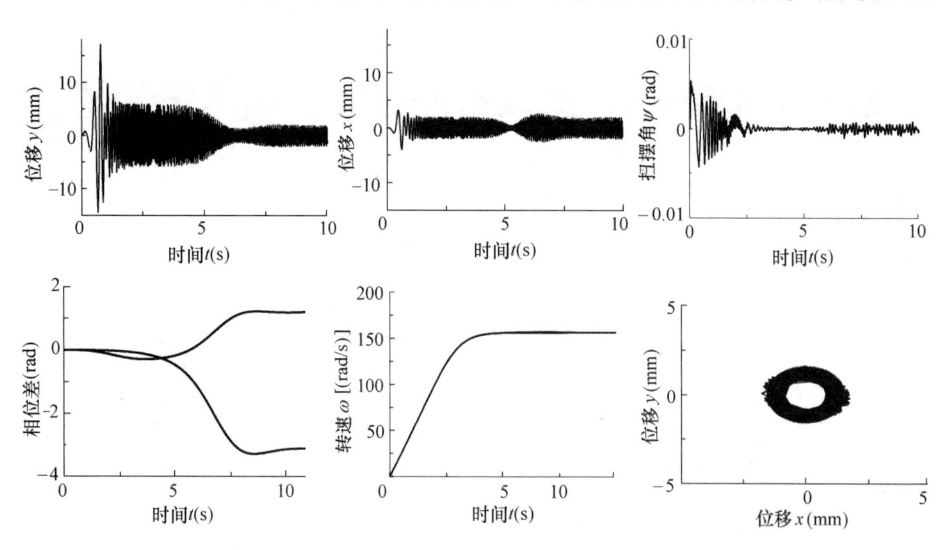

图3-36　理想状态下三电机驱动反向回转振动机的自同步过程

迹图（振动机稳定后质心轨迹图）观察到，振动机达到稳定状态后做近似圆运动。

2. 初始条件不同时三电机驱动反向回转振动机的自同步过程

取偏心块 3 的初始相位为 0.5rad，振动机的自同步过程如图 3-37 所示。振动机在初始相位不同时，达到同步稳定状态的过程中各参数的变化与理想状态时稍有的不同。从图中可以看出，在自同步过程中各电机的转速和相位差都经历了不同的变化，随着电机转速和相位差不断变化最后都趋于一致，其两两转子的相位差最终都分别稳定在 1rad、−3rad 左右，与理想状态时相位差角保持一致，振动机的竖直、水平位移及扭摆方向角位移也趋于一致稳定，振动机实现了自同步稳定状态。从图 3-37 中的最后一小图（振动机稳定后质心 xy 面轨迹图）可知，振动机仍然以质心为圆心做近似圆运动。当每两个电机转子初始转速不同时振动机的自同步过程如图 3-38。图 3-38 中的转速图可看出，电机转子初始转速不同时，电机转速与转子初始转速完全相同时显著不同。在启动过程中，电机的转速

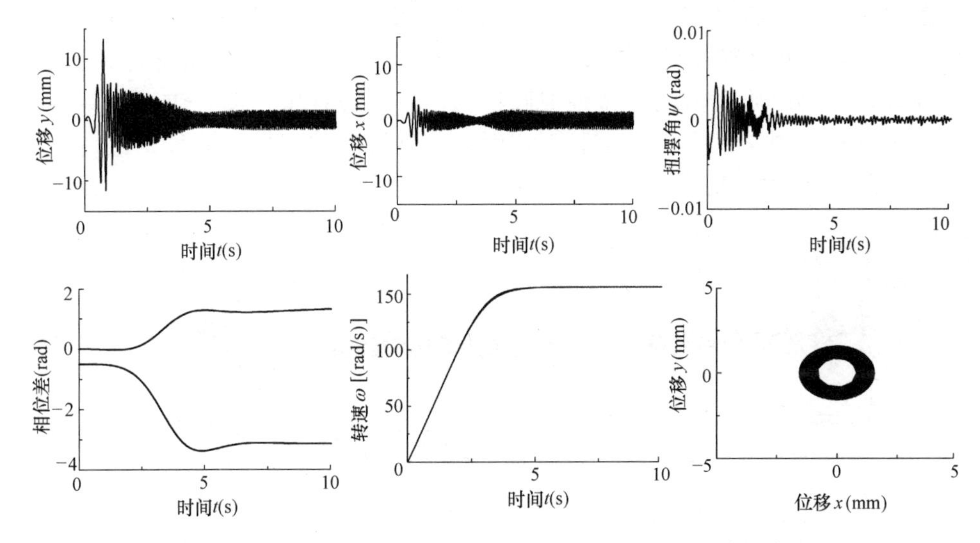

图 3-37 初始相位不同时三电机驱动反向回转振动机的自同步过程

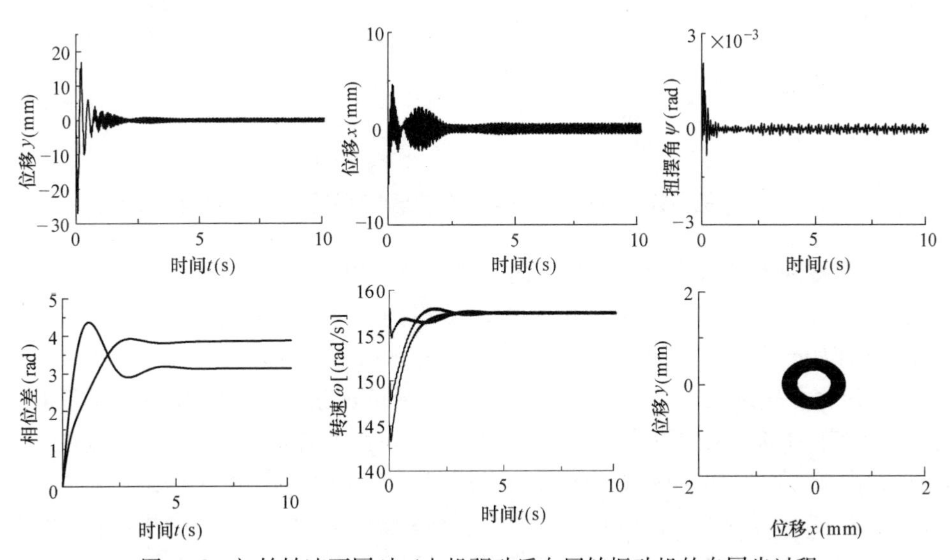

图 3-38 初始转速不同时三电机驱动反向回转振动机的自同步过程

并不严格相等，而是在很小的范围内相互波动，这表明系统的同步是一种动态平衡，此时电机和电机之间通过振动机机体的振动进行能量交换。随着电机的转速和偏心转子的相位差角逐渐趋于一致，并且相位差最终分别稳定在 3.14rad 和 3.8rad 左右，振动机各方向位移趋于稳定一致，振动机实现了自同步稳定状态。

3. 电机参数有微小差异时三电机驱动反向回转振动机的自同步过程

电机参数有微小变化时三电机驱动反向回转振动机自同步过程如图 3-39 所示。由图中可观察到，在启动过程中，其相位差角一个显著升高一个显著下降，振动机在竖直 y 方向的振动经历了具有“拍”过程，这表明启动过程中，振动机 y 方向产生共振现象，这与理想状态时振动同步稳定状态不同。振动机随着电机转速的变化，其转子相位差角也不断变化，最后转速和相位差都趋于一致，每两个转子的相位差最终都分别稳定在 9rad、−9rad 左右，两两相位差稳定后在 0 点处上下对称。随着三电机转速和相位差的稳定一致，振动机的竖直、水平位移以及扭摆方向角位移也趋于一致稳定，其扭摆角幅度很小可忽略不计。从图 3-39 中的最后一小图（振动机稳定后质心轨迹图）可知，振动机是仍以质心为圆心做近似圆运动。在此过程中，偏心块相位差角逐渐趋于稳定，振动机实现了自同步稳定状态。因此，电机参数有微小差异情况时，振动机仍能自行恢复同步稳定状态。

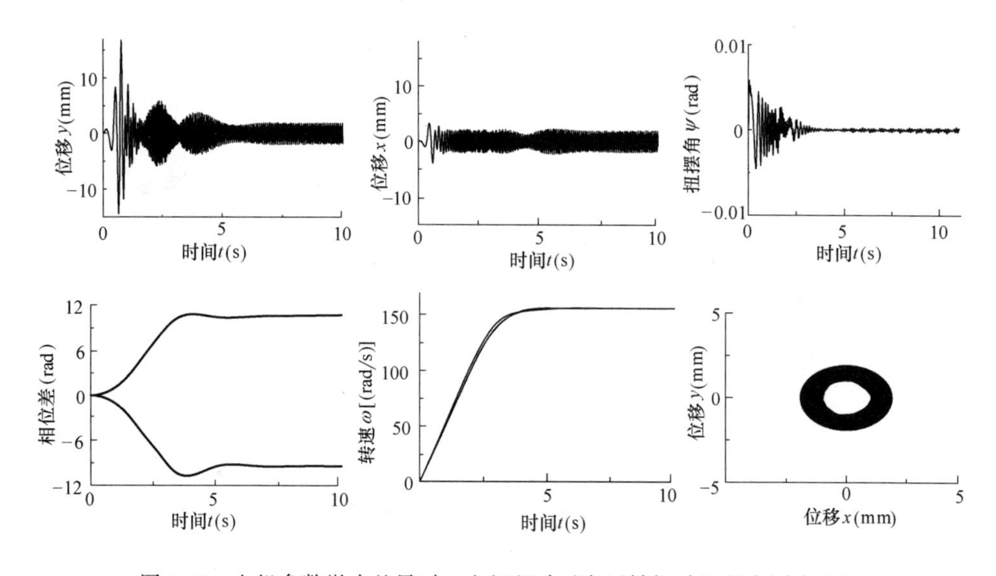

图 3-39 电机参数微小差异时三电机驱动反向回转振动机的自同步过程

4. 偏心质量距不等时三电机驱动反向回转振动机的自同步过程

分别变化 $m_1=4$kg、$m_3=10$kg、$r_2=0.2$m 得到三种类型的偏心质量距不等情况，偏心质量距分别为 $m_1r_1=0.32$kg・m、$m_3r_3=0.8$kg・m 和 $m_2r_2=0.7$kg・m 时，振动机的自同步运动过程分别为图 3-40～图 3-42。从三个图可观察出，偏心质量距不等时，激振电机产生的激振力也会发生改变，电机的转速和偏心转子的相位差也在不断地变化，振动机的竖直、水平方向位移及扭摆方向角位移都在不断地变化。由图 3-41 和图 3-42 显示，在偏心质量距为 $m_3r_3=0.8$kg・m 和 $m_2r_2=0.7$kg・m 情况时，转子的相位差角均显著变化，在启动时，振动机在竖直 y 方向的振动经历具有“拍”过程，表明振动机启动过渡

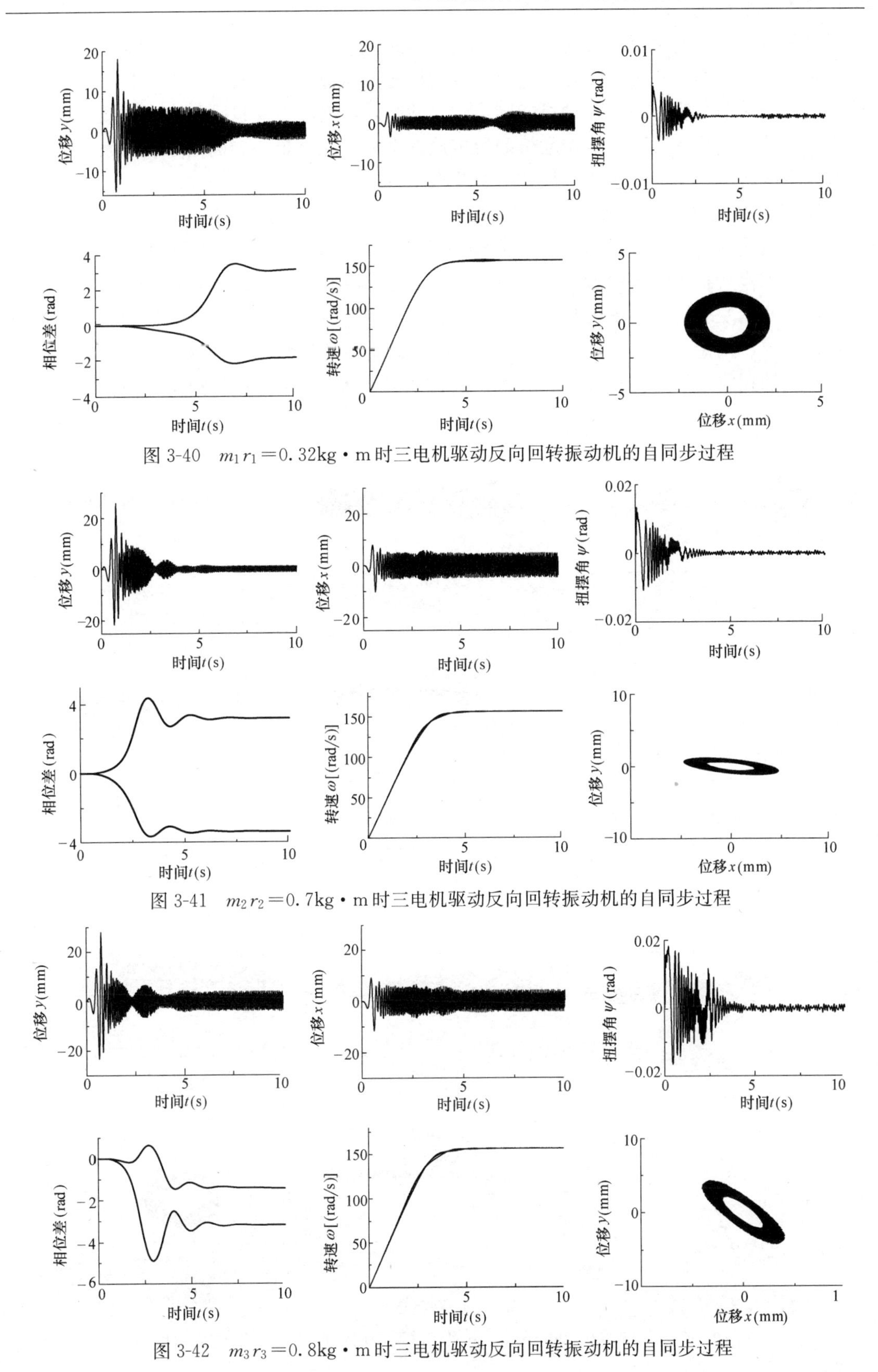

图 3-40 m_1r_1=0.32kg・m 时三电机驱动反向回转振动机的自同步过程

图 3-41 m_2r_2=0.7kg・m 时三电机驱动反向回转振动机的自同步过程

图 3-42 m_3r_3=0.8kg・m 时三电机驱动反向回转振动机的自同步过程

过程时竖直 y 方向产生共振现象，这与理想状态时同步稳定状态时不同。随着电机的转速和偏心转子的相位差角逐渐趋于一致，振动机各方向位移实现稳定的同步状态。分析表明，适当增大偏心质量距，振动机的同步稳定性能好，但随着质量距的增大，其振动将经历具有“拍”过程，反而影响振动机的稳定性。总之，在满足一定的同步理论条件下，改变振动机的转子的偏心质量距，振动机也能恢复自同步稳定状态。

5. 断开一台电机电源后三电机驱动反向回转振动机的自同步过程

振动机达到同步稳定状态 5s 后，切断一台电机的电压，没关掉电机时的振动机各参数与理想工作状态下的各参数响应一致，5s 后得到振动机自同步过程如图3-43 和图 3-44 所示，从两图中的转速小图可观察到，细线表示为断电电机的转速。无论是偏心质量距相等还是不等，无论是切断电机 2 还是电机 3 的电源，待到切断电机电源后，转子的转速和偏心转子的相位差都经历一段振荡过程，振动机在竖直、水平方向及扭摆方向都经历了具

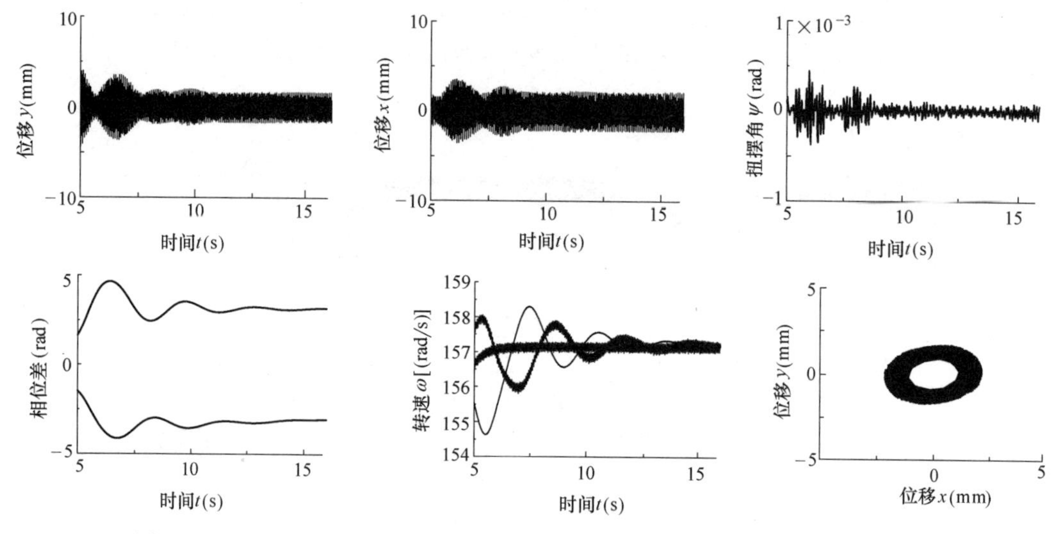

图 3-43　$m_2=4$kg 切断电机 2 电源后三电机驱动反向回转振动机的自同步过程

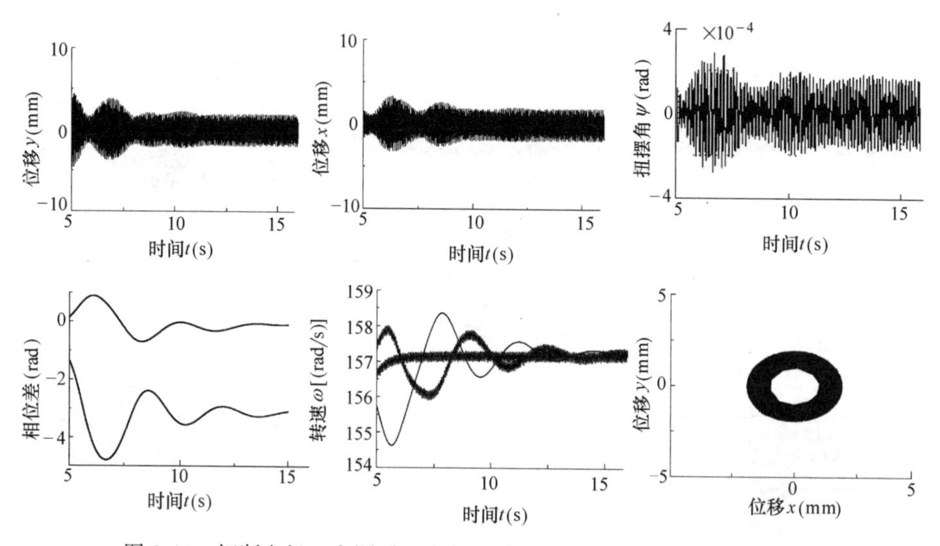

图 3-44　切断电机 3 电源后三电机驱动反向回转振动机的自同步特性

有“拍”特征的过渡过程，最后表现为规则的周期振动，同时三个偏心块的相位差角也都经历了一段大的振荡过程，重新达到稳定值。m_2=4kg 时，切断电机 2 状态下的相位差角分别稳定在 πrad、－πrad 左右，而切断电机 3 后的相位差角分别稳定在 0、－πrad 左右，因此振动机实现自同步稳定状态。电机的转速在 5s 后都经历了大周期的振荡后，最终趋于一致稳定，稳定后断电电机的转速会有小幅地上下波动，而其余没有断开电源的两个电机转速是在稳定转速处大幅度地上下波动，这充分表明，系统是一种动态平衡，断电电机通过振动机机体从其他的两个带电电机获得能量。

3.6.2　三电机驱动同向回转自同步振动机机电耦合情况下的自同步特性

如图 3-6 所示，式（3-14）、式（3-9）～式（3-11）构成三电机同向回转振动机械机电耦合数学模型，其中式（3-9）～式（3-11）中 k=1、2、3。确定该三电机同向回转自同步振动机的参数与反向回转振动机时的数据相同，对三电机驱动同向回转振动机进行自同步特性分析。

1. 理想条件下三电机驱动同向回转振动机的自同步过程

三电机驱动同向回转振动机的理想条件下自同步过程如图 3-45 所示。仿真分析中所表示的电机的相位差为电机 1 与电机 2 之间的相位差、电机 2 和电机 3 之间的相位差。由图 4-45 可以看出，电机的转速和偏心块的相位差不会完全相同，激振力的大小和方向因此也不断发生变化，从而使振动机振动的方向和振幅不断发生变化，同时伴随着扭摆的发生，经过一段过渡过程后相位差都趋于一致，且都稳定在－2rad 左右，振动机实现自同步稳定振动。图 3-45 振动机的质心轨迹图（振动机达到稳定状态后质心轨迹图）显示，振动机稳定后做近似圆运动。随着相位差最终稳定为恒定值，振动机实现了自同步稳定状态。

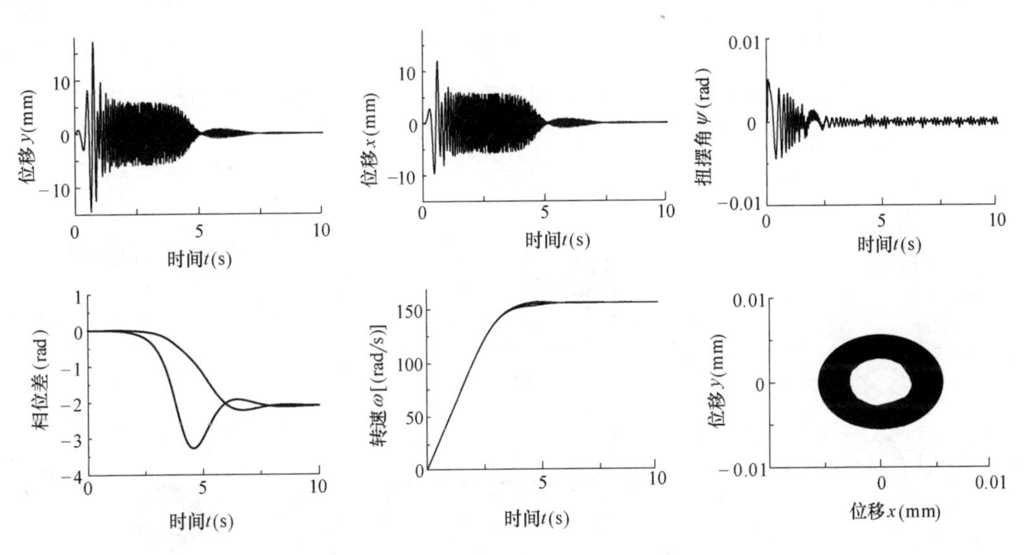

图 3-45　理想状态下三电机驱动同向回转振动机的自同步过程

2. 初始条件不同时三电机驱动同向回转振动机的自同步过程

偏心块 2 的初始相位为 0.5rad 时得到振动机自同步过程如图 3-46 所示。每两电机初始转速差为 9rad/s 时振动机的自同步特性行见图 3-47。从图 3-46 中可以看出，随着三电机转速和相位差的稳定一致，振动机的竖直、水平位移和扭摆方向角位移也趋于一致，并且相位差分别稳定在 2rad、−4.2rad 左右，振动机实现了同步稳定的运动状态。从图 3-47 可看出，电机转子初始转速不同于电机初始转速完全相同时的电机转速有显著的不同。在启动过程中，电机的转速在很小的范围内相互波动，此时电机和电机之间通过振动机机体的振动进行能量交换。随着电机的转速和偏心转子的相位差角逐渐趋于一致，并且相位差最终都稳定在 4.1rad 左右，振动机各方向位移趋于稳定一致，振动机实现同步稳定状态。该状态下，经历的不同步的过渡过程短，因此更容易达到同步稳定状态。另外，三电机的偏心转子初始相位数值增大振动机的同步稳定性能变好。但对于仅一个反方向旋转转子分别和其他两个同方向旋转的偏心转子的初始相位差相同时，会使振动机启动过渡过程的时间增长，最终相位差仍能趋于稳定恒定值，振动机仍可实现自同步。

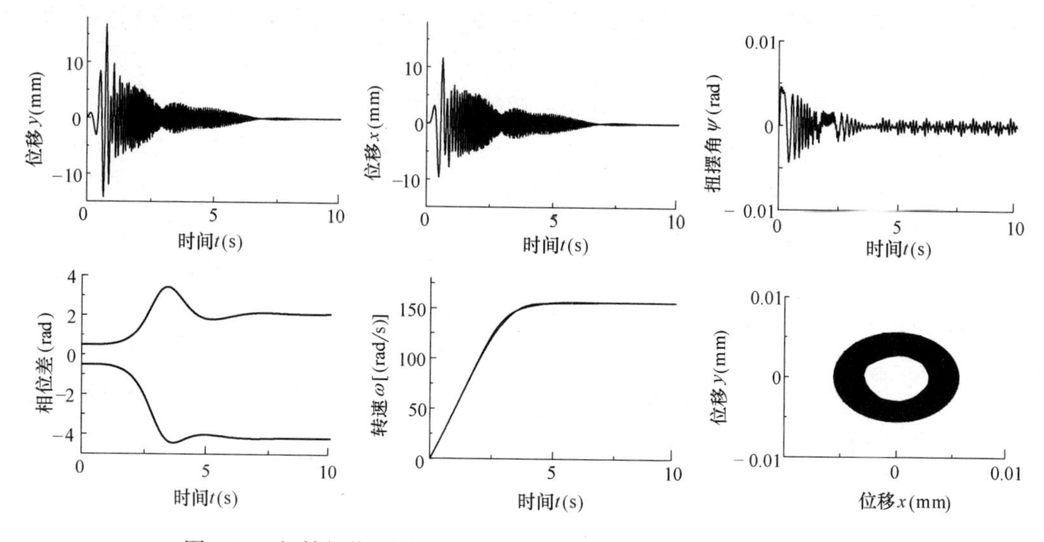

图 3-46　初始相位不同时三电机驱动同向回转振动机的自同步过程

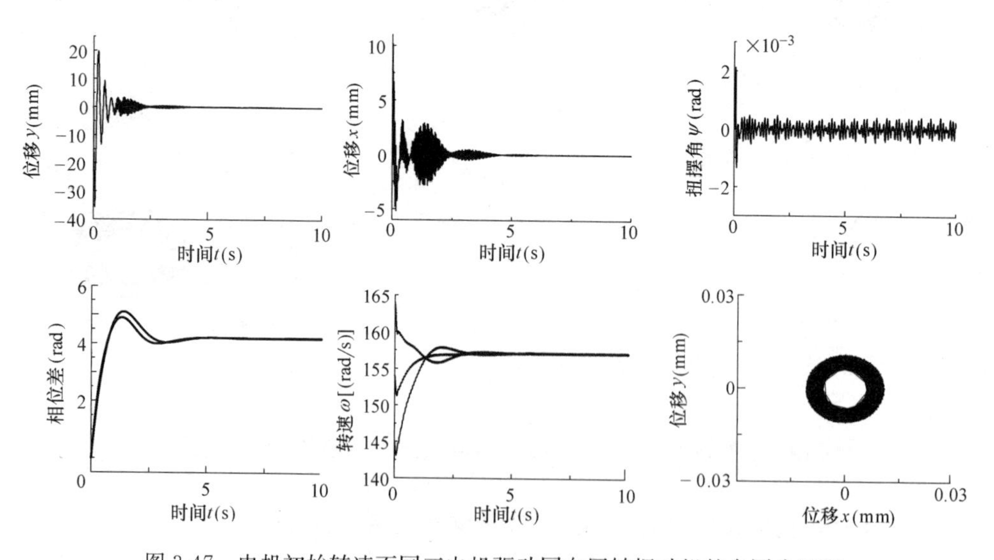

图 3-47　电机初始转速不同三电机驱动同向回转振动机的自同步过程

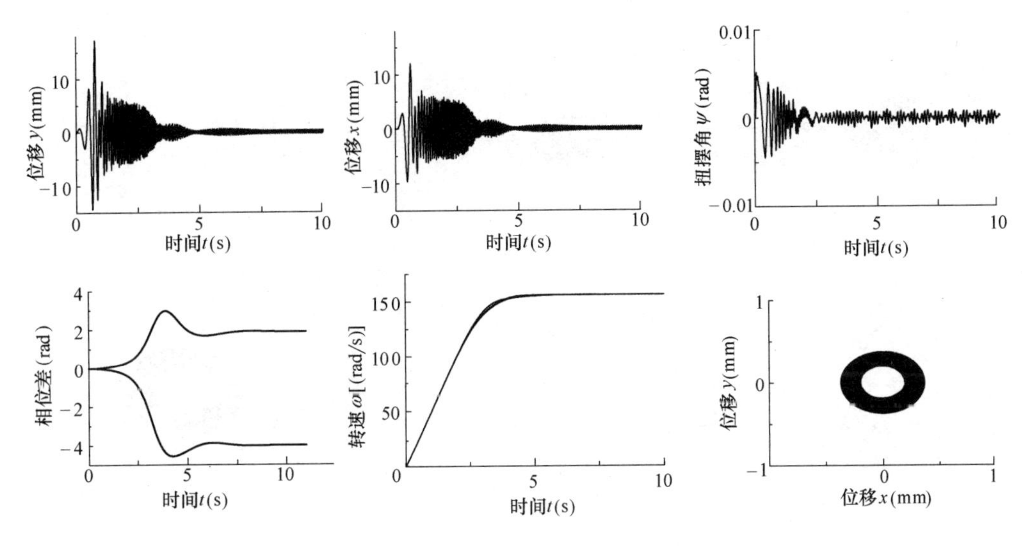

图 3-48　电机参数微小差异时三电机驱动同向回转振动机的自同步过程

3. 电机参数有微小差异时三电机驱动同向回转振动机的自同步过程

电机存在微小差异时振动机的自同步特性行为如图 3-48 所示。在自同步过程中各电机的转速和电机偏心转子的相位差也经历了一段过渡过程后趋于一致，并且相位差分别稳定在 1.8rad、−4.2rad 左右，振动机的竖直、水平位移以及扭摆方向角位移趋于一致，振动机达到稳定同步运动状态。

4. 偏心质量距不等时三电机驱动同向回转振动机的自同步过程

分别分析 $r_3=0.12$m 和 $m_3=4$kg 偏心质量距不等情况时，该振动机的自同步过程见图 3-49 和图 3-50。从两图中可观察出，双电机的转速和偏心转子的相位差也在不断地变化，该振动机机体的竖直方向和水平方向位移以及扭摆角也都不断地变化，随着电机的转速和偏心转子的相位差逐渐趋于一致，并且相位差分别稳定在−1.5rad、−2.5rad 左右，振动机各方向位移也趋于稳定一致，振动机实现了自同步稳定状态。

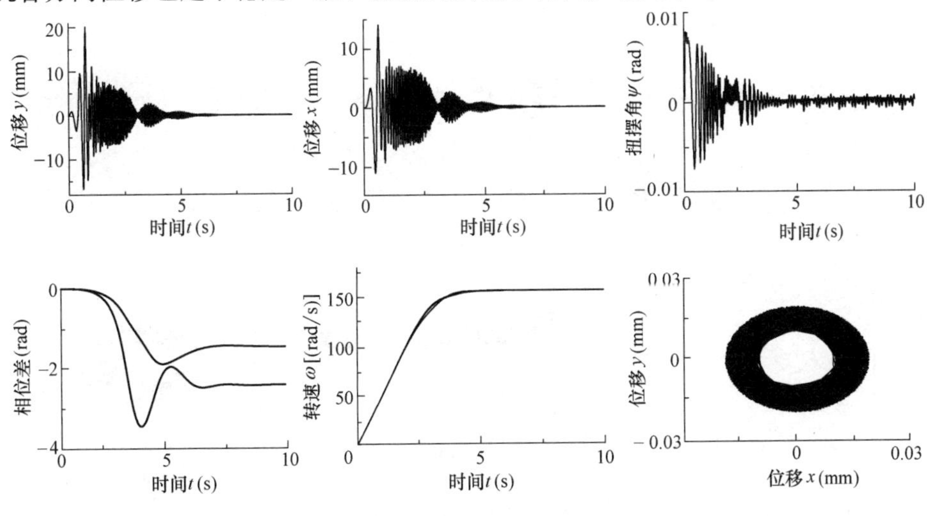

图 3-49　$r_3=0.12$m 时三电机驱动同向回转振动机同步过程

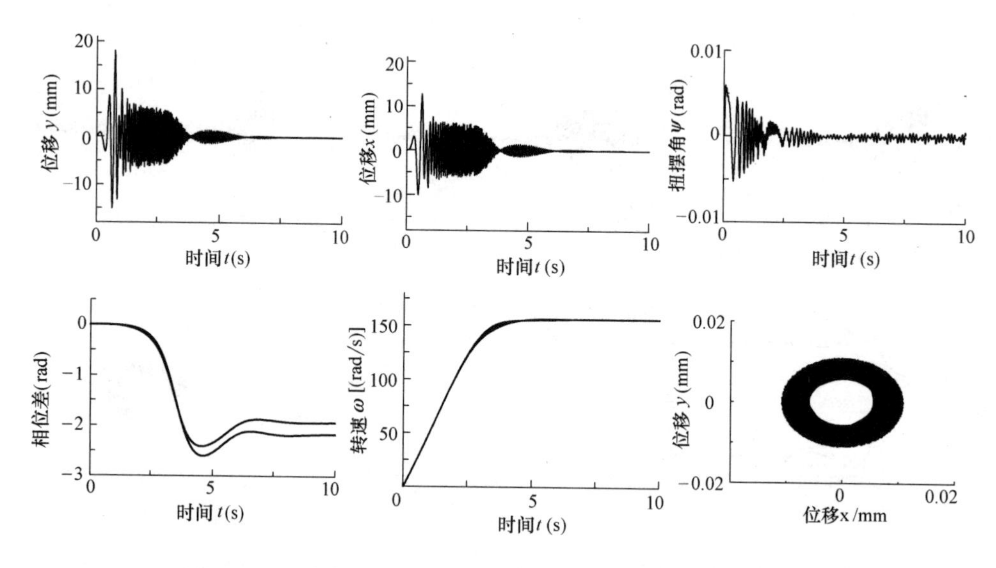

图 3-50 $m_3=4$kg 时三电机驱动同向回转振动机的自同步过程

5. 断开一台电机电源后三电机驱动同向回转振动机的自同步过程

5s 后断开电机 1 和断开电机 2 的电源得到振动机的自同步行为如图 3-51 和图 3-52 所示。在两图中的转速小图中细线都表示为切断电源的电机转速。两图中电机的转速在 5s 后都经历了大周期的振荡，最终趋于一致稳定，稳定后的断电电机转速会有小幅的上下波动现象，而其余两台没有断开电源的电机转速在稳定转速处大幅度的上下波动，表明系统是一种动态平衡，断电电机通过振动机机体从带电电机获得能量。由两图可观察到，切断电机电源后，电机的转速和偏心转子相位差经历了一段振荡过程，振动机在三个方向上都经历了具有“拍”特征的过渡过程，最后表现为规则的周期振动，偏心转子的相位差角都经历了一段振荡过程后，趋于稳定一致，稳定值都为－2.2rad 左右，振动机也自行恢复到了自同步稳定运动状态。

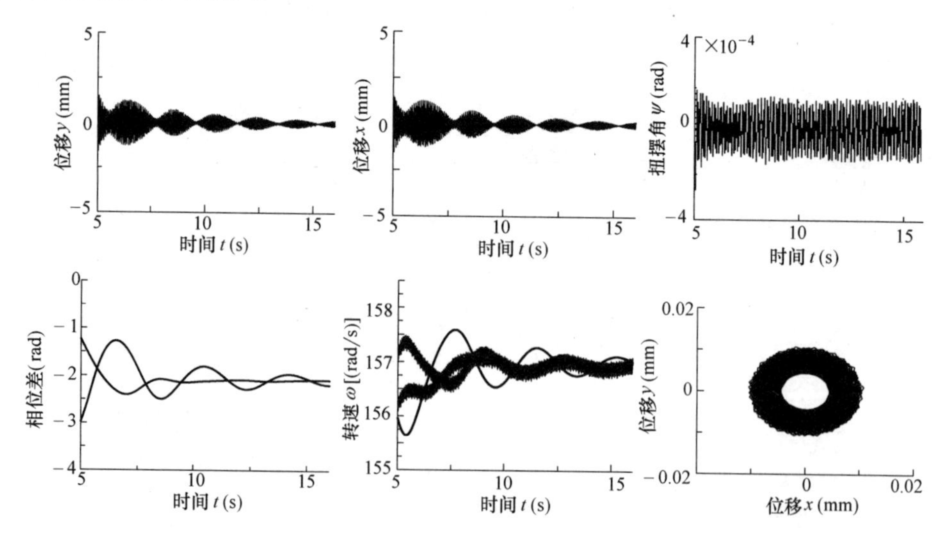

图 3-51 切断电机 1 电源后三电机驱动同向回转振动机的自同步过程

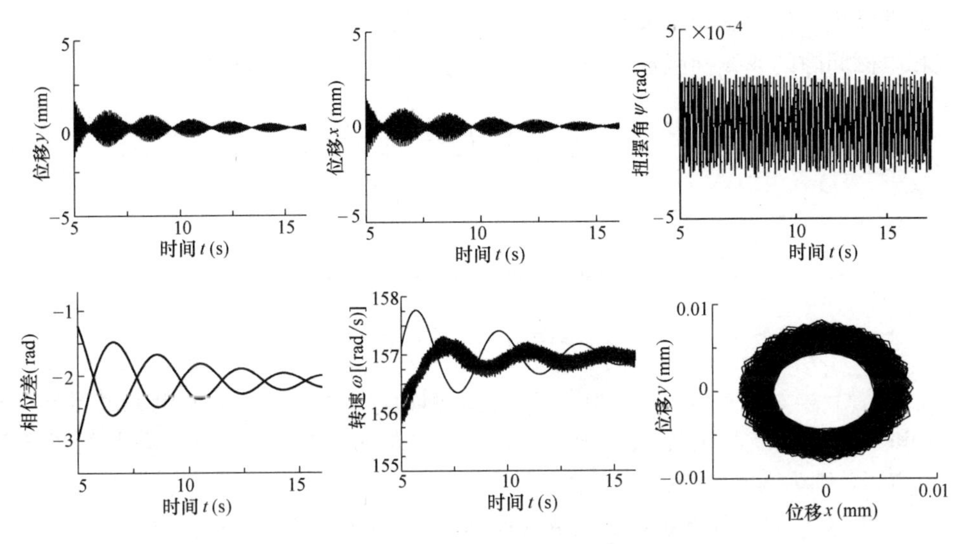

图 3-52　切断电机 2 电源后三电机驱动同向回转振动机的自同步过程

对于三电机驱动的自同步振动机也具备这种自行恢复同步状态的特性，无论三电机驱动的同向还是反向回转振动机，他们和双电机驱动自同步振动机的理论一样，在各种典型情况时，如果系统满足三电机驱动自同步振动机的同步理论，振动机都会最终恢复自同步稳定状态。

3.7　双电磁激振器振动机机电耦合情况下的自同步特性

3.7.1　双电磁激振器振动机机电耦合模型

电磁振动机是电磁激振器（即振头）提供激振力的振动机械，该类振动机广泛应用于工业等方面，此振动机包括电磁振动给料机、电磁振动筛、电磁振动输送机等。如果由一台电磁激振器提供的激振力不满足具体要求时，那么很多情况下采用双电磁激振器同时驱动振动体来工作，此系统即是双电磁激振器的振动机。在振动机工作时，两个电磁激振器能够自动同步运动。下面将讨论关于双电磁激振器振动机竖直方向的自同步特性，该振动机模型如图 3-53 所示，建立的力学模型为：

$$
\begin{aligned}
&m\ddot{x}+d\dot{x}+c_1(\dot{x}-\dot{x}_1)+c_2(\dot{x}-\dot{x}_2)+k(x-x_1)+k(x-x_2)=F_1+F_2\\
&m_1\ddot{x}_1+d_1\dot{x}_1+c_1(\dot{x}_1-\dot{x})+k(x_1-x)+k_1x_1=-F_1\\
&m_2\ddot{x}_2+d_2\dot{x}_2+c_2(\dot{x}_2-\dot{x})+k(x_2-x)+k_2x_2=-F_2
\end{aligned}
\tag{3-15}
$$

式中，m 表示振动体的质量（kg）；m_1 和 m_2 分别代表两个激振器的质量（kg）；c_1 和 c_2 为质体 m 分别和质体 m_1、质体 m_2 相对运动的阻力系数（N・s/m）；d、d_1 和 d_2 分别表示为质体 m、质体 m_1 和质体 m_2 绝对运动的阻力系数（N・s/m）；k 表示主振弹簧刚度（N/m）；k_1 和 k_2 分别表示隔振弹簧刚度（N/m）；x、x_1 和 x_2 分别为振动体和两激振器（两振头）绝对振动位移（m）；F_1 和 F_2 分别表示 m 与 m_1、m 与 m_2 之间的电磁作用力（N）。

电磁振动机工作的驱动力来源于 m 与 m_1、m 与 m_2 之间的相互作用，该作用力为激振电流和电磁间隙的非线性函数。因此系统中的电磁力 F_1 和 F_2 分别为：

$$F_1=\frac{\mu_0 SN^2}{4}\cdot\left(\frac{i_1}{\delta_1}\right)^2, F_2=\frac{\mu_0 SN^2}{4}\cdot\left(\frac{i_2}{\delta_2}\right)^2 \tag{3-16}$$

其中，

$$\delta_1=\delta_{10}+x-x_1,\ \delta_2=\delta_{20}+x-x_2$$

$$\dot{\psi}_1=\sqrt{2}U_0\sin\omega t-r_1 i_1, \dot{\psi}_2=\sqrt{2}U_0\sin\omega t-r_2 i_2$$

$$\psi_1=\frac{L_0}{\delta_1}i_1, \psi_2=\frac{L_0}{\delta_2}i_2$$

式中，μ_0 为磁导率；S 磁通面积（m^2）；N 为线圈数；i_1 和 i_2 分别为两电磁激振器中电流（A）；δ_1 和 δ_2 为两电磁激振器的间隙（m）；δ_{10} 和 δ_{20} 分别为两电磁激振器的平均间隙（m）；r_1 和 r_2 分别为两电磁激振器等效电阻（Ω）；U_0 为电源电压（V）；ω 为系统工作频率（rad/s）；ψ_1 和 ψ_2 为两电磁激振器磁通量（Wb）；L_0 为平均间隙时电路内总电感（H）。

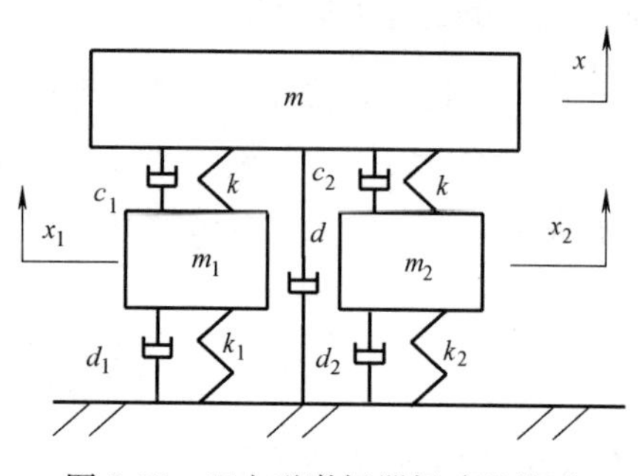

图 3-53　双电磁激振器振动机模型

式（3-15）～式（3-16）合在一起构成了双电磁激振器振动机机电耦合数学模型。该模型表示了一个多变量强耦合的非线性系统，反映了振动机械系统和双电磁系统之间的相互耦合关系。

3.7.2　双电磁激振器振动机自同步特性

双电磁激振器振动机的自同步过程，反映的是振动机械中两电磁激振器的位移差（或两个激振器的运动速度达到相同）和两电磁激振器电流差趋于平稳的变化过程，两电磁激振器实现同步运动，从而实现该振动机的自同步过程。

由于两激振器的初始条件和几何参数不可能完全对称一致，振动机的位移也会发生不同的变化，但双电磁激振器（两振头）的位移差和两电磁激振器电流差却趋于平稳的运动状态，说明系统是逐渐趋向稳定的同步运动系统，从而实现振动机的自同步特性。

仿真算例，振动机的相关参数为：供电电压 220V，电方式采用 50Hz 的工作频率，$m=85$kg，$m_1=100$kg，$m_2=100$kg，$d=100$N·s/m，$d_1=250$N·s/m，$d_2=250$N·s/m，$c_1=0.1$N·s/m，$c_2=0.1$N·s/m，$k=3200$kN/m，$k_1=84000$kN/m，$k_2=84000$kN/m。

1. 理想条件下振动机的自同步特性分析

理想条件是指双电磁激振器参数完全相同，初始条件相同的情况。图 3-54 理想条件下振动机参数的变化曲线。可以看出，振动机工作运行时，振动机竖直方向位移在短暂过渡过程后表现为上下振动。两电磁激振器（两振头）的位移差趋于某个差值后而不变化，该位移差值为 0.26mm，这意味着两个电磁激振器的运动速度达到相同，两电磁激振器实现同步运动。图中两电磁激振器的电流差值为 0，表明两电磁激振器的电流趋于完全相等，因此，该振动机趋于同步稳定振动。

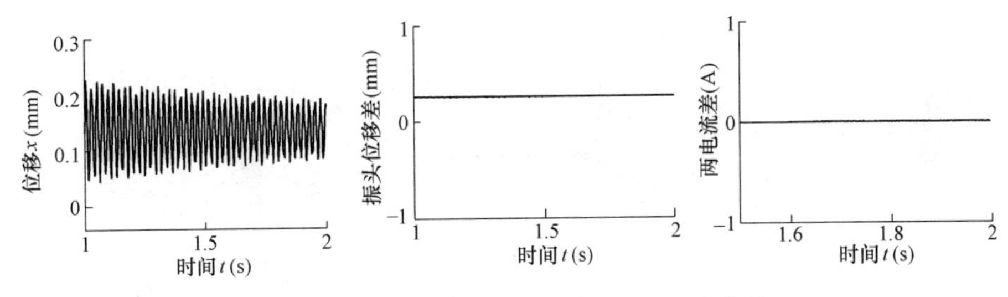

图 3-54 在理想条件下振动机各参数变化曲线

2. 非理想条件下振动机的自同步特性分析

非理想条件是指双电磁激振器相关参数、初始条件和几何参数并不完全对称一致。本书通过数值仿真定量分析了在非理想条件下振动机参数变化曲线。具体举例，首先考虑两电磁力有微小差异的非理想条件。其次，考虑两电磁激振器初始位移不同的非理想条件，一种是 x_1 初始位移为 0.5mm，x_2 初始位移为 0 时情况；另一种 x_2 初始位移为 0.5mm，x_1 初始位移为 0 时情况。再次，考虑两电磁激振器几何参数不等的非理想条件，分别分析质量 m_1 和 m_2 变化为 250kg 时振动机参数变化情况。最后，考虑两激振器的几何参数和初始位移都不相同的非理想条件。非理想状态时振动机的各参数变化曲线见图 3-55～图 3-57。

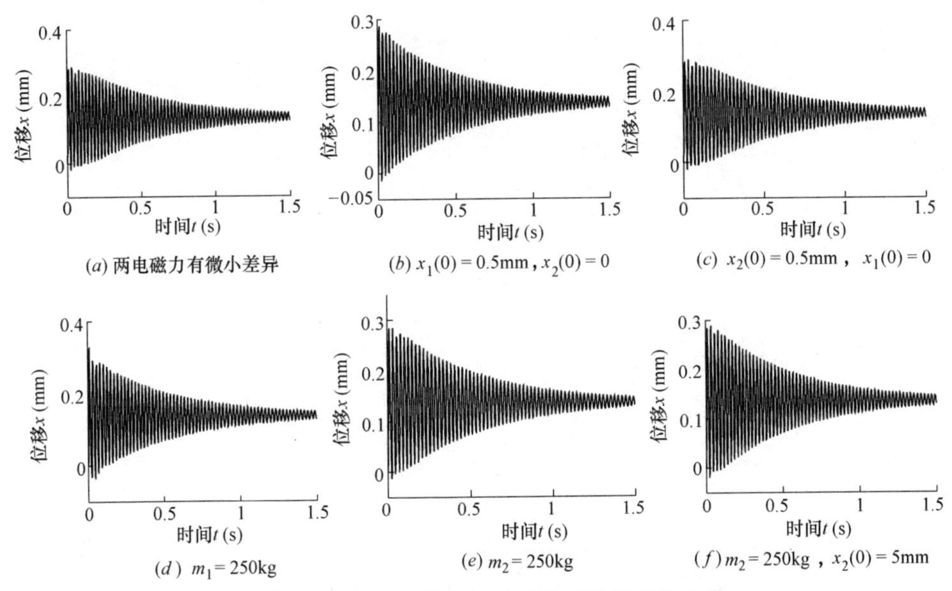

图 3-55 非理想状态振动机振动位移变化曲线

根据上述仿真分析验证了无论哪种非理想状态与理想状态相比，振动体 x 都有显著且不同的变化，但都仍趋于稳定振动。振头位移差图显示，两台电磁激振器的位移之差都逐渐减小并最终达到理想状态时的位移差值 0.26mm，该位移差相同意味着两个电磁激振器的运动速度与理想状态时的速度相同，并且每种状态下位移差为固定的值，则表明两电磁激振器都同速运动，实现了自同步特性。电流差图显示了电磁激振器的电流之差会逐步减小，并最终达到一致值 0，表明两电磁激振器的电流趋于完全相等。这意味着该电磁式振动机具有抵抗外界扰动自行恢复同步的能力。

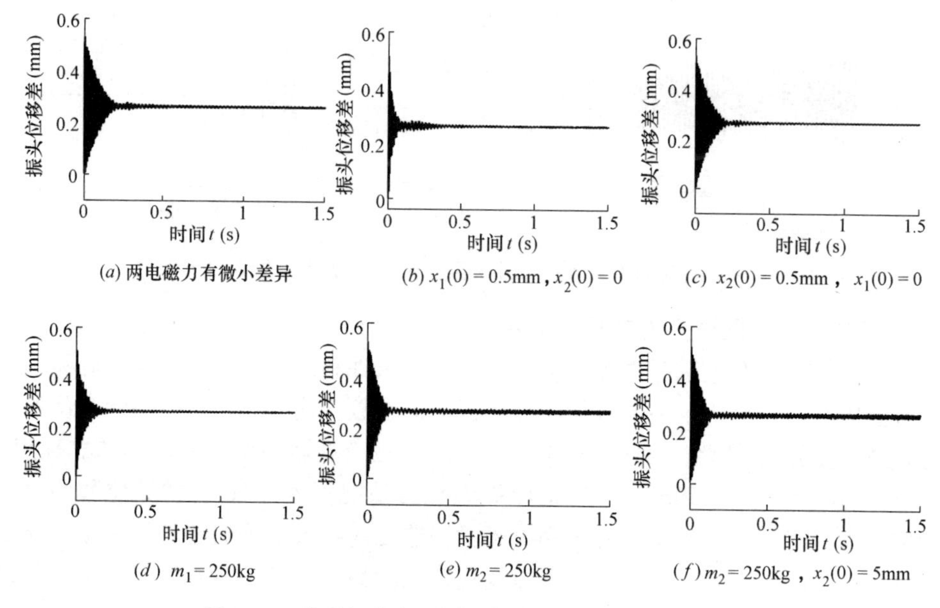

(a) 两电磁力有微小差异　(b) $x_1(0)=0.5$mm，$x_2(0)=0$　(c) $x_2(0)=0.5$mm，$x_1(0)=0$

(d) $m_1=250$kg　(e) $m_2=250$kg　(f) $m_2=250$kg，$x_2(0)=5$mm

图 3-56　非理想状态下振动机的振头位移差变化曲线

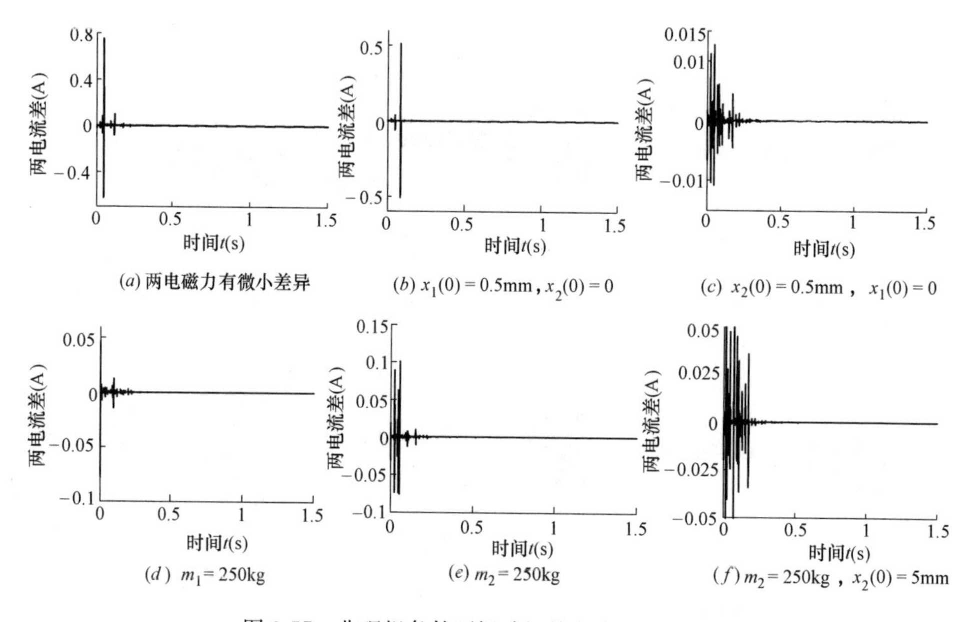

(a) 两电磁力有微小差异　(b) $x_1(0)=0.5$mm，$x_2(0)=0$　(c) $x_2(0)=0.5$mm，$x_1(0)=0$

(d) $m_1=250$kg　(e) $m_2=250$kg　(f) $m_2=250$kg，$x_2(0)=5$mm

图 3-57　非理想条件下振动机的电流差变化曲线

3.8　本章小结

本章以经典电机理论和机械动力学为依托，建立了多种类型自同步振动机的机电耦合数学模型，定量分析了多种类型自同步振动机的自同步特性。自同步振动机的机电耦合模型具有多参量和非线性耦合的特征，相对于真实系统更加逼真。

以工程实际中的具体实体为对象（采用下一章提到的万能同步试验台的实际参数），从数值分析方法入手，分别对多种类型惯性式自同步振动机机电耦合模型编制数值仿真模型，定量分析了双电机驱动的对称安装反向和同向回转、质心偏移式反向和同向回转以及三电机驱动反向和同向回转的自同步振动机的自同步特性行为，为下一章振动机的试验研究提供直观依据。通过定量仿真，再现了几种典型状态（包括理想状态、初始相位和初始转速不同、电机参数存在微小差异、偏心质量距的变化以及断开某台电机的电源等典型状态）时多类型的自同步振动机各参数的变化规律。

研究结果表明，无论哪一种类型的自同步振动机，当偏心转子的转速和相位初始条件不同、电机初始参数微小差异以及偏心质量距在一定范围内变化等状态时，振动机具有自行恢复同步行为的能力。对于已经达到同步状态的振动机，在满足一定的参数条件下，切断一台电机的电源后，断电电机能够通过振动机的振动从带电电机获取能量，并继续与带电电机同步运行，系统仍能实现自同步。

最后，本章建立了另外一类双电磁振动机机电耦合数学仿真模型，根据模型对振动机几种典型工作状态下的自同步行为进行了数值定量仿真。几种典型工作状态包括两电磁激振器完全一致的理想状态以及电磁力参数有微小差异、两激振器的初始位移不同、两激振器质量不等、两激振器的几何参数和初始位移都不相同的非理想状态。

通过对惯性式激振器和电磁式激振器振动机的定量仿真分析，充分验证了该类振动机的振动同步特性和具有自行恢复同步的能力，对该类振动机的设计具有参考价值。

第4章 自同步振动系统的运动规律分析

4.1 概述

科学研究表明，复杂系统的宏观动力学行为，既依赖于各个子系统本身的运动特性，又与子系统间的相互作用密切相关。子系统之间运动作用的强弱能直接影响复杂系统运动的特征及运动状态的变化，可以导致系统形成新的运动结构。研究系统中系统之间运动作用的特征、子系统之间运动作用对系统动力学行为的影响是复杂系统科学的重要内容。有些文献是以转子输出功率为中介，建立了两个转子之间的转速联系，推导得到了两转子自同步振动系统在近同步状态下的同步条件及稳定性判据，该结果推广于包括液压驱动方式在内的多种驱动方式激振的自同步振动机械系统。另外有些研究是偏心转子同步运动的演化过程，导出了系统形成同步运动状态的耦合。有些学者是应用 Lyapunov 稳定性理论，讨论系统的平衡点稳定性及分岔特性。这类研究主要是针对多种驱动方式的自同步振动系统的同步运动规律进行分析，但都只针对双电机驱动的自同步振动系统而言，尚有局限。在全局意义上解析研究三转子自同步振动系统的同步条件和稳定性判据，目前还没有行之有效的方法。由于模型本身的复杂性和现有数学手段的限制，对同步条件及系统稳定性的研究工作主要围绕近同步状态展开。对于同步系统的非线性动力学机理和同步稳定性等问题还没有进行深入研究，本文将沿此思路进行拓展研究。

本章首先建立系统动力学模型，采用三个偏心转子的转速围绕平均转速作小幅波动的分析方法，即三个偏心转子的角位移设定为三个转子的平均角位移加上一个微小变量。在前人的基础上，首次推导出三个偏心转子的自同步振动系统关于偏心转子相位差角的微分方程组，并针对偏心转子相位差角微分方程组分析同步运动的必要性条件，最后应用非线性系统的稳定性判别法理论，讨论了该系统的平衡点稳定性及平衡点分岔特性问题。

4.2 三转子自同步振动系统动力学分析

在振动系统中，如果恰当安装激振器，即使转子之间存在一定的初相位差，也能使两两转子之间的转速相同，相位差角恒定，即实现了自同步振动。三转子自同步振动机动力学模型可以概括地分为两部分，即电机驱动的振动机动力学模型和电机系统的数学模型。振动机动力学模型可由经典的机械动力学的知识获得，由于电机的输出转矩通常即为机械转子的输入转矩，因此以转矩为纽带即可将电机系统模型与电机转子驱动振动系统模型有机地结合起来。对于三电机驱动的自同步振动机的同步稳定性判据在第 2 章已进行了的分析与研究，本章是拓展研究电机转矩对系统同步性的影响，电机系统模型的影响通过分析机械系统输入功率的大小加以考虑。

4.2.1 三转子自同步振动系统动力学模型分析

三电机转子驱动的自同步振动系统的力学模型如图3-5所示。为分析方便起见，先将第3章中三电机驱动自同步振动系统机电耦合动力学模型的机械模型部分简列如下，得到振动系统三个方向上的运动方程和三个偏心转子的回转运动方程：

$$M\ddot{x}+c_x\dot{x}+k_x x=m_1r_1(\ddot{\varphi}_1\sin\varphi_1+\dot{\varphi}_1^2\cos\varphi_1)-m_3r_3(\ddot{\varphi}_3\sin\varphi_3+\dot{\varphi}_3^2\cos\varphi_3)-m_2r_2(\ddot{\varphi}_2\sin\varphi_2+\dot{\varphi}_2^2\cos\varphi_2)$$

$$M\ddot{y}+c_y\dot{y}+k_y y=m_1r_1(-\ddot{\varphi}_1\cos\varphi_1+\dot{\varphi}_1^2\sin\varphi_1)-m_3r_3(\ddot{\varphi}_3\cos\varphi_3-\dot{\varphi}_3^2\sin\varphi_3)-m_2r_2(\ddot{\varphi}_2\cos\varphi_2-\dot{\varphi}_2^2\sin\varphi_2)$$

$$J\ddot{\psi}+c_\psi\dot{\psi}+k_\psi\psi=c_1(\dot{\varphi}_1-\dot{\psi})-c_3(\dot{\varphi}_3+\dot{\psi})-c_2(\dot{\varphi}_2+\dot{\psi})+m_1l_1r_1[-\ddot{\varphi}_1\cos(\varphi_1-\beta_1-\psi)+\dot{\varphi}_1^2\sin(\varphi_1-\beta_1-\psi)]+m_3l_3r_3[-\ddot{\varphi}_3\cos(\varphi_3+\beta_3+\psi)+\dot{\varphi}_3^2\sin(\varphi_3+\beta_3+\psi)]+m_2l_2r_2[-\ddot{\varphi}_2\cos(\varphi_2+\beta_2+\psi)+\dot{\varphi}_2^2\sin(\varphi_2+\beta_2+\psi)]$$

$$J_{01}\ddot{\varphi}_1+c_1(\dot{\varphi}_1-\dot{\psi})-m_1r_1[\ddot{x}\sin\varphi_1-\ddot{y}\cos\varphi_1]+m_1l_1r_1[\ddot{\psi}_1\cos(\varphi_1-\beta_1-\psi)+\dot{\psi}_1^2\sin(\varphi_1-\beta_1-\psi)]=T_1$$

$$J_{0i}\ddot{\varphi}_i+c_i(\dot{\varphi}_i+\dot{\psi})+m_ir_i[\ddot{x}\sin\varphi_i+\ddot{y}\cos\varphi_i]-m_il_ir_i[-\ddot{\psi}_i\cos(\varphi_i+\beta_i+\psi)+\dot{\psi}_i^2\sin(\varphi_i+\beta_i+\psi)]=T_i\qquad i=2,3 \tag{4-1}$$

式中，T_1，T_2，T_3 分别为输入转子的外部扭矩（N·m）。

计算上式得到振动系统稳态解，考虑稳态运动情况，忽略小阻尼的影响中的若干高阶小量。设振动系统的位移 x、y 和角位移 ψ 的稳态解分别为：

$$\begin{cases}x=a_1\cos\varphi_1-a_2\cos\varphi_2-a_3\cos\varphi_3\\ y=b_1\sin\varphi_1+b_2\sin\varphi_2+b_3\sin\varphi_3\\ \psi=c_1\sin(\varphi_1+\beta_1)+c_2\sin(\varphi_2+\beta_2)+c_3\sin(\varphi_3+\beta_3)\end{cases} \tag{4-2}$$

其中，

$$a_i=\frac{-m_ir_i\dot{\varphi}_i^2}{M\dot{\varphi}_i^2-k_x},\quad b_i=\frac{-m_ir_i\dot{\varphi}_i^2}{M\dot{\varphi}_i^2-k_y},\quad c_i=\frac{-m_ir_i\dot{\varphi}_i^2l_i}{J\dot{\varphi}_i^2-k_\psi}\quad i=1,2,3$$

4.2.2 三转子相位差角微分方程组的推导

对于式（4-1）中的三偏心转子回转运动方程，忽略含 ψ 的高阶小项，得到三个偏心转子简化运动方程为：

$$J_{01}\ddot{\varphi}_1+c_1(\dot{\varphi}_1-\dot{\psi})-m_1r_1[\ddot{x}\sin\varphi_1-\ddot{y}\cos\varphi_1]+m_1r_1g\cos\varphi_1+m_1l_1r_1\dot{\psi}_1^2\sin(\varphi_1-\beta_1-\psi)=T_1$$

$$J_{0i}\ddot{\varphi}_i+c_i(\dot{\varphi}_i-\dot{\psi})+m_ir_ig\cos\varphi_i+m_ir_i[\ddot{x}\sin\varphi_1+\ddot{y}\cos\varphi_1]-m_il_ir_i\dot{\psi}_i^2\sin(\varphi_i+\beta_i+\psi)=T_i\qquad i=2,3 \tag{4-3}$$

在近同步状态下，两偏心转子的相位角可以表达为：

$$\varphi_i=\tau+\alpha_i \tag{4-4}$$

式中，$\tau=\omega t$，ω 为平均转速（rad/s）；τ 为平均相位角（rad）；α_i（$i=1$，2，3）为偏心转子 i 的扰动相位角（rad），其中，$\tau \geqslant \alpha_i$，$|\alpha_i'| \ll 1$。通过把时间 t 的微分转化为对新变量 τ 的微分，并在［0，2π］区间上对 τ 积分并求积分均值，采用符号“$'$”代表$\frac{d}{d\tau}$。得到由 α_i 表示的偏心转子的运动微分方程为：

$$\alpha_i'=\frac{\dot{\alpha}_i}{\omega}=\frac{d\alpha_i}{d\tau}\ ,\ \alpha_i''=\frac{d^2\alpha_i}{d\tau^2} \tag{4-5}$$

根据式（4-4），两偏心转子的角速度和角加速度可进一步表示为：

$$\begin{aligned}&\dot{\varphi}_i=\tau+\dot{\alpha}_i=\omega(1+\alpha_i')\\&\ddot{\varphi}_i=\omega^2\alpha_i''\end{aligned} \tag{4-6}$$

对三个偏心转子的运动状态进行分析的一个关键是建立式（4-1）及式（4-3）中三个电机的输入转矩同电机转子的转速之间的联系。在这里，电机的功率公式“$P=T\omega$”为我们提供了极为方便的过渡，不仅从数学形式上使变量数目得以减少，而且从物理意义上为我们解释同步过程中能量的传递规律提供了理论依据。双电机对振动系统的输入转矩以电机功率和偏心转了转速的形式表达如下：

$$T_i=\frac{P_i}{\dot{\varphi}_i}\quad i=1,2,3 \tag{4-7}$$

将式（4-6）代入式（4-7），有：

$$T_i=\frac{P_i}{\omega(1+\alpha_i')}\approx\frac{P_i}{\omega}(1-\alpha_i')\quad i=1,2,3 \tag{4-8}$$

经研究，将式（4-2）和式（4-4）～式（4-8）代入式（4-3），整理得：

$$\begin{aligned}&J_{01}\omega^2\alpha_1''+c_1\omega(1+\alpha_1')+\gamma_1=\frac{P_1}{\omega}(1-\alpha_1')\\&J_{02}\omega^2\alpha_2''+c_2\omega(1+\alpha_2')+\gamma_2=\frac{P_2}{\omega}(1-\alpha_2')\\&J_{03}\omega^2\alpha_3''+c_3\omega(1+\alpha_3')+\gamma_3=\frac{P_3}{\omega}(1-\alpha_3')\end{aligned} \tag{4-9}$$

式中，

$$\gamma_1=\frac{m_1m_2r_1r_2(k_x-k_y)\sin(\alpha_1-\alpha_2)}{2M^2\left[1-\frac{k_y/M}{\omega^2(1+\alpha_2')^2}\right]\left[1-\frac{k_x/M}{\omega^2(1+\alpha_2')^2}\right]}-\frac{m_1m_3r_1r_3(k_x-k_y)\sin(\alpha_3-\alpha_1)}{2M^2\left[1-\frac{k_y/M}{\omega^2(1+\alpha_3')^2}\right]\left[1-\frac{k_x/M}{\omega^2(1+\alpha_3')^2}\right]}$$

$$\gamma_2=-\frac{m_1m_2r_1r_2(k_x-k_y)\sin(\alpha_1-\alpha_2)}{2M^2\left[1-\frac{k_y/M}{\omega^2(1+\alpha_1')^2}\right]\left[1-\frac{k_x/M}{\omega^2(1+\alpha_1')^2}\right]}+\frac{m_2m_3r_2r_3[2M\omega^2(1+\alpha_3')^2-(k_y+k_x)]\sin(\alpha_3-\alpha_2)}{2M^2\left[1-\frac{k_y/M}{\omega^2(1+\alpha_3')^2}\right]\left[1-\frac{k_x/M}{\omega^2(1+\alpha_3')^2}\right]}$$

$$\gamma_3=\frac{m_1m_3r_1r_3(k_x-k_y)\sin(\alpha_3-\alpha_1)}{2M^2\left[1-\frac{k_y/M}{\omega^2(1+\alpha_1')^2}\right]\left[1-\frac{k_x/M}{\omega^2(1+\alpha_1')^2}\right]}-\frac{m_2m_3r_2r_3[2M\omega^2(1+\alpha_2')^2-(k_y+k_x)]\sin(\alpha_3-\alpha_2)}{2M^2\left[1-\frac{k_y/M}{\omega^2(1+\alpha_2')^2}\right]\left[1-\frac{k_x/M}{\omega^2(1+\alpha_2')^2}\right]}$$

因为

$$|\alpha_3'| \ll 1, k_y/M=\omega_y^2 \ll \omega^2(1+\alpha_3')^2, k_x/M=\omega_x^2 \ll \omega^2(1+\alpha_3')^2$$
$$|\alpha_2'| \ll 1, k_y/M=\omega_y^2 \ll \omega^2(1+\alpha_2')^2, k_x/M=\omega_x^2 \ll \omega^2(1+\alpha_2')^2$$

所以

$$\begin{aligned}\gamma_1 &= \chi_{12}\sin(\alpha_1-\alpha_2)-\chi_{31}\sin(\alpha_3-\alpha_1)\\ \gamma_2 &= -\chi_{12}\sin(\alpha_1-\alpha_2)+\chi_{32}\sin(\alpha_3-\alpha_2)\\ \gamma_3 &= \chi_{31}\sin(\alpha_3-\alpha_1)-\chi_{32}\sin(\alpha_3-\alpha_2)\end{aligned} \tag{4-10}$$

式中，

$$\chi_{12}=\frac{m_1m_2r_1r_2(k_x-k_y)}{2M^2}, \chi_{31}=\frac{m_1m_3r_1r_3(k_x-k_y)}{2M^2}, \chi_{32}=\frac{m_2m_3r_2r_3[2M\omega^2-(k_y+k_x)]}{2M^2}$$

对三电机的偏心转子的半径和质量相同的情况进行研究和分析，即 $m_i=m$（$i=1$，2，3），$r_i=r$（$i=1$，2，3），$c_i=c$（$i=1$，2，3）。这时，$J_{01}=J_{02}=J_{03}=J$，$\chi_{12}=\chi_{31}=\chi$，式（4-9）最终整理得：

$$\begin{aligned}&\alpha_1''+(\xi+P_1/J\omega^3)\alpha_1'+\mu\sin(\alpha_1-\alpha_2)-\mu\sin(\alpha_3-\alpha_1)=P_1/J\omega^3-\xi\\ &\alpha_2''+(\xi+P_2/J\omega^3)\alpha_2'-\mu\sin(\alpha_1-\alpha_2)+\mu_{32}\sin(\alpha_3-\alpha_2)=P_2/J\omega^3-\xi\\ &\alpha_3''+(\xi+P_3/J\omega^3)\alpha_3'+\mu\sin(\alpha_3-\alpha_1)-\mu_{32}\sin(\alpha_3-\alpha_2)=P_3/J\omega^3-\xi\end{aligned} \tag{4-11}$$

式中，

$$\xi=\frac{c}{J\omega}, \mu=\frac{\chi}{J\omega^2}, \mu_{32}=\frac{\chi_{32}}{J\omega^2}$$

设定 $\Delta T_{12}=T_1-T_2>0$，$\Delta T_{31}=T_3-T_1>0$，$\Delta\hat{P}_{31}=P_3-P_1>0$，$\Delta\bar{P}_{31}=P_3+P_1$，$\Delta\hat{P}_{12}=P_1-P_2>0$，$\Delta\bar{P}_{12}=P_1+P_2$；$\Delta\alpha_{31}=\alpha_3-\alpha_1$，$\Delta\alpha_{12}=\alpha_1-\alpha_2$，$\Delta\alpha_{31}'=\alpha_3'-\alpha_1'$，$\Delta\alpha_{12}'=\alpha_1'-\alpha_2'$，$\Delta\alpha_{31}''=\alpha_3''-\alpha_1''$，$\Delta\alpha_{12}''=\alpha_1''-\alpha_2''$，将它们代入式（4-11）中，将前两个相减，最后两式也相减，得到三个偏心转子相位差角的微分方程组，即：

$$\begin{aligned}&\Delta\alpha_{12}''+\left(\xi+\frac{1}{2}\Delta\bar{P}_{12}/J\omega^3\right)\Delta\alpha_{12}'+2\mu\sin\Delta\alpha_{12}-\mu\sin\Delta\alpha_{31}-\mu_{32}\sin(\Delta\alpha_{31}+\Delta\alpha_{12})=\frac{1}{2J\omega^3}\Delta\hat{P}_{12}\\ &\qquad[(1-\alpha_1')+(1-\alpha_2')]\approx\Delta\hat{P}_{12}/J\omega^3\\ &\Delta\alpha_{31}''+\left(\xi+\frac{1}{2}\Delta\bar{P}_{31}/J\omega^3\right)\Delta\alpha_{31}'-\mu\sin\Delta\alpha_{12}+2\mu\sin\Delta\alpha_{31}-\mu_{32}\sin(\Delta\alpha_{31}+\Delta\alpha_{12})=\frac{1}{2J\omega^3}\Delta\hat{P}_{31}\\ &\qquad[(1-\alpha_1')+(1-\alpha_3')]\approx\Delta\hat{P}_{31}/J\omega^3\end{aligned} \tag{4-12}$$

4.3 三转子自同步振动系统的同步必要性条件

引入变量令 $\Delta\alpha_{12}=x_1$、$\Delta\alpha_{12}'=x_2$、$\Delta\alpha_{31}=y_1$、$\Delta\alpha_{31}'=y_2$，式（4-12）可变换为：

$$\begin{cases}x_1'=x_2\\ x_2'=-\left(\xi+\frac{1}{2}\Delta\bar{P}_{12}/J\omega^3\right)x_2-2\mu\sin x_1+\mu\sin y_1+\mu_{32}\sin(x_1+y_1)+\Delta\hat{P}_{12}/J\omega^3\\ y_1'=y_2\\ y_2'=-\left(\xi+\frac{1}{2}\Delta\bar{P}_{31}/J\omega^3\right)y_2+\mu\sin x_1-2\mu\sin y_1+\mu_{32}\sin(x_1+y_1)+\Delta\hat{P}_{31}/J\omega^3\end{cases} \tag{4-13}$$

在这多维面内，平衡点应满足 $x_1'=y_1'=0$，$x_2'=y_2'=0$，因此式（4-13）变为：

$$-2\mu\sin x_1+\mu\sin y_1+\mu_{32}\sin(x_1+y_1)+\Delta\hat{P}_{12}/J\omega^3=0$$

$$\mu\sin x_1-2\mu\sin y_1+\mu_{32}\sin(x_1+y_1)+\Delta\hat{P}_{31}/J\omega^3=0 \tag{4-14}$$

由此得出的 x_1 和 y_1 就是系统的平衡点，即系统处于稳定运转时，每两轴之间的差角都有一个稳定的值。由于 $\Delta\alpha_{12}$ 和 $\Delta\alpha_{31}$ 相互独立，式（4-14）相互叠加得到：

$$3\mu\sin x_1-3\mu\sin y_1=(\Delta\hat{P}_{12}-\Delta\hat{P}_{31})/J\omega^3 \tag{4-15}$$

由于数学理论，分析上式存在解的区域就是该系统的同步必要条件为：

$$D=\frac{\dfrac{3m^2r^2}{M^2}(k_{\mathrm{x}}-k_{\mathrm{y}})}{\Delta T_{12}-\Delta T_{31}}\geqslant 1 \tag{4-16}$$

$$\Delta T_{12}=T_1-T_2$$

$$\Delta T_{31}=T_3-T_2$$

结果表明，用相位差角微分方程组表达的自同步振动系统，同步振动产生的必要性条件与振动质体的质量、振动质体水平和竖直两个方向的支承刚度差、两激振器的偏心矩、每两个激振电机的转矩差有关系。三转子自同步振动系统实现自同步的必要条件为 $D\geqslant 1$，若 $D<1$ 则式（4-15）中 $\Delta\alpha_{13}$、$\Delta\alpha_{23}$ 必无解，也就是“自同步”振动系统只能在不同步情况下运转。因此对于 D 的增大则系统能更好地实现稳定的同步运动。

4.4　三转子自同步振动系统的平衡点稳定性

在振动利用工程中，三转子自同步振动系统同步运转状态所对应的每两个偏心转子不同相位的判定，是一个典型的稳定性问题。在工程中，对平衡位置稳定性及运动状态稳定性的研究具有十分重要的意义。在某些情况下，确定系统在其平衡位置上是否稳定，研究中出现的运动状态的稳定性比研究运动状态本身的正确性还重要。该振动系统的运动是由其运动方程式来描述的，方程的一个解确定了系统的一种运动状态，方程的一个周期解对应着系统的一种周期运动，而且可以认为平衡位置是周期运动的一个特例，因此，对稳定性问题的研究归结于对系统运动方程周期解稳定性的讨论。判别平衡位置和运动状态稳定性的方法有多种，文章采用 Lyapunov 一次近似稳定性判别法，即如果一次近似方程的所有特征值的实部均为负，则原方程的零解渐近稳定；如果一次近似方程至少有一个特征值的实部为正，则原方程的零解不稳定；如果一次近似方程存在零实部特征值，其余根的实部为负，则不能判断原方程的零解稳定性，其稳定性与非线性项有关。由此，式（4-13）非线性系统的一次近似方程为：

$$\begin{bmatrix}x_1'\\x_2'\\y_1'\\y_2'\end{bmatrix}=\begin{bmatrix}0 & 1 & 0 & 0\\ \begin{bmatrix}-2\mu\cos x_1+\\ \mu_{32}\cos(x_1+y_1)\end{bmatrix} & -(\xi+0.5\Delta\bar{P}_{12}/J\omega^3) & \begin{bmatrix}\mu_{32}\cos(x_1+y_1)+\\ \mu\cos y_1\end{bmatrix} & 0\\ 0 & 0 & 0 & 1\\ \begin{bmatrix}\mu\cos x_1+\\ \mu_{32}\cos(x_1+y_1)\end{bmatrix} & 0 & \begin{bmatrix}\mu_{32}\cos(x_1+y_1)\\ -2\mu\cos y_1\end{bmatrix} & -(\xi+0.5\Delta\bar{P}_{31}/J\omega^3)\end{bmatrix}\begin{bmatrix}x_1\\x_2\\y_1\\y_2\end{bmatrix} \tag{4-17}$$

根据三个激振电机转子相位差角微分方程组式（4-12）讨论系统的平衡点稳定性，采用一次近似判别法理论判断一次近似方程式（4-17）对应平衡点的稳定性。式（4-17）的矩阵特征方程为：

$$\begin{vmatrix} -\lambda & 1 & 0 & 0 \\ \begin{matrix}[-2\mu\cos x_1+\\ \mu_{32}\cos(x_1+y_1)]\end{matrix} & -(\xi+\frac{1}{2}\Delta\bar{P}_{12}/J\omega^3)-\lambda & \begin{matrix}[\mu\cos y_1+\\ \mu_{32}\cos(x_1+y_1)]\end{matrix} & 0 \\ 0 & 0 & -\lambda & 1 \\ \begin{matrix}[\mu\cos x_1+\\ \mu_{32}\cos(x_1+y_1)]\end{matrix} & 0 & \begin{matrix}[-2\mu\cos y_1+\\ \mu_{32}\cos(x_1+y_1)]\end{matrix} & -(\xi+\frac{1}{2}\Delta\bar{P}_{31}/J\omega^3)-\lambda \end{vmatrix}=0 \tag{4-18}$$

即

$$\begin{aligned}&\lambda^4+[2\xi+0.5(\Delta\bar{P}_{12}+\Delta\bar{P}_{31})/J\omega^3]\lambda^3+[(\xi+0.5\Delta\bar{P}_{12}/J\omega^3)(\xi+0.5\Delta\bar{P}_{31}/J\omega^3)+\\&2\mu\cos y_1-2\mu_{32}\cos(x_1+y_1)+2\mu\cos x_1]\lambda^2-\{(\xi+0.5\Delta\bar{P}_{12}/J\omega^3)\\&[-2\mu\cos y_1+\mu_{32}\cos(x_1+y_1)]+(\xi+0.5\Delta\bar{P}_{31}/J\omega^3)[-2\mu\cos x_1+\mu_{32}\cos(x_1+y_1)]\}\lambda+\\&3\mu^2\cos x_1\cos y_1-3\mu\mu_{32}\cos x_1\cos(x_1+y_1)-3\mu\mu_{32}\cos(x_1+y_1)\cos y_1=0\end{aligned} \tag{4-19}$$

由 Routh-Hurwitz 判据来确定特征方程式（4-19）的实部均为负，进而可得该系统的同步稳定性条件是：

$$2\xi+0.5(\Delta\bar{P}_{12}+\Delta\bar{P}_{31})/J\omega^3>0 \tag{4-20}$$

$$[(\xi+0.5\Delta\bar{P}_{12}/J\omega^3)(\xi+0.5\Delta\bar{P}_{31}/J\omega^3)+2\mu\cos y_1-2\mu_{32}\cos(x_1+y_1)+2\mu\cos x_1]>0 \tag{4-21}$$

$$\begin{aligned}&(\xi+0.5\Delta\bar{P}_{12}/J\omega^3)[2\mu\cos y_1-\mu_{32}\cos(x_1+y_1)]+\\&(\xi+0.5\Delta\bar{P}_{31}/J\omega^3)[2\mu\cos x_1-\mu_{32}\cos(x_1+y_1)]>0\end{aligned} \tag{4-22}$$

$$3\mu^2\cos x_1\cos y_1-3\mu\mu_{32}\cos x_1\cos(x_1+y_1)-3\mu\mu_{32}\cos(x_1+y_1)\cos y_1>0 \tag{4-23}$$

$$\begin{aligned}&[2\xi+0.5(\Delta\bar{P}_{12}+\Delta\bar{P}_{31})/J\omega^3][(\xi+0.5\Delta\bar{P}_{12}/J\omega^3)(\xi+0.5\Delta\bar{P}_{31}/J\omega^3)+\\&2\mu\cos y_1-2\mu_{32}\cos(x_1+y_1)+2\mu\cos x_1]\{(\xi+0.5\Delta\bar{P}_{12}/J\omega^3)\\&[2\mu\cos y_1-\mu_{32}\cos(x_1+y_1)]+(\xi+0.5\Delta\bar{P}_{31}/J\omega^3)[2\mu\cos x_1-\\&\mu_{32}\cos(x_1+y_1)]\}-\{(\xi+0.5\Delta\bar{P}_{12}/J\omega^3)[2\mu\cos y_1-\mu_{32}\cos(x_1+y_1)]\\&(\xi+0.5\Delta\bar{P}_{31}/J\omega^3)[2\mu\cos x_1-\mu_{32}\cos(x_1+y_1)]\}^2-[2\xi+0.5(\Delta\bar{P}_{12}+\Delta\bar{P}_{31})/J\omega^3]^2\\&[3\mu^2\cos x_1\cos y_1-3\mu\mu_{32}\cos x_1\cos(x_1+y_1)-3\mu\mu_{32}\cos(x_1+y_1)\cos y_1]>0\end{aligned} \tag{4-24}$$

如果保证式（4-24）成立，则式（4-20）一定成立。因此式（4-21）～式（4-24）为该同步振动系统的同步稳定性件。在系统中，当 $\Delta T_{12}=\Delta T_{31}$，$k_x>k_y$ 时，则 $\Delta\bar{P}_{12}=\Delta\bar{P}_{31}$，$\mu>0$，本身系统中 $\eta>0$，因此，综合上述条件，得到系统平衡点的稳定性为：

$$\mu\cos x_1+\mu\cos y_1-\mu_{32}\cos(x_1+y_1)>0 \tag{4-25}$$

$$\mu\cos x_1\cos y_1-\mu_{32}\cos x_1\cos(x_1+y_1)-\mu_{32}\cos(x_1+y_1)\cos y_1>0 \tag{4-26}$$

式（4-25）～式（4-26）为此情况下的三转子自同步振动系统平衡点的稳定性条件。

4.5　三转子自同步振动系统的平衡点分岔特性

根据三激振电机转子相位差角微分方程组式（4-12）讨论系统的平衡点分岔问题十分复杂。激振电机转子旋转时，总会在某个时刻，三个转子中每两个偏心转子的相位相等，并且每个相位无微小波动的情况出现。下面主要讨论在这种假定情况时，该系统平衡点的分岔问题。一种假定情况是当激振转子1和转子3的相位相等的状态时，即 $\Delta\alpha_{31}=y_1=0$，由式（4-13）转变为偏心转子1和偏心转子2的相位差的状态方程，即：

$$\begin{cases}x_1'=x_2\\ x_2'=-(\xi+\dfrac{1}{2}\Delta\bar{P}_{12}/J\omega^3)x_2-2\mu\sin x_1+\mu_{32}\sin x_1+\Delta\hat{P}_{12}/J\omega^3\end{cases} \tag{4-27}$$

式（4-27）对应的平衡点 $[x_1', x_2']=[0, 0]$，得到方程为：

$$-2\mu\sin x_1+\mu_{32}\sin x_1+\Delta\hat{P}_{12}/J\omega^3=0 \tag{4-28}$$

$$\Delta T_{12}=\Delta\hat{P}_{12}/\omega$$

由此可见，满足式（4-28）时系统才有平衡点。因此，$\sin x_1=\dfrac{\Delta T_{12}/J\omega^2}{2\mu-\mu_{32}}$ 必须保证 $\left|\dfrac{\Delta T_{12}/J\omega^2}{2\mu-\mu_{32}}\right|\leqslant 1$ 的情况，方程才能有解。设 $\dfrac{\Delta T_{12}/J\omega^2}{2\mu-\mu_{32}}=\dfrac{\Delta T_{12}}{2\chi-\chi_{32}}=\sigma$，而平衡点为 $(\arcsin\sigma, 0)$，此时相位差角为 $\Delta\alpha_{12}$，则状态方程的一次近似方程为：

$$\begin{bmatrix}x_1'\\ x_2'\end{bmatrix}=\begin{bmatrix}0 & 1\\ (-2\mu+\mu_{32})\cos x_1 & -(\xi+0.5\Delta\bar{P}_{12}/J\omega^3)\end{bmatrix}\begin{bmatrix}x_1\\ x_2\end{bmatrix} \tag{4-29}$$

该一次近似方程的特征方程为：

$$\lambda^2+(\xi+0.5\Delta\bar{P}_{12}/J\omega^3)\lambda+(2\mu-\mu_{32})\cos x_1=0 \tag{4-30}$$

相位差 $\Delta\alpha_{12}=x_1$ 时，如果 $2\mu-\mu_{32}>0$，当 $\cos x_1>0$，即 $0<\Delta\alpha_{12}<\pi/2$ 时，由特征方程确定的特征值都具有负实部，根据 Lyapunov 一次近似理论，式（4-28）的平衡点 $(\arcsin\sigma, 0)$ 稳定。当 $\cos x_1<0$，即 $\pi/2<\Delta\alpha_{12}<\pi$ 时，有一个特征值的实部为正，平衡点不稳定。当 $\cos x_1=0$，即 $\Delta\alpha_{12}=\pi/2$ 时，$\sigma=1$，此时系统处于临界状态。可见，当 σ 从小于0向1变化时，式（4-30）解的数目会从两个变到一个，最后当 $\sigma>1$ 时无解，在 $\sigma=1$ 处发生鞍结分岔。两个解的情况下，上支为不稳定解支，如图4-1（*a*）所示。如果 $2\mu-\mu_{32}<0$，当 $\cos x_1>0$，即 $0<\Delta\alpha_{12}<\pi/2$ 时，由特征方程确定有一个特征值的实部为正，平衡点不稳定；当 $\cos x_1<0$，即 $\pi/2<\Delta\alpha_{12}<\pi$ 时，特征值都具有负实部，式（4-28）的平衡点 $(\arcsin\sigma, 0)$ 稳定；当 $\cos x_1=0$，即 $\Delta\alpha_{12}=\pi/2$ 时，$\sigma=1$，此时系统处于临界状态。可见，当 σ 从小于0向1变化时，式（4-30）解的数目会从两个变到一个，最后当 $\sigma>1$ 时无解，在 $\sigma=1$ 处发生鞍结分岔。两个解的情况下，下支为不稳定解支，如图4-1（*b*）所示。

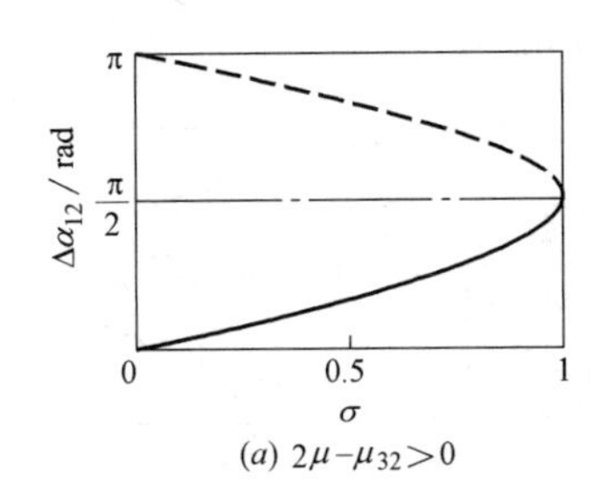

(a) $2\mu-\mu_{32}>0$

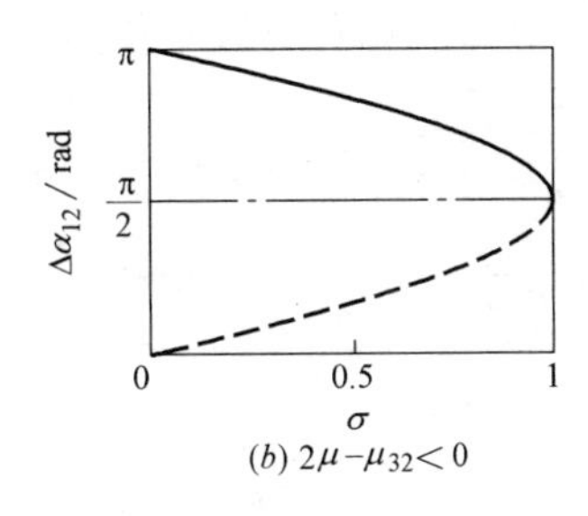

(b) $2\mu-\mu_{32}<0$

图 4-1　相位差角 $\Delta\alpha_{12}$ 微分方程平衡点的分岔

同理，另一种假定情况是当激振电机偏心转子 1 和转子 2 的相位相等的状态时，即 $\Delta\alpha_{12}=x_1=0$，则式（4-13）转变为偏心转子 1 和偏心转子 3 的相位差的状态方程，即：

$$\begin{cases} y_1'=y_2 \\ y_2'=-(\xi+\frac{1}{2}\Delta\bar{P}_{31}/J\omega^3)\quad y_2-2\mu\sin y_1+\mu_{32}\sin y_1+\Delta\hat{P}_{31}/J\omega^3 \end{cases} \tag{4-31}$$

则上式对应的平衡点 $[y_1', y_2']=[0, 0]$，得到方程为：

$$-2\mu\sin y_1+\mu_{32}\sin y_1+\Delta\hat{P}_{31}/J\omega^3=0 \tag{4-32}$$

$$\Delta T_{31}=\Delta\hat{P}_{31}/\omega$$

由此可见，满足式（4-32）时系统才有平衡点。必须保证 $\left|\frac{\Delta\hat{P}_{31}/J\omega^3}{2\mu-\mu_{32}}\right|\leqslant1$，方程才有解，设 $\sigma=\frac{\Delta T_{31}}{2\chi-\chi_{32}}$，而平衡点为（$\arcsin\sigma$，0），此时相位差角为 $\Delta\alpha_{31}$，状态方程的一次近似方程为：

$$\begin{bmatrix} x_1' \\ x_2' \end{bmatrix}=\begin{bmatrix} 0 & 1 \\ (-2\mu+\mu_{32})\cos y_1 & -(\xi+0.5\Delta\bar{P}_{31}/J\omega^3) \end{bmatrix}\begin{bmatrix} x_1 \\ x_2 \end{bmatrix} \tag{4-33}$$

该一次近似方程的特征方程为：

$$\lambda^2+(\xi+0.5\Delta\bar{P}_{31}/J\omega^3)\lambda+(2\mu-\mu_{32})\cos y_1=0 \tag{4-34}$$

相位差角 $\Delta\alpha_{31}=y_1$ 微分方程平衡点分岔问题与相位差角 $\Delta\alpha_{12}$ 微分方程平衡点分岔的理论相同，如果 $2\mu-\mu_{32}>0$，当 $\cos y_1>0$，即 $0<\Delta\alpha_{31}<\pi/2$ 时，由特征方程确定的特征值都具有负实部，式（4-32）的平衡点（$\arcsin\sigma$，0）稳定。当 $\cos y_1<0$，即 $\pi/2<\Delta\alpha_{31}<\pi$ 时，有一个特征值的实部为正，平衡点不稳定。当 $\cos y_1=0$，即 $\Delta\alpha_{31}=\pi/2$ 时，$\sigma=1$，此时系统处于临界状态。可见，当 σ 从小于 0 向 1 变化时，式（4-34）解的数目会从两个变到一个，最后当 $\sigma>1$ 时无解，在 $\sigma=1$ 处发生鞍结分岔。两个解的情况下，上支为不稳定解支，如图 4-2（b）所示。如果 $2\mu-\mu_{32}<0$，由于 $y_1=\alpha_{31}$，当 $\cos y_1>0$，即 $0<\Delta\alpha_{31}<\pi/2$ 时，由特征方程确定有一个特征值的实部为正，平衡点不稳定；当 $\cos y_1<0$，即 $\pi/2<\Delta\alpha_{31}<\pi$ 时，都具有负实部，式（4-32）的平衡点（$\arcsin\sigma$，0）稳定；当 $\cos y_1=0$，即 $\Delta\alpha_{31}=\pi/2$ 时，$\sigma=1$，此时系统处于临界状态。可见，当 σ 从小于 0 向 1 变化时，式（4-34）解的数目会从两个变到一个，最后当 $\sigma>1$ 时无解，在 $\sigma=1$ 处发生鞍结分岔。两个解的情况下，下支为不稳定解支如图 4-2（b）所示。因此，如果 $2\mu-\mu_{32}>0$，得到图 4-2（a）所示的相位差角 $\Delta\alpha_{31}$ 微分方程平衡点的分岔；如果 $2\mu-\mu_{32}<0$，得到图 4-2

(*b*) 所示的相位差角 $\Delta\alpha_{31}$ 微分方程平衡点的分岔。

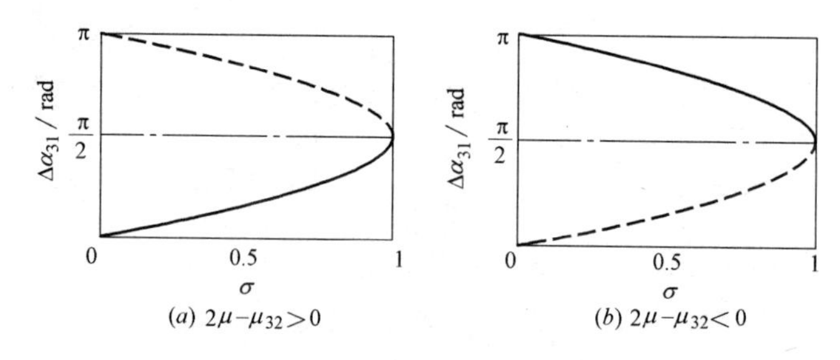

图 4-2 相位差角 $\Delta\alpha_{31}$ 微分方程平衡点的分岔

4.6 本章小结

本章主要研究是在前人基础上，首次利用偏心转子相位差角微分方程组代替三转子反向回转自同步振动系统的运动方程，分析了三转子反向回转自同步振动系统的同步运动必要条件，并讨论了系统的平衡点稳定性和分岔特性。

首先，建立三转子反向回转自同步振动系统力学模型，引入相应数学变换手段，采用三个偏心转子的转速围绕平均转速作小幅波动的分析方法，在前人的基础上，首次推导出三个偏心转子的自同步振动系统关于偏心转子相位差角的微分方程组，针对偏心转子相位差角微分方程组分析了三个偏心转子的自同步振动系统同步运动的必要性条件。

然后，应用 Lyapunov 一次近似稳定性判别法，讨论了系统的平衡点稳定性和平衡点分岔特性。

第 5 章　延迟自同步和频率俘获研究

5.1　概述

闻邦椿在 30 余年系统研究工程中广泛存在的自同步、复合同步和智能控制同步问题的基础上，明确提出了广义同步的概念中第二层次——延迟自同步理论。延迟自同步运动是协同运动的特殊形式，例如质心偏移式振动筛、振动输送机等都可具有延迟自同步运动特性。在前面的第 3 章中对质心偏移式反向回转振动机的自同步特性的定量分析中，已经提到了延迟自同步的概念。在振动机械系统中，如果恰当安装偏心转子，使振动机械满足同步理论，尽管振动机械几何参数和初始条件不完全对称，但最终转子的转速相同，相位差角为一个恒定值，即称为实现了自同步，如果相位差为一个非零恒定值，即实现了延迟自同步。对于延迟同步定量研究很多，与此相近的理论在大量的文献中也有出现。Rosenblum 等人研究了耦合振动系统的转子是怎样实现从相位同步到延迟自同步的过渡过程。Pikovsky、Kocarev、Parlitz、Lu 等人提出了相位同步、广义同步等问题。

频率俘获现象的提出已经有 100 多年的历史，但是迄今为止对它的定义还不十分明确。前沢成一郎曾于 1970 年代前后出版的专著中谈到频率俘获现象。频率俘获定位为：即对于一自激振动的系统来说，当系统外部激励的频率 ω_1 接近于系统的固有频率 ω_0 到一定程度时，系统“自振频率 ω_0 将与激励频率 ω_1 同步，也就是为外界频率所俘获了”。有些文献中提出了一种特殊的频率俘获现象，文中称为回转频率俘获，并且还研究了系统阻尼对回转频率俘获的影响，但没有涉及回转阻尼对频率俘获的影响，本章在此基础上对频率俘获作进一步的研究。

本章将基于耦合 Duffing 系统来研究延迟自同步问题，并由解析角度和数值定量分析的角度来分析系统同向同步频率、反向同步频率和延迟相位角的一般变化规律，以及耦合参数对系统的延迟自同步的影响，从而分析产生延迟自同步的原因，并且解释机电耦合自同步振动机也同样揭示了一种延迟自同步现象。最后，采用一种简化模型来研究非线性振动系统中的频率俘获现象，并用定量分析的方法，研究系统阻尼、回转阻尼对系统频率俘获的影响。

5.2　耦合振动系统的延迟自同步研究

5.2.1　双耦合 Duffing 振子的延迟自同步特性研究

本节对一个广泛代表性耦合 Duffing 振子的延迟自同步特性进行研究。该系统的无量纲数学模型如下：

$$\begin{aligned}\ddot{x}_1-c\dot{x}_1+k_1x_1+a\dot{x}_1{}^3&=-b(\dot{x}_1+\dot{x}_2)-d(x_1+x_2)\\ \ddot{x}_2-c\dot{x}_2+k_2x_2+a\dot{x}_2{}^3&=-b(\dot{x}_1+\dot{x}_2)-d(x_1+x_2)\end{aligned}\tag{5-1}$$

式（5-1）以状态方程形式来研究，则 x_1，x_2，$\dot{x}_1$，$\dot{x}_2$ 为系统的状态变量；b，d 分别耦合阻尼参数和耦合刚度参数；c 表示系统阻尼；k_1，k_2 表示系统的刚度（系统某种固有特性 $k_1\neq k_2$）；a 为衡量系统非线性程度的参量。

同步双方的相位保持一个固定的非零相位差的同步形式，该相位差即为延迟相位差。延迟相位差实际计算，采用设两耦合振子振幅归一化的方法求出。

两振子延迟自同步振动时的运动形态为：

$$\begin{aligned}x_1&=a_1\sin\omega t\\ x_2&=a_2\sin(\omega t-\alpha)\end{aligned}\tag{5-2}$$

设振幅归一化后的两振子的运动形态为：

$$\begin{aligned}x_1^0&=\sin\omega t\\ x_2^0&=\sin(\omega t-\alpha)\end{aligned}\tag{5-3}$$

式中，

$$x_1^0=\frac{x_1}{a_1}$$

$$x_2^0=\frac{x_2}{a_2}$$

对于两振子的运动形态为同向同步时，即 x_1^0 和 x_2^0 为同号。此时相减

$$x_1^0-x_2^0=\left|2\sin\frac{\alpha}{2}\right|\sin(\omega t+\beta)\tag{5-4}$$

式中，$\beta=\arctan\dfrac{\sin\alpha}{1-\cos\alpha}$

即有：

$$\begin{aligned}\left|2\sin\frac{\alpha}{2}\right|&=\max(x_1^0-x_2^0)\\ \alpha&=\pm2\arcsin\frac{\max(x_1^0-x_2^0)}{2}\end{aligned}\tag{5-5}$$

上式即为两振子同向同步振动运动时延迟相位角的实用计算公式。

对于两振子的运动形态为反方向时，即 x_1^0 和 x_2^0 为异号。此时位移绝对值相减

$$|x_1^0|-|x_2^0|=\left|2\cos\frac{\alpha}{2}\right|\sin(\omega t-\beta)\tag{5-6}$$

其中 β 与式（5-4）相同，即有：

$$\begin{aligned}\left|2\cos\frac{\alpha}{2}\right|&=\max(|x_1^0|-|x_2^0|)\\ \alpha&=\pm2\arccos\frac{\max(|x_1^0|-|x_2^0|)}{2}\end{aligned}\tag{5-7}$$

上式即为两振子反向同步振动运动时延迟相位差角。双耦合延迟同步振动系统必须是

在同步频率的状态下振动，即双振子具有相同的频率，此相同频率成为同步频率。设延迟同步解的形式为：

$$x_1 = e_1 \cos\omega t$$
$$x_2 = e_2 \cos(\omega t + \varphi) \tag{5-8}$$

代入系统方程得到的结果中，令 $\sin\omega t$、$\cos\omega t$、$\sin(\omega t+\varphi)$、$\cos(\omega t+\varphi)$ 对应的系数为0，整理得到的分析解，令 $e_2/e_1=\gamma$ 进行变量代换，整理可得延迟相位的表达式为：

$$\cos\varphi = -\frac{1}{2d\gamma}\left[k_1 + d - \omega^2 + \gamma^2(k_2 + d - \omega^2)\right]$$
$$\cos\varphi = -\frac{1}{2b\gamma}\left[b - c + \frac{3a{e_1}^2\omega^2}{4} + \gamma^2\left(b - c + \frac{3a{e_2}^2\omega^2}{4}\right)\right] \tag{5-9}$$

固有频率的表达式为：

$$\omega^2 = \frac{4b(k_1 + k_2\gamma^2) + 4cd(1+\gamma^2)}{4b(1+\gamma^2) + 3ad({e_1}^2 + {e_2}^2\gamma^2)} \tag{5-10}$$

$$\cos\varphi = -\frac{1}{2d\gamma}\left[k_1 + d - \omega^2 + \gamma^2(k_2 + d - \omega^2)\right] \tag{5-11}$$

当 $e_1=e_2=e$，$\varphi=0$ 时，对应于同向同步的情况：

$$\omega_T = \sqrt{\frac{k_1 + k_2 + 4d}{2}} \tag{5-12}$$

$$e_T = 2\sqrt{\frac{2c - 4b}{3a(k_1 + k_2 + 4d)}} \tag{5-13}$$

当 $e_1=e_2=e$，$\varphi=\pi$ 时，对应于反向同步的情况：

$$\omega_F = \sqrt{\frac{k_1 + k_2}{2}} \tag{5-14}$$

$$e_F = 2\sqrt{\frac{2c}{3a(k_1 + k_2)}} \tag{5-15}$$

可见，同向同步的同步频率 ω_T 与系统耦合刚度参数 d 的大小有关，振幅与耦合参数 b、d 的大小有关；反向同步的同步频率 ω_F 和振幅与耦合参数 b、d 的大小无关。

5.2.2 系统耦合刚度参数对耦合 Duffing 系统延迟自同步特性的影响

以系统模型为基础，编程数值仿真软件，定量地计算耦合参数变化和不同的初始条件下该双耦合振子系统的振动形态。取式（5-1）各系统参数值为 $c=0.1$，$a=0.05$，$b-0.01$，$d=0.01$，$k_1=2$，$k_2=2.4$。

在仿真模型中，当式（5-1）双耦合振子系统状态变量的初始条件为［1，1，1，1］时，系统作同向振动；当取定状态变量的初始条件为［1，1，－1，－1］，系统作反向振动。本节主要是研究初始条件为［1，1，1，1］的同向振动形态及初始条件为［1，1，－1，－1］的反向振动。

由式（5-12）和式（5-14）计算得到系统的同向同步频率和反向同步频率。由式

（5-12）同相频率得到：$d=0.5$、$\omega_T=0.285$Hz；$d=1$、$\omega_T=0.326$Hz；$d=2$、$\omega_T=0.396$ Hz；$d=5$、$\omega_T=0.556$Hz。由于反向同步频率 ω_F 与耦合强度 b 和 d 的大小没有关系，因此，由式（5-16）得到系统的反向同步频率 $\omega_F=0.236$Hz。通过仿真计算，来验证该解析分析的同步频率的正确性，从而找到耦合参数对系统的延迟自同步特性的影响。

1. 初始条件为［1，1，1，1］时系统耦合刚度参数对系统延迟自同步特性影响

首先，取定双耦合振子系统状态变量的初始条件为［1，1，1，1］时，系统同向振动，分别改变耦合系数 d，定量再现分析该系统的振动特性。分别取 $d=0.01$、0.05、0.5、1、2 和 5 得到该双耦合振子系统的位移响应和频谱见图 5-1～图 5-6。

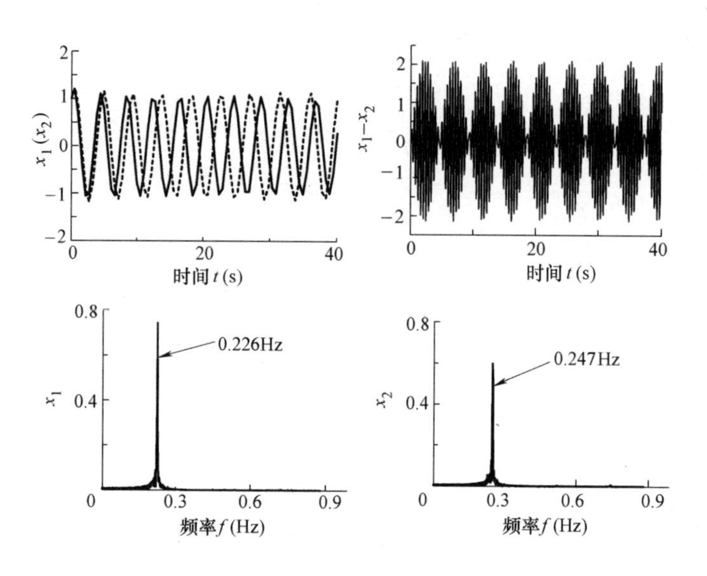

图 5-1　$d=0.01$ 时同向振动耦合振子的位移响应和频谱图

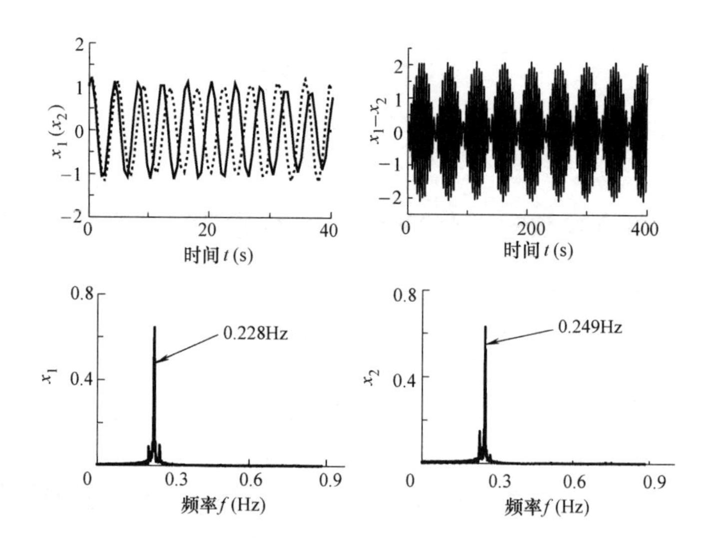

图 5-2　$d=0.05$ 时同向振动耦合振子的位移响应和频谱

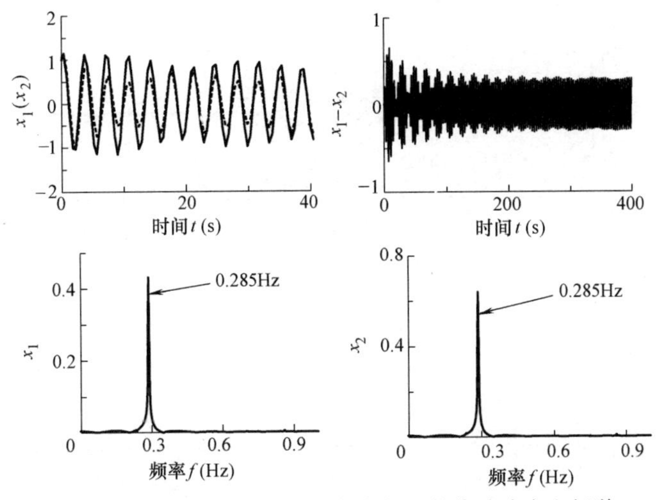

图 5-3 d=0.5 时同向振动耦合振子的位移响应和频谱

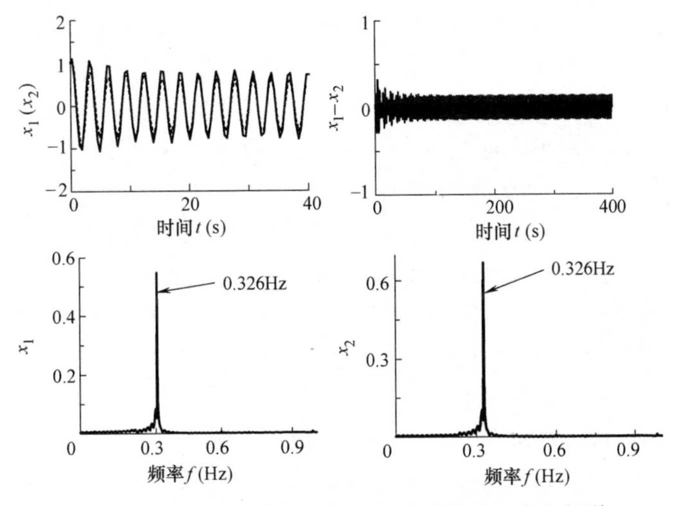

图 5-4 d=1 时同向振动耦合振子的位移响应和频谱

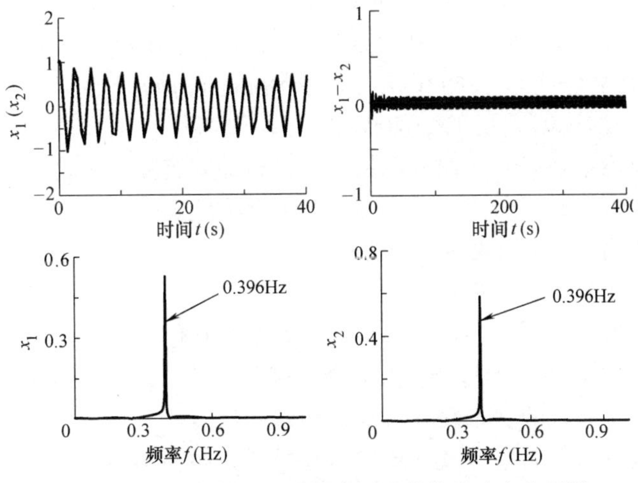

图 5-5 d=2 时同向振动耦合振子的位移响应和频谱

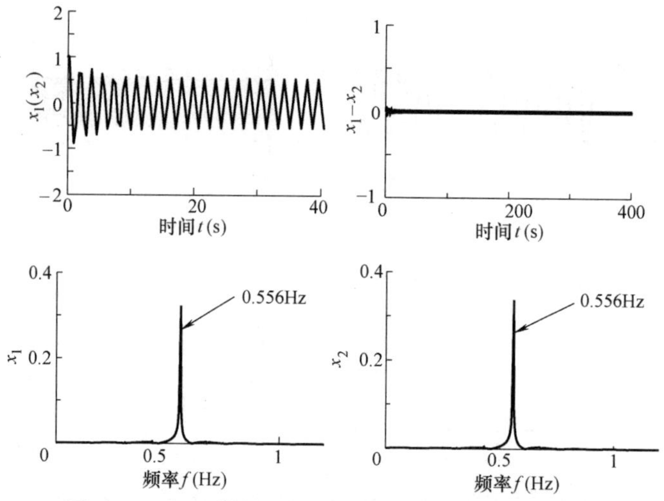

图 5-6　$d=5$ 时同向振动耦合振子的位移响应和频谱

由图 5-1 和图 5-2 得出，当 $d=0.01$，0.05 时，位移响应曲线显示，位移按同一方向，位移差为“拍”振形式，频谱图显示两振子频率不同，因此两种情况下，双耦合振动系统不具有同步频率，该两种情况是非同步状态。经过理论分析，当系统的耦合参数 $d=0.01$、0.05 时两振子分别按系统各自的固有频率振动。当 $d=0.5$、1、2、5 时，随着耦合刚度参数的变大，两振子位移的振动幅值逐渐变小，并逐渐趋于一致的运动，位移差也逐渐变小。每个耦合刚度参数情况下，两振子都按相同的频率振动，说明此时作近似的同向同步振动。当 $d=0.5$，两振子振动频率均为 0.285Hz，位移差为 0.284，相位差为 5.12°；$d=1$ 时，两振子振动频率均为 0.326Hz，位移差为 0.139，相位差为 1.57°；$d=2$ 时，两振子振动频率均为 0.396Hz，位移差为 0.0579，相位差为 0.882°；$d=5$ 时，振动频率均为 0.556Hz，位移差为 0.0212，相位差为 0.327°。由此可见，当 $d=0.5$、1、2、5 时，双耦合振动系统具有同向同步频率，其相位差角为非零恒定值，因此，该双耦合振动系统具有延迟同步特性。随着耦合刚度参数 d 的增大，系统就按相同的固有频率近似同向同步振动，而随着 d 的增大，同步频率也增大，两耦合振子同步振动时系统的响应位移振幅减小。随着 d 的增大，两耦合振子的位移差逐渐减小，但不为零，这表明两振子的响应存在着一个较小的相位差。从而得到初始条件为［1，1，1，1］时两耦合振子同向振动情况时系统的一般规律为：

（1）在耦合刚度参数 d 较小时，两振子按各自的固有频率振动。

（2）当耦合刚度参数 d 较大时，两振子按相同的频率做近似的同向同步振动。由于两振子的响应差不为 0，这表明两振子的响应存在着一个较小的相位差，即相位差为非零恒定值，系统实现了延迟自同步。

（3）近似同步振动的频率和相位差与耦合刚度参数有着密切的关系。

2. 初始条件为［1，1，−1，−1］时耦合刚度参数对系统延迟自同步特性影响

取定双耦合振子系统的状态变量初始条件为［1，1，−1，−1］时，系统反向振动，分别改变耦合系数 d，定量分析该系统的振动特性。分别取 $d=0.01$、0.05、0.5、1、2 和 5 得到该双耦合振子系统的位移响应曲线和频谱见图 5-7～图 5-12。

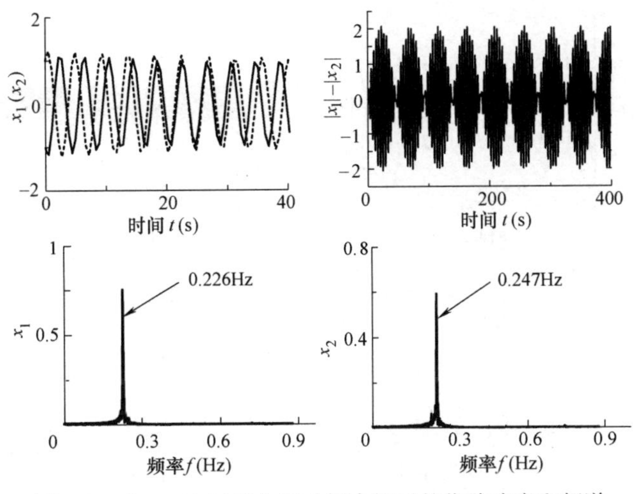

图 5-7　d=0.01 时反向振动耦合振子的位移响应和频谱

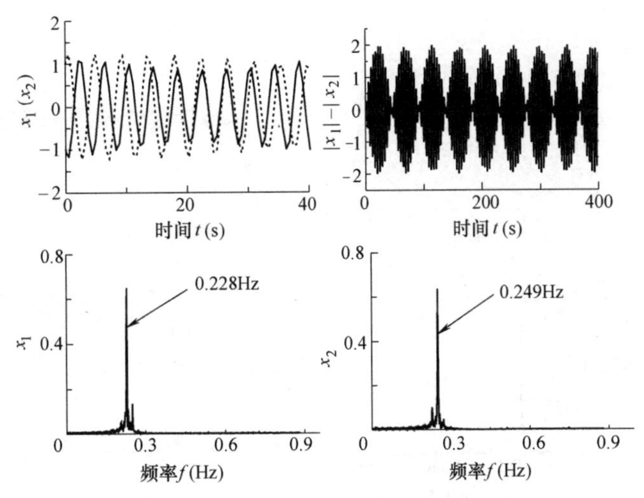

图 5-8　d=0.05 时反向振动耦合振子的位移响应和频谱

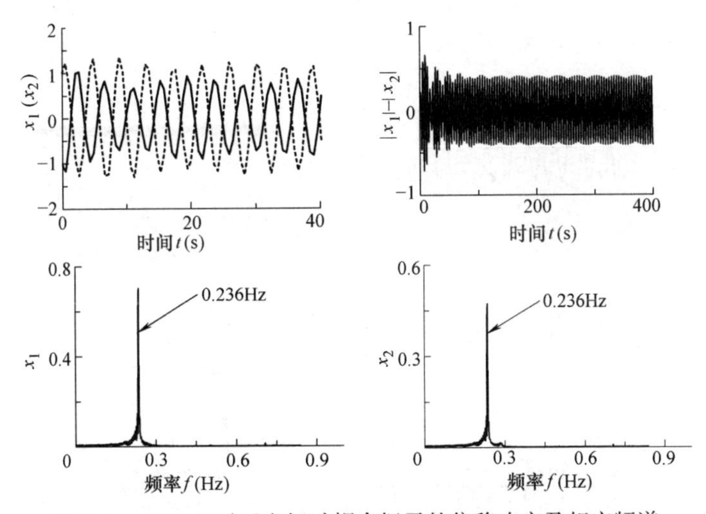

图 5-9　d=0.5 时反向振动耦合振子的位移响应及相应频谱

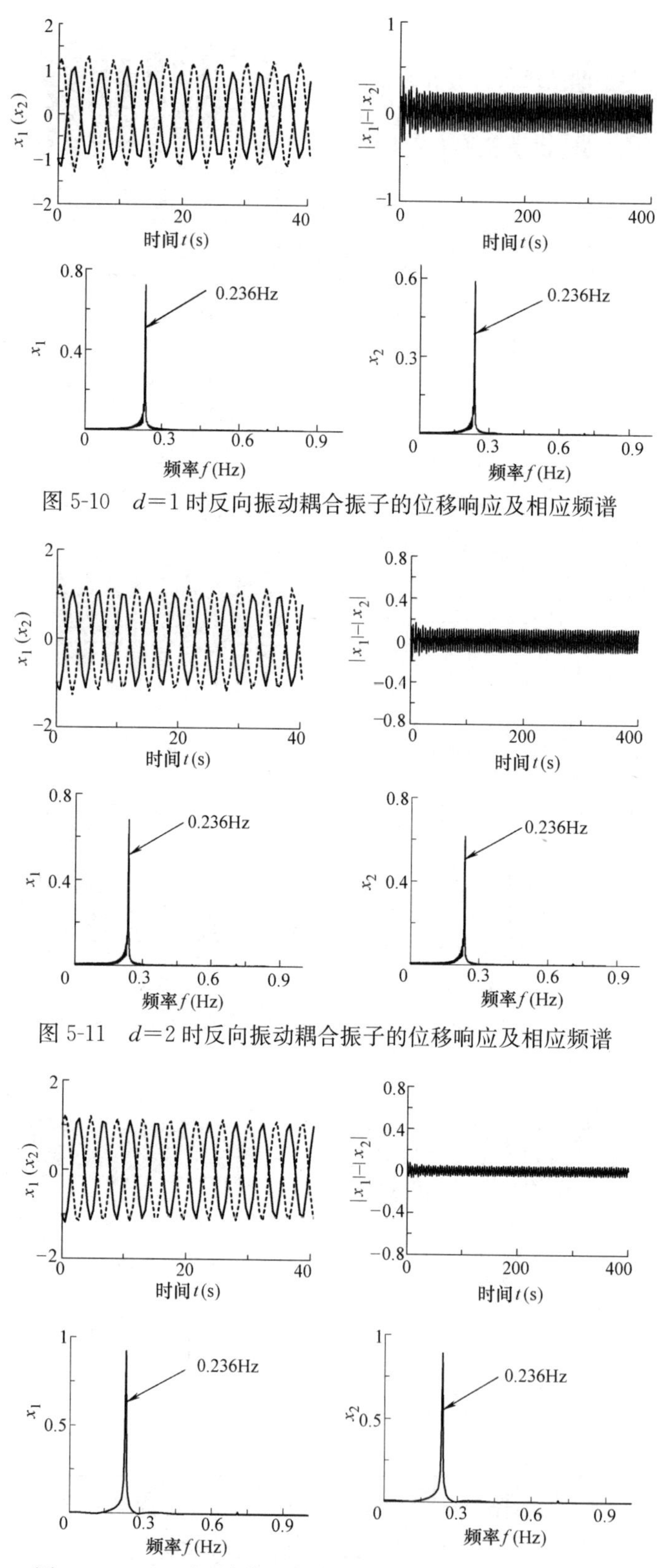

图 5-10　$d=1$ 时反向振动耦合振子的位移响应及相应频谱

图 5-11　$d=2$ 时反向振动耦合振子的位移响应及相应频谱

图 5-12　$d=5$ 时反向振动耦合振子的位移响应及相应频谱

由系统的响应和频谱图得出，两振子作反向振动，随着耦合刚度参数的变大，系统的位移趋于一致，位移绝对值之差具有逐渐变小的趋势。当 d=0.01 和 0.05 时，位移按相反方向运动，位移绝对值之差为“拍”振形式，系统振动频率不同。在这两种情况下，该双耦合振子按各自固有频率振动，且为非同步状态。当 d=0.5、1、2、5 时，随着耦合参数的变大，两振子位移的振动幅值变化不明显，位移绝对值之差逐渐变小，两振子都按相同的频率振动，说明此时作近似的反向同步振动，两振子振动频率均为 0.236Hz。d=0.5 时，位移绝对值之差为 0.409，相位差为 174.44°；d=1 时，位移绝对值之差为 0.218，相位差为 178.34°；d=2 时，位移绝对值之差为 0.110，相位差为 179.56°；d=5 时，位移绝对值之差为 0.0479，相位差为 179.89°。分析得出，当 d 分别为 0.01、0.05 时，两振子是按各自的固有频率作反向振动，当系统的耦合刚度参数 d 分别为 0.5、1、2、5 时，两振子是按系统反向同步频率振动。由此可见，随着耦合刚度参数的增大，两振子按相同的频率近似反向同步振动，而随着 d 的增大反向同步频率无变化。反向同步振动时系统的响应位移振幅没有显著的变化，说明 d 对它没有显著影响，他们的位移绝对值之差逐渐减小，但不为零，这表明两振子的响应存在着一个反向振动的相位差，初始条件为 [1，1，−1，−1] 的反向振动双耦合振动系统的一般规律为：

（1）在耦合刚度参数 d 较小时，两振子按各自的固有频率振动。

（2）当耦合刚度参数 d 较大时，两振子按相同的频率作近似的反向同步振动。由于两振子的响应位移绝对值之差不为 0，这表明两振子的响应存在着接近 180°的相位差，即相位差为非零的恒定值，系统实现了延迟同步。

（3）耦合刚度参数的值对近似同步振动的频率和相位差没有影响。

两组计算均表明：同向同步或反向同步的同步频率和振幅依赖于耦合参数的值，并且相位差为非零恒定值，因此两种同步均为延迟自同步。该双耦合振动系统具有一定的特性，在耦合刚度参数 d 小于某一数值时，两振子按不同的固有频率振动；当耦合刚度参数大于该数值时，两振子按同一频率做近似同向或反向的延迟自同步振动。本节采用了数值仿真分析的方法，定量研究了双耦合 Duffing 振子系统的自同步特性行为。

5.2.3 系统刚度相同时耦合 Duffing 系统响应特性

选定 $k_1=k_2=2$ 时，取耦合参数 d=0.01、1、2 时，同向和反向耦合振动系统的响应和频谱曲线如图 5-13～图 5-18 所示。分析得出，同向同步振动状态时，d=0.01 时两振子的位移幅值为 1.025，d=1 时，两振子的位移幅值为 0.823，d=2 时，两振子的位移幅值为 0.598；反向同步振动状态时，两振子的位移幅值为 1.159。由此可见，同向同步振动状态时，两振子的位移振幅随着耦合参数 d 的增大而减小，反向同步振动状态时，耦合参数 d 对两振子的位移振幅的影响不显著。理论分析显示：随着耦合参数 d 的变化，系统的一阶固有频率不变，为 0.225Hz；而二阶固有频率随着 d 的变化而变化，当 d=0.01、0.5、2 时，系统的二阶固有频率分别为 0.226Hz、0.276Hz、0.390Hz。由图显示，同向振动时，该同向同步振动时两振子按该耦合振动系统二阶固有频率同步振动；反向振动时，该同向同步振动时两振子按该耦合振动系统一阶固有频率同步振动。研究结果表明，两振子达到了完全同步或完全反向同步状态，其位移差为零或位移绝对值之差为零，此时系统相位差并没保证固定的非零值，所以没有出现延迟同步的情况。

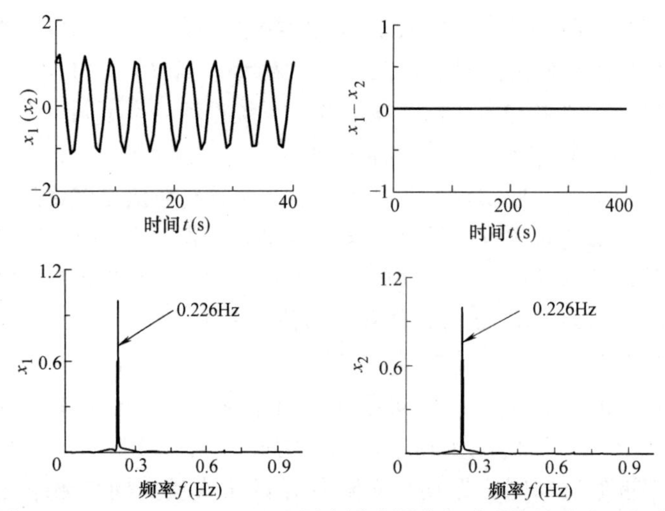

图 5-13　$k_1=k_2=2$，$d=0.01$ 同向同步耦合振动系统的响应和频谱

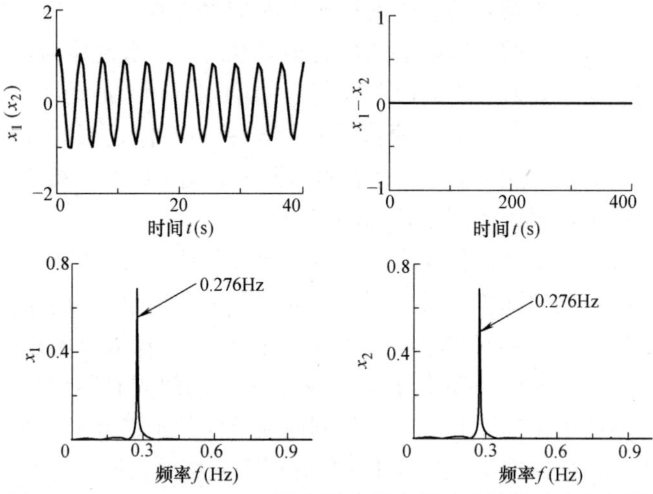

图 5-14　$k_1=k_2=2$，$d=1$ 同向同步耦合振动系统的响应和频谱

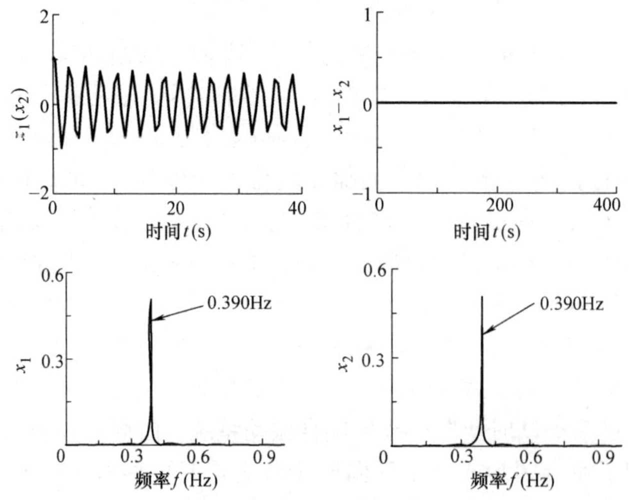

图 5-15　$k_1=k_2=2$，$d=2$ 同向同步耦合振动系统的响应和频谱

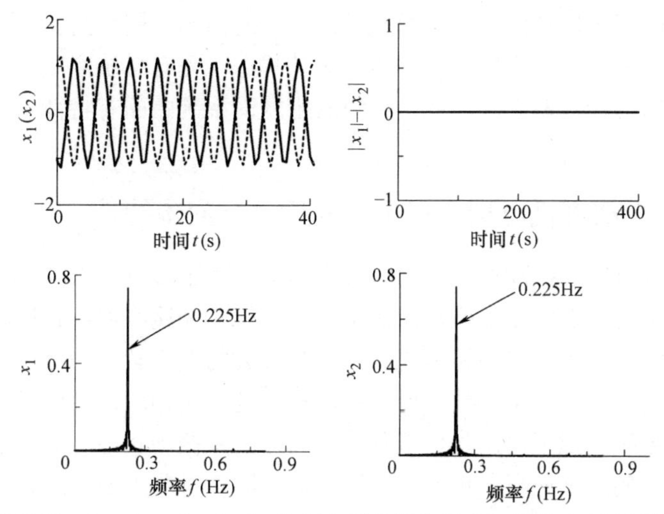

图 5-16 $k_1=k_2=2$，$d=0.01$ 反向同步耦合振动系统的响应和频谱

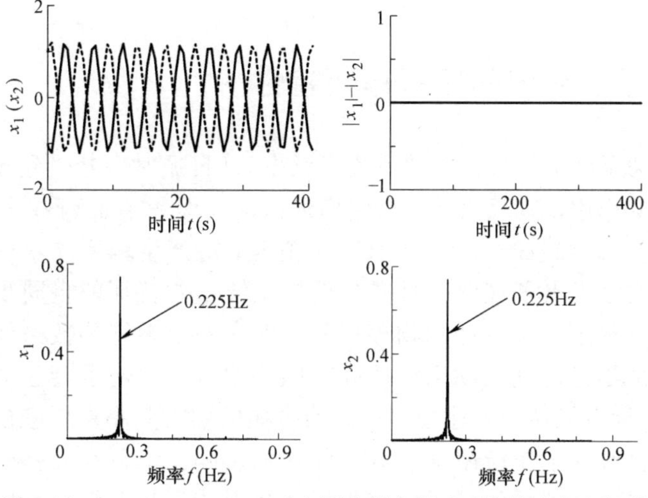

图 5-17 $k_1=k_2=2$，$d=1$ 反向同步耦合振动系统的响应和频谱

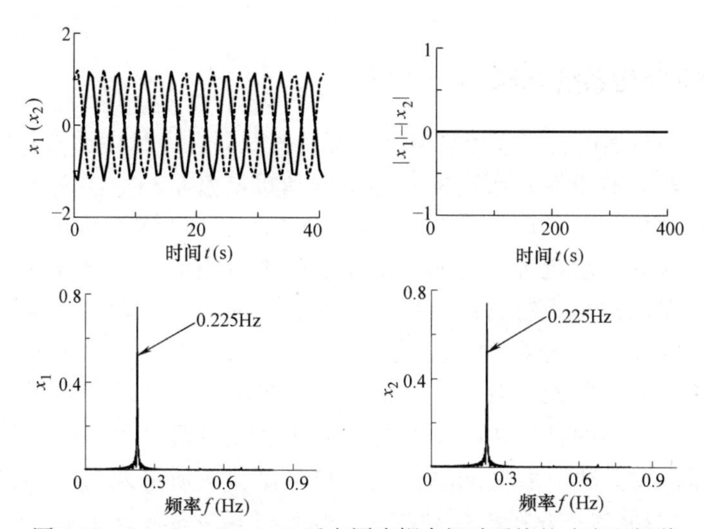

图 5-18 $k_1=k_2=2$，$d=2$ 反向同步耦合振动系统的响应和频谱

因此，在同向同步振动状态时，两振子是具有同向同步同频的振动状态；在反向同步振动状态时，两振子是具有反向同步同频的振动状态。只有系统刚度不同的情况下，耦合振子才会出现延迟自同步现象。因此，系统的刚度即系统的固有特性是产生延迟同步的根本原因。

5.2.4 自同步振动机机电耦合情况下的延迟自同步特性

针对机电耦合自同步振动机，在第3章详细地分析了多电机驱动的自同步振动机同步特性，已经提到了延迟自同步的概念。其中的双电机驱动质心偏移式反向回转机电耦合自同步振动机，在定量分析中能明显地观察到，当安装的偏心转子满足一定条件时，即使系统几何参数和初始条件不完全一致，但最终两转子的转速相同以及电机转子的相位差角为非零恒定值时，系统实现了自同步，也称为延迟自同步振动状态。对机电耦合情况下自同步振动机同步特性的定量分析，更能充分说明振动同步过程中的这种奇特的物理现象，即延迟自同步现象。

5.3 非线性振动系统的频率俘获特性

在非线性振动系统中，自激振动系统以频率 ω_0 自振时，若受到频率为 ω，且和 ω_0 相接近的激振力的作用，则只出现一个频率的振动，即频率 ω 和 ω_0 进入同步，这一现象称为“频率俘获”。当 $|\omega-\omega_0|$ 小于某一定值时，能产生频率俘获现象的频带，称为频率俘获区域。文献提出了在研究具有非理想系统主要特征的自同步振动机械系统的动力学模型中，发现了一种特殊的物理现象：即在一定系统参数条件下，带偏心块的电机转子的转速由零起动到振动系统的固有频率附近时，转子转速会被系统的固有频率“俘获”，而这种电机转子转速频率被振动机械的固有频率所俘获的现象，称其为回转频率俘获，并且研究了系统阻尼对频率俘获的影响。本节在此基础上，利用纯力学模型研究系统阻尼变化和系统转子回转阻尼变化对非理想系统稳态转速的影响，再现频率俘获现象。

5.3.1 非线性振动系统基频与倍频同步

频率俘获这种自然的物理现象许多文献都已提及，在工程中已得到广泛应用的由两台感应电机分别驱动的激振器激励的自同步振动机，就是利用频率俘获原理而进行工作的。自同步振动机有做平面运动和作空间运动的，有单体的和双质体的，有做同向回转和做反向回转的振动机等。目前在工业部门中应用的数以万计的自同步振动系统大多基于频率俘获原理来进行自同步稳定特性分析研究。当两台激振电动机单独运转时，其转速分别为952转/分和940转/分，而当同时运转时，其转速同为950转/分，这就是所谓的频率俘获。因此，对于本文中的自同步振动系统的同步理论以及许多文献中所涉及的双电机驱动的自同步振动系统的同步稳定性理论都主要以频率俘获原理为前提，进行同步理论分析。有些文献提到的频率俘获实质上是将频率俘获定义为 ω 接近于 ω_0 时非线性自激振动系统的振动状态，并且将其与 ω 接近于 ω_0 时线性振动系统的振动状态对应起来。这一描述强调了“自振频率被外界频率所俘获”的特点。而有的文献对频率俘获作了另外一种解释，即电机转子的旋转频率被系统固有频率所俘获，以近似等于固有频率的转速旋转，而不能自由上升到额定转速，也即激励的频率被外界频率所俘获。无论对频率俘获哪一类的解释定义，他们都描述的是激励频率与系统固有频率接近时的这种俘获特性。

针对自同步振动系统来说是可以实现基频同步，还可以实现倍频同步，即自同步振动机在运转情况下两台或两台以上激振电机的基频与倍频同步，即讨论基波、高次谐波和次谐波的频率俘获。对于高次谐波和次谐波的频率俘获理论与传统的高次谐波和次谐波的频率俘获理论非常相似。在非线性自同步振动机中，有基波频率俘获、高次谐波频率俘获和次谐波频率俘获，所以有很多个频率俘获区域。频率俘获区域的大小与自同步振动机同步性的强弱有着密切的联系，俘获区大，自同步性也强。还应指出，在一般情况下高次谐波频率俘获与次谐波频率俘获远比基波频率俘获困难得多，其频率俘获区域也远比基波频率俘获区域窄小的多。对于次谐波频率俘获仅仅当该系统能产生次谐波振动时，才有可能出现。所以仅仅对那些能产生次谐波振动的自同步振动机才有可能出现次谐波频率俘获。发生频率俘获虽然与系统阻尼的大小密切相关，但是并不唯一决定于阻尼。根据研究经验，在有些系统参数条件下，不论阻尼的大小如何变化，系统起动过程中都不发生频率俘获现象；但是在有些系统参数条件下，阻尼在很大范围内变化时，频率俘获仍会发生。系统参数综合满足什么条件时才会发生频率俘获现象，尚需进一步研究。

5.3.2 非线性振动系统的频率俘获

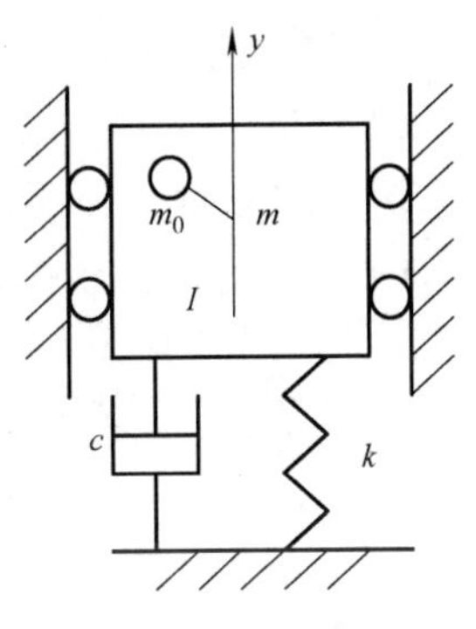

图 5-19 简化力学模型

以工程实际系统为例研究非线性系统的起动过程，由于其电机的额定转速总会有一定的限制，故不适合于进行一般性的研究。为了在更大的转速范围内研究非理想系统起动过程中的频率俘获行为，对自同步机械系统模型进行简化，可得到一个直接包含电机系统的简单纯力学模型，如图 5-19 所示。简化模型中，不再直接包含电机系统，电机系统对振动系统的影响通过假设转子转轴上有一个恒定的转矩加以考虑。根据牛顿力学的基本原理，可得到简化模型的运动微分方程如下：

$$
\begin{aligned}
&(m+m_0)\ddot{y}+c\dot{y}+ky=m_0e(\dot{\varphi}^2\sin\varphi-\ddot{\varphi}\cos\varphi)\\
&(J+m_0e^2)\ddot{\varphi}+c_0\dot{\varphi}=T-m_0e\ddot{y}\cos\varphi
\end{aligned}
\tag{5-16}
$$

式中，m 和 m_0 分别表示振动体的质量和偏心块的质量（kg）；J 表示振动体转子的转动惯量（$kg\cdot m^2$）；e 表示偏心块的偏心距离（m）；y 表示振动体垂直方向的位移（m）；φ 表示振动体偏心块的转角（rad）；c 表示垂直方向的阻尼（N·s/m）；k 表示垂直方向的刚度（N/m）；c_0 表示为系统偏心转子的回转阻尼（Nm·s/rad）；T 为加在转轴上的恒定转矩（N·m）。

采用的参数数据 $m=92$kg，$k=920000$N/m，$m_0=6$kg，$e=0.05$m，$J=0.02$kg·m^2，$c=360$N·s/m，$c_0=0.01$ Nm·s/rad，$T=10$N·m。该振动系统的固有频率大约为 15.42Hz。由仿真分析得到该系统的响应曲线和频谱见图 5-20。由图显示该非理想振动系

统振动幅值为0.046m，位移频谱峰值对应的频率为14.95Hz（位移的振动频率为系统的工作频率），电机的转速ω为93.93rad/s。在该非理想振动系统中，系统的位移频谱图所表现了以近似等于固有频率的转速旋转，而不再继续上升到额定转速，即电机转速ω被系统固有频率俘获所俘获了，此时系统发生频率俘获现象。

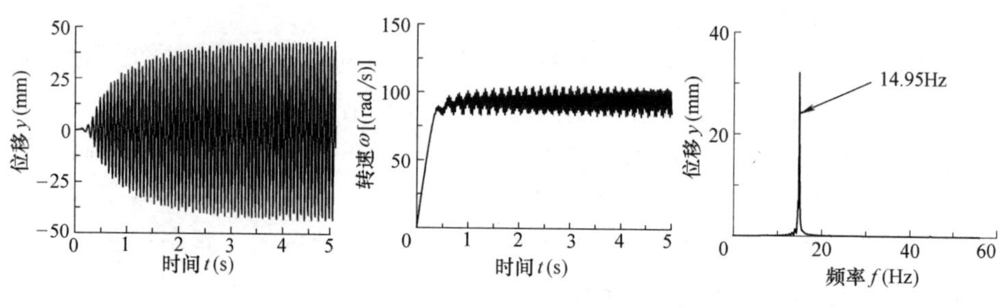

图5-20 c=360N·s/m时系统的响应和频谱图

5.3.3 系统阻尼对频率俘获的影响

1. 系统阻尼变化时系统的频率俘获特性

对于一实际的非理想系统，如前文所述，当系统阻尼增加到一定值之后，振动系统在起动过程中，转子转速将不出现频率俘获，而是直接增加到额定转速。而通过上面的简化模型由于不存在额定转速的限制，转子转速的变化规律是由系统参数和外力矩的值共同决定的，则通过改变系统的阻尼来再现系统的基波频率俘获现象。改变系统阻尼c参数，在0～20000N·s/m的范围内，取一组阻尼值对系统的起动过程进行仿真，记录下每一个阻尼值条件下系统稳定工作后的振动频率，通过数值仿真定量显示该系统的响应曲线和频谱图如图5-20～图5-28所示。从图中观察到，随着系统的阻尼参数的增大，系统的振动响应位移幅值逐渐减小，系统阻尼的增大都会出现频率俘获现象。而在系统阻尼参数分别为0至2400 N·s/m的区间，系统转速的频率被系统的固有频率俘获了，都在基频附近，此时为基波频率俘获。在系统阻尼参数为15000N·s/m和20000 N·s/m时系统转速的频率被系统的2倍固有频率左右俘获了。振动系统的“额定转速”与固有频率的比值近似等于2，这意味着电机转子的转速在系统固有频率的2倍附近时，被“俘获”了。我们称这种频率俘获为高次谐波频率俘获。通过对不同阻尼条件下系统起动过程的仿真，来分析阻尼对非理想系统起动过程最终的稳态转速的影响。尽管阻尼在一定的范围内时存在高次谐波频率俘获的可能性，但在工程实际中为避免无功功率消耗，阻尼在满足系统能正常起动的前提下应尽可能小。

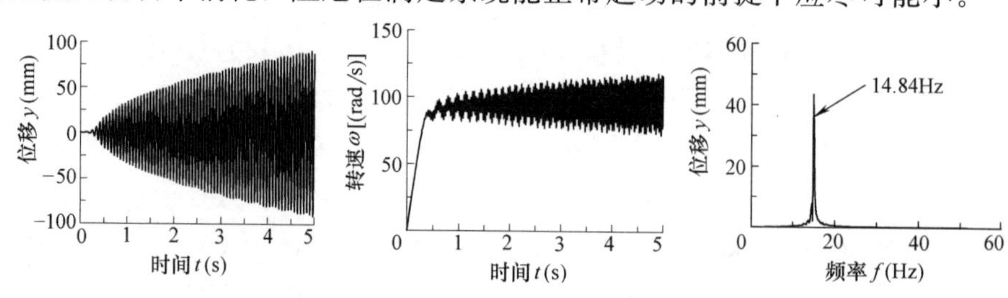

图5-21 c=0 N·s/m时系统的响应和频谱图

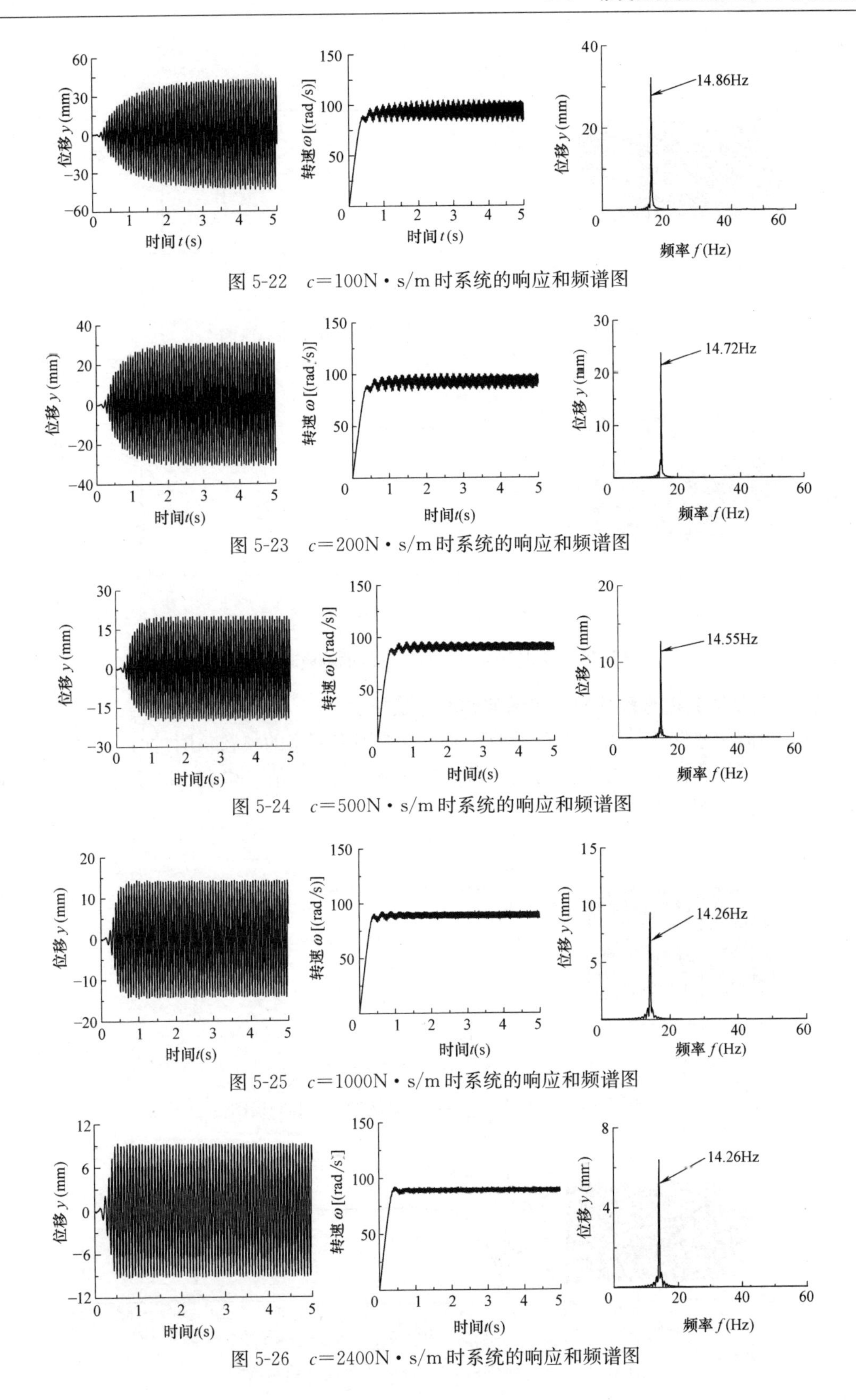

图 5-22　c=100N・s/m 时系统的响应和频谱图

图 5-23　c=200N・s/m 时系统的响应和频谱图

图 5-24　c=500N・s/m 时系统的响应和频谱图

图 5-25　c=1000N・s/m 时系统的响应和频谱图

图 5-26　c=2400N・s/m 时系统的响应和频谱图

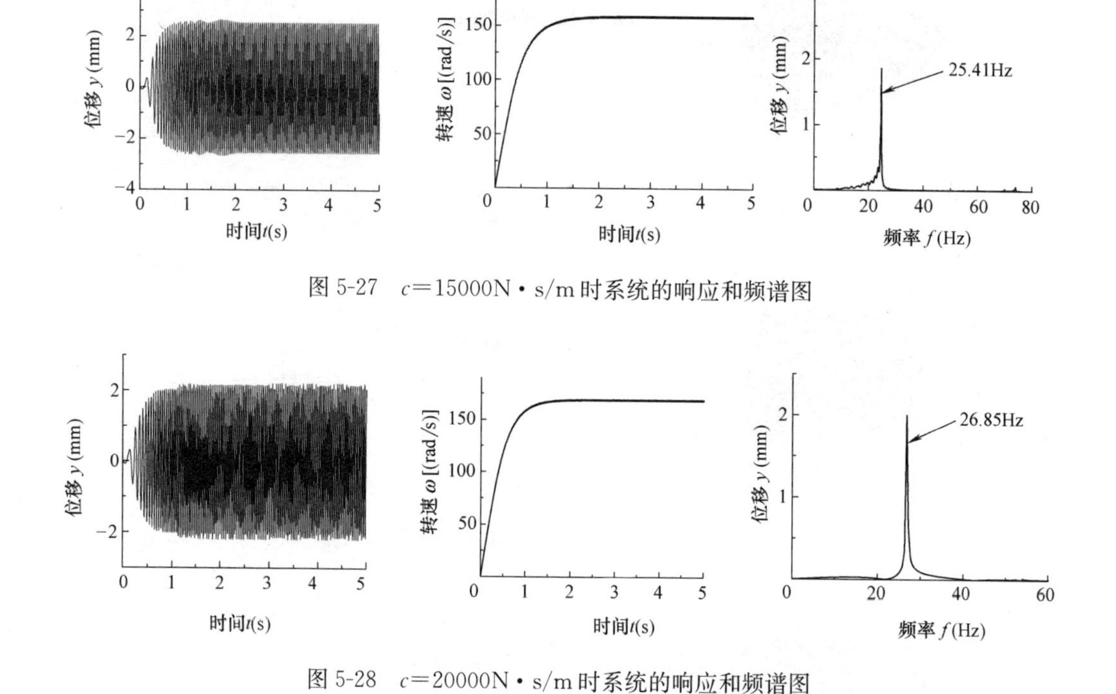

图 5-27　c=15000N·s/m 时系统的响应和频谱图

图 5-28　c=20000N·s/m 时系统的响应和频谱图

2. 系统阻尼变化时系统的高次谐波频率俘获特性

高次谐波频率俘获是指电机转子的转速在系统固有频率的整数倍附近时发生的频率俘获现象。利用简化模型，在更大的范围内改变系统阻尼 c 的值，得到不同条件下系统的响应曲线和频谱见图 5-29～图 5-32。

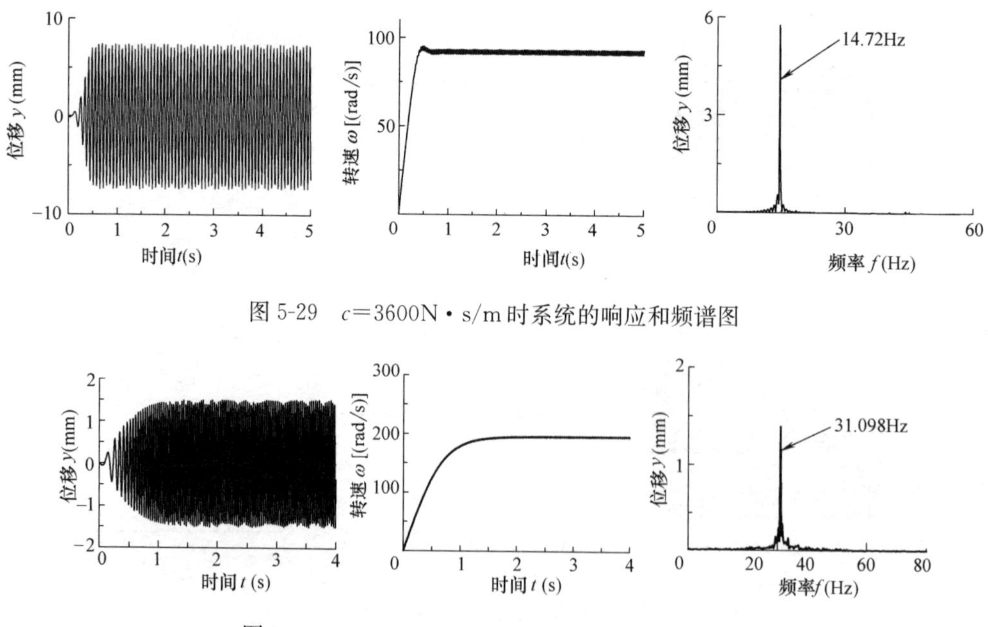

图 5-29　c=3600N·s/m 时系统的响应和频谱图

图 5-30　c=36000N·s/m 时系统的响应和频谱图

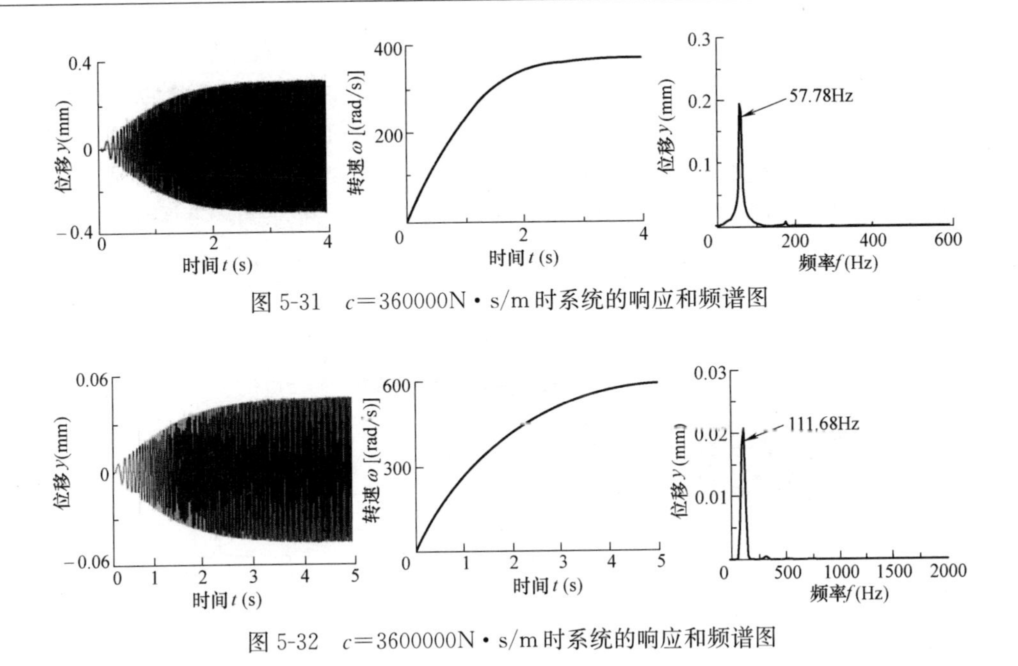

图 5-31 c=360000N·s/m 时系统的响应和频谱图

图 5-32 c=3600000N·s/m 时系统的响应和频谱图

由图中的分析数据得出，随着阻尼在更大范围的增大，系统的振动幅值急剧降低。当阻尼值进一步增大时，转子的转速会在振动系统固有频率的 1 倍、2^1倍、2^2倍和 2^3倍……的频率处发生高次谐波频率俘获行为。根据该系统特有的固有频率近似为 15Hz 时，系统阻尼在不同分段变化时系统转速的高次谐波频率俘获区域如图 5-33 所示。结果表明，当系统参数满足一定条件，对于系统阻尼的成倍增大时，将出现高次谐波频率俘获现象，且按 2 倍、4 倍、8 倍……的规律增长。

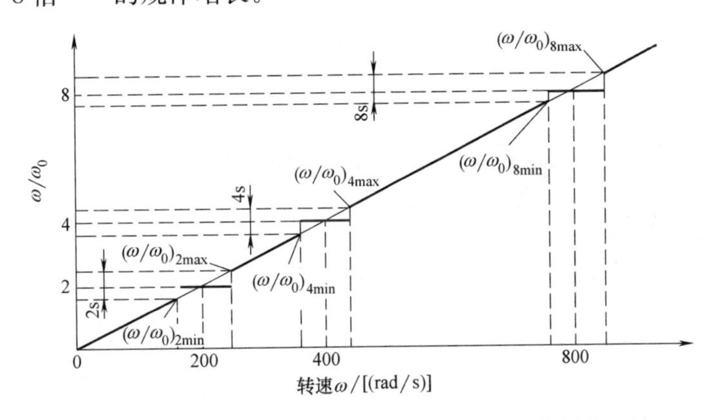

图 5-33 c 分段变化时系统出现的高次谐波频率俘获区域

5.3.4 系统转子的回转阻尼对频率俘获的影响

1. 系统转子回转阻尼变化时基波频率俘获特性

如图 5-1 的简化模型所示，分析偏心转子回转阻尼对系统的影响。在工程上，回转阻尼关系到系统的摩擦转矩对系统的影响，因此不容忽视。通过改变转子的回转阻尼 c_0 参数，对系统的起动过程进行仿真，记录下每一个阻尼值条件下系统稳定工作后的振动频率，通过数值仿真显示该系统的响应和频谱（图 5-34～图 5-40)。从图中观察到，当转子的回转阻尼 c_0 由 0 到 0.005Nm・s/rad 时系统的振动响应位移幅值只是微小变化，电机转速曲线图近乎相同，位移谱频率变化也不明显。当 c_0 取 0.01～0.1Nm・s/rad 时系统的振动响应位移幅值则逐渐变小，电机转速和位移谱频率变化不明显。由此分析得出，当系统的转子回转阻尼（c_0 取 0～0.1Nm・s/rad）增大时都会出现频率俘获现象，系统转速的频率被系统的固有频率俘获了，都在基频附近，此时为基波频率俘获。因此在该简化模型参数的条件下，在一定的范围内改变转子回转阻尼（c_0 取 0～0.1Nm・s/rad）时，转子的转速不会降低，而且被系统的固有频率俘获了。

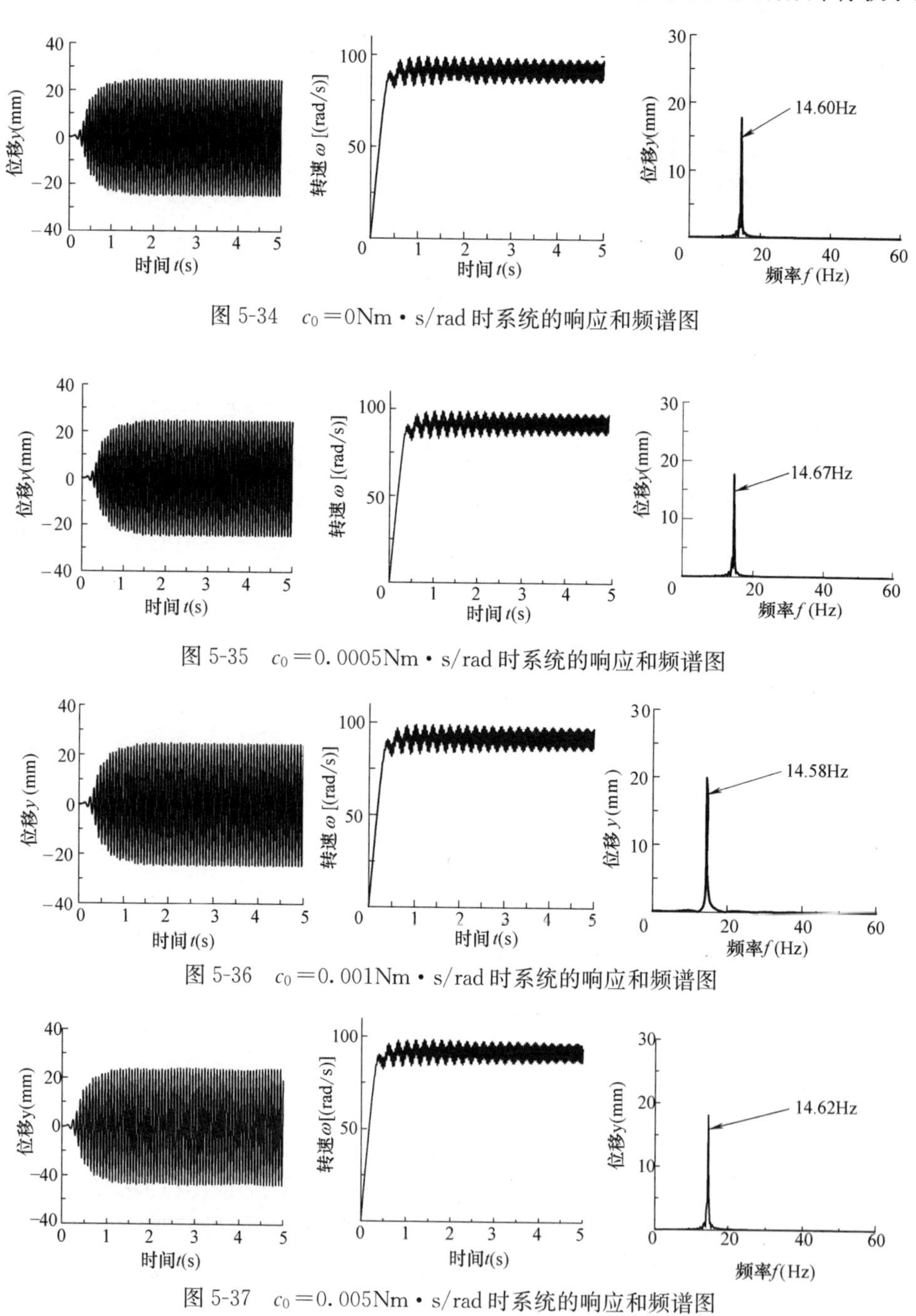

图 5-34 c_0=0Nm・s/rad 时系统的响应和频谱图

图 5-35 c_0=0.0005Nm・s/rad 时系统的响应和频谱图

图 5-36 c_0=0.001Nm・s/rad 时系统的响应和频谱图

图 5-37 c_0=0.005Nm・s/rad 时系统的响应和频谱图

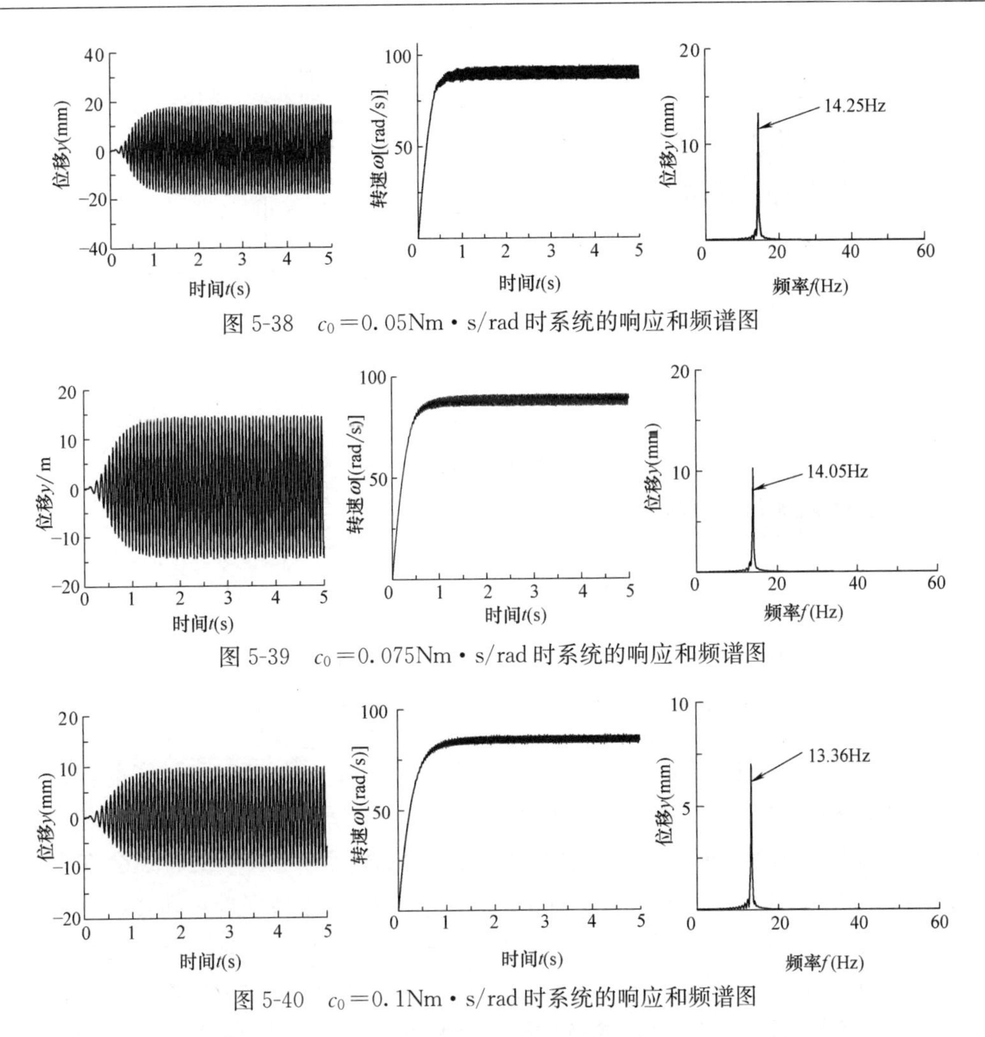

图 5-38　c_0＝0.05Nm・s/rad 时系统的响应和频谱图

图 5-39　c_0＝0.075Nm・s/rad 时系统的响应和频谱图

图 5-40　c_0＝0.1Nm・s/rad 时系统的响应和频谱图

2. 系统转子回转阻尼变化时系统次谐波频率俘获特性

进一步分析转子回转阻尼对系统频率俘获的影响。分别改变转子回转阻尼 c_0 为 0.2Nm・s/rad、0.3Nm・s/rad、0.4Nm・s/rad 时，得到振动系统的响应和频谱图（图 5-41～图 5-43）。由图可观察到，随着转子回转阻尼的增大，系统位移幅值变小，转子的转速会在振动系统固有频率的 1/2 倍、1/3 倍、1/4 倍……的频率处发生次谐波频率俘获行为。基于该简化模型参数条件，在一定范围内改变转子回转阻尼系数，能实现该振动系统的次谐波频率俘获行为。

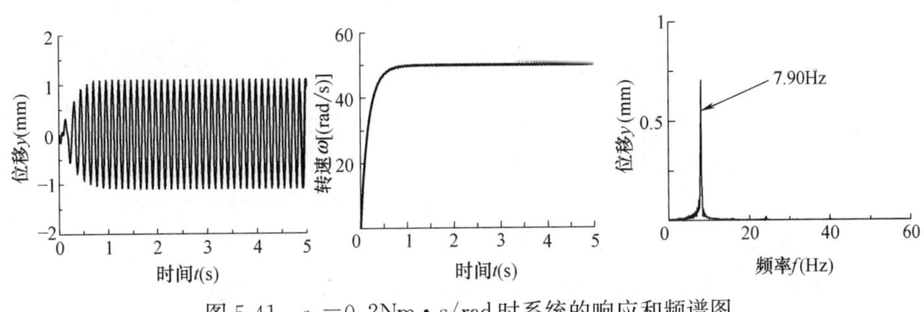

图 5-41　c_0＝0.2Nm・s/rad 时系统的响应和频谱图

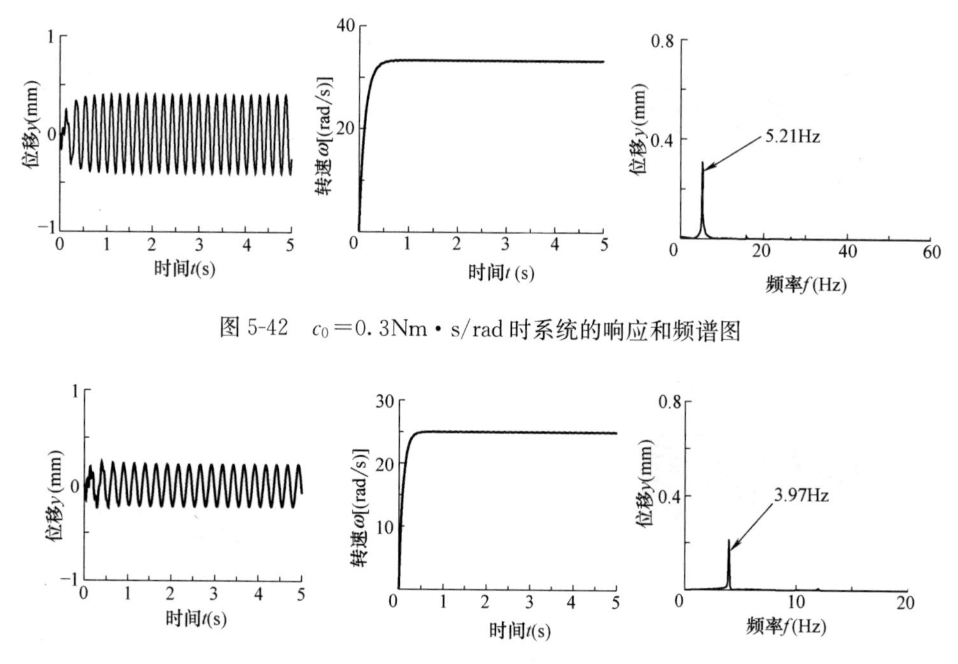

图 5-42 c_0=0.3Nm·s/rad 时系统的响应和频谱图

图 5-43 c_0=0.4Nm·s/rad 时系统的响应和频谱图

在该系统参数情况下，转子回转阻尼 c_0 在 0～0.1Nm·s/rad 时，转子的转速不会降低，而在频率俘获区域处，即被系统的固有频率俘获了，系统实现了基波频率俘获。在该系统参数情况下，当转子回转阻尼 c_0 在更大的范围内改变时，转子的转速会在大约为振动系统固有频率的 1 倍、1/2 倍、1/3 倍和 1/4 倍……的转速频率处，即在频率俘获区域处发生次谐波频率俘获行为，由此得到系统回转阻尼 c_0 分段变化时，系统的频率俘获区域，见图 5-44，图中的 s 代表频率俘获区域。系统的固有频率为 15Hz 左右，则在一定的范围内改变回转阻尼的系数，此时系统的次谐波频率俘获，按 1/2，1/3，1/4……的规律减小。结果表明，当系统参数满足一定条件，对于系统的回转阻尼的成倍增大时，将出现次谐波频率俘获现象。

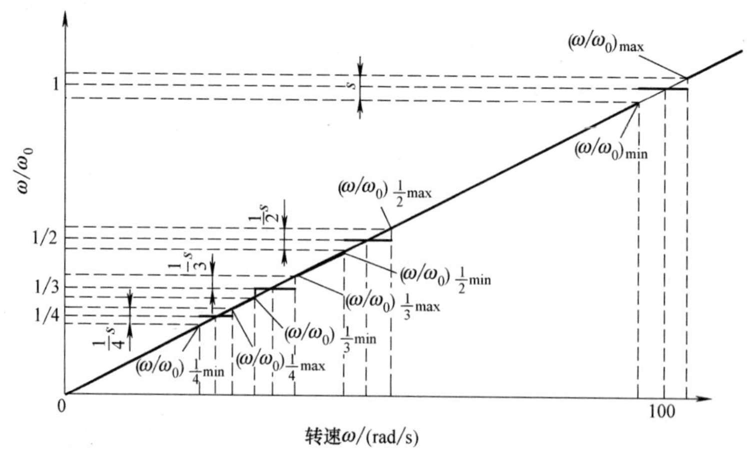

图 5-44 c_0 分段变化时系统出现的基波频率俘获和次谐波频率俘获区域

利用对实际系统进行简化得到的纯力学模型再现了频率俘获现象，揭示了系统阻尼变化和转子回转阻尼的变化导致非线性系统转速改变的规律，并分别得到阻尼分段变化时系统的高次谐波频率俘获区域图和系统回转阻尼分段变化时系统的次谐波频率俘获区域图。

5.4 本章小结

本章研究了机械振动等领域具有广泛代表性的耦合 Duffing 振子的延迟自同步问题，揭示了该振子产生延迟自同步的原因，分别从解析角度和数值仿真角度讨论了系统延迟相位差角、同向同步频率和反向同步频率的一般规律。结果表明，系统的刚度即系统的固有特性是产生延迟同步的根本原因，并且同向同步振动的频率和相位差还依赖于耦合刚度参数 d 的值，反向同步振动的频率和相位差与耦合参数 d 的值无关。当耦合刚度参数 d 较大时，无论两振子是同步振动还是反向振动，两振子相位差为非零的恒定值，系统实现了延迟同步。

并且由第 3 章中的双电机驱动质心偏移式反向回转自同步振动机自同步特性的定量分析，也同样揭示了一种延迟自同步现象。例如，在质心偏移式反向回转振动机中，当两台电机参数差异微小时，振动机能实现延迟自同步，延迟自同步的研究拓宽了同步问题的研究领域。

本章利用动力学模型揭示了非线性振动系统起动过程中的一类特殊物理现象——频率俘获、高次谐波频率俘获和次谐波频率俘获。以非理想系统的纯力学模型为基础，研究了频率俘获，分析了系统阻尼变化以及系统转子回转阻尼变化对系统转子转速的影响，并分别得到阻尼分段变化时系统的高次谐波频率俘获区域图和系统转子回转阻尼分段变化时系统的次谐波频率俘获区域图，对自同步振动系统具有现实的意义。关于频率俘获的研究表明：在一定系统参数条件下，带有偏心块的电机转子的转速由零上升到振动系统的固有频率附近时，转子转速频率会被系统的固有频率“俘获”，以近似于固有频率的频率旋转，而不再继续上升到额定转速。若系统阻尼适当，电机转子的转速还会在系统固有频率的 2^0、2^1、2^2、2^3……的倍数时被“俘获”，出现频率俘获区域并发生高次谐波频率俘获行为；若系统转子回转阻尼适当，电机转子的转速会在大约为系统固有频率的 1 倍、1/2 倍、1/3 倍和 1/4 倍……时被“俘获”，出现频率俘获区域并发生次谐波频率俘获行为。

第6章　同步特性在工程中的应用

6.1　概述

振动筛是冶金、矿山、煤炭、电力和化工等生产部门中的关键设备。一旦振动筛出现断梁、筛框开裂等故障，就会影响生产线的正常运行，直接影响整个生产系统生产的能力。随着国民经济和科学技术的发展，特别激烈的市场竞争更加要求振动筛要不断地引进新技术，开发出满足生产需求的高质量新型筛分设备。节肢振动筛是多电机驱动的多筛振动系统，在生产中发挥着巨大的作用。对该机进行动力学特性及运动仿真分析的研究，具有重要的理论意义和实际应用价值。

本章分析了多机驱动多筛振动系统同步稳定性，导出了该振动系统的同步稳定性条件。利用拉格朗日法建立了直线振动筛振动系统的振动方程，利用Matlab软件编程求出了系统的固有频率、主振型和系统的响应，根据计算结果，对厂方提出了改进激振力设计的建议。利用ANSYS有限元分析软件对节肢振动筛正常工作和停机过共振区两种工况进行了有限元计算分析，得出了不同工况和不同载荷下的应力谱图和位移分布图，该计算分析结果为直线筛的设计与改进提供了理论依据。利用ANSYS有限元分析软件对节肢振动筛进行模态分析，计算出了筛机的前十阶固有频率和相应主振型，由计算结果可知筛机的固有频率均远远大于筛体的工作频率，工作时筛体运行稳定，不会发生共振现象。利用ANSYS软件对筛体也进行了谐响应分析，计算出了各节点的谐响应，由计算结果可知，筛体的工作频率不在谐共振区内，因此不会发生谐共振现象。利用Pro/E三维建模软件建立了节肢振动筛的三维实体模型，并在ADAMS动力学分析软件中，对节肢振动筛的虚拟模型进行了运动和动力仿真分析，仿真结果与理论分析及实际情况基本一致。

6.2　振动筛多机同步稳定性分析

6.2.1　振动筛振动系统动力学模型的建立

讨论节肢振动筛的多级同步稳定性，首先要建立振动筛总系统的力学模型。本书所讨论的系统是以出料筛、中间筛、入料筛和二阶隔振装置四个相互关联的系统（出料筛、中间筛和入料筛都是以直线运动筛来建立力学模型分析同步性）分别具有在 x 和 y 方向的位移和绕 z 方向旋转位移的12个自由度系统。该系统的力学模型是按照拉格朗日方程的方法建立。拉格朗日微分方程是通过动能 T、势能 U 和能量散失函数 D 加以表示，即：

$$\frac{d}{\mathrm{d}t}\frac{\partial T}{\partial \dot{q}_i}+\frac{\partial T}{\partial q_i}+\frac{\partial U}{\partial q_i}+\frac{\partial D}{\partial \dot{q}_i}=Q_i \qquad (i=1,2,\cdots,12) \tag{6-1}$$

式中，q_i、$\dot{q}_i$ 为系统的广义坐标和广义加速度；T、U、D、Q_i 为系统的动能、势能、能量散失函数和广义激振力。

节肢振动筛系统简化模型如图 6-1 所示，通过图 6-1 和图 6-2 可以建立系统力学模型。筛体系统的出料筛、中间筛、入料筛的质量分别为 m_1、m_2、m_3，转动惯量分别为 I_1，I_2，I_3，二次减振装置实体质量和绕质心的转动惯量为 m_4 和 I_4。以 O_1、O_2、O_3、O_4 分别作为出料筛、中间筛、入料筛和二次隔振装置静平衡位置的坐标原点，O'_1、O'_2、O'_3、O'_4 分别为出料筛、中间筛、入料筛和二次隔振装置的质心。$x_4O_4y_4$、$x'_1O_1y'_1$、$x'_2O_2y'_2$ 和 $x'_3O_3y'_3$ 为定坐标，$x''_1O'_1y''_1$、$x''_2O'_2y''_2$、$x''_3O'_3y''_3$ 和 $x'_4O'_4y''_4$ 为动坐标。偏心块质量为 m_0，系统的动能如式 (6-2)，总系统的势能如式 (6-3)，且总系统的能量耗散函数如式 (6-4)。

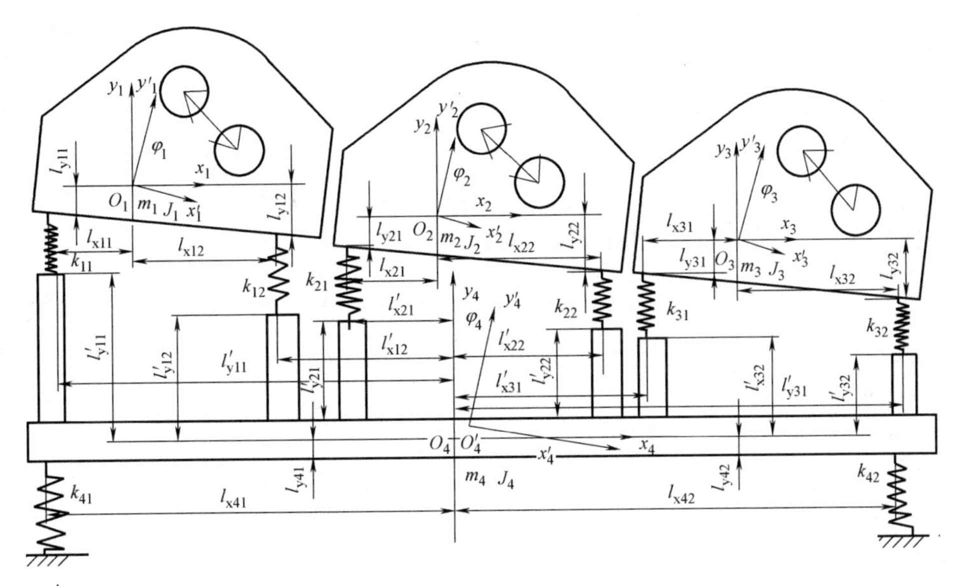

图 6-1　多电机驱动节肢筛简化模型

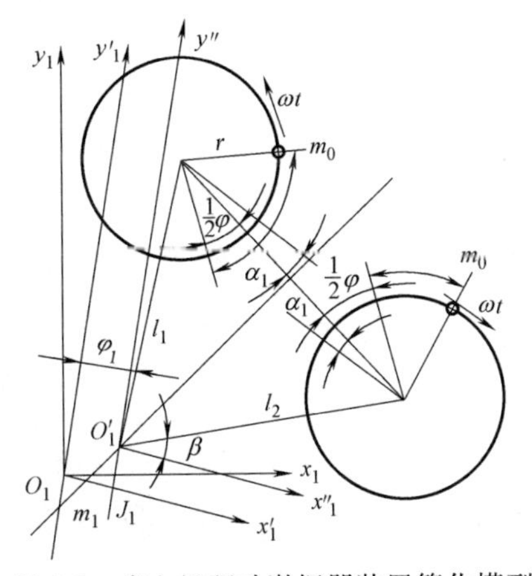

图 6-2　多电机驱动激振器装置简化模型

$$T=\frac{1}{2}\times\{m_1\dot{x}_1^2+m_1\dot{y}_1^2+J_1\dot{\varphi}_1^2+m_2\dot{x}_2^2+m_2\dot{y}_2^2+J_2\dot{\varphi}_2^2+m_3\dot{x}_3^3+m_3\dot{y}_3^3+J_3\dot{\varphi}_3^2+m_4\dot{x}_4^2+m_4\dot{y}_4^2+J_4\dot{\varphi}_4^2+m_0[\dot{x}_1+l_{1y}\dot{\varphi}_1-r\omega\sin(\omega t-0.5\Delta\varphi-\alpha_1)]^2+m_0[\dot{y}_1-l_{1x}\dot{\varphi}_1+r\omega\cos(\omega t-0.5\Delta\varphi-\alpha_1)]^2+m_0(r^2+l_1^2)(\dot{\varphi}_1-\omega)^2+m_0[\dot{x}_1+l_{2y}\dot{\varphi}_1+r\omega\sin(\omega t+0.5\Delta\varphi+\alpha_1)]^2+m_0[\dot{y}_1-l_{2x}\dot{\varphi}_1+r\omega\cos(\omega t+0.5\Delta\varphi+\alpha_1)]^2+m_0(r^2+l_2^2)(\dot{\varphi}_1+\omega)^2+m_0[\dot{x}_2+l_{1y}\dot{\varphi}_2-r\omega\sin(\omega t-0.5\Delta\varphi-\alpha_2)]^2+m_0[\dot{y}_2-l_{1x}\dot{\varphi}_2-r\omega\cos(\omega t-0.5\Delta\varphi-\alpha_2)]^2+m_0(r^2+l_1^2)(\dot{\varphi}_1-\omega)^2+m_0[\dot{x}_2+l_{2y}\dot{\varphi}_2+r\omega\sin(\omega t+0.5\Delta\varphi+\alpha_2)]^2+m_0[\dot{y}_2-l_{2x}\dot{\varphi}_2+r\omega\cos(\omega t+0.5\Delta\varphi+\alpha_2)]^2+m_0(r^2+l_2^2)(\dot{\varphi}_2+\omega)^2+m_0[\dot{x}_3+l_{1y}\dot{\varphi}_3-r\omega\sin(\omega t-0.5\Delta\varphi-\alpha_3)]^2+m_0[\dot{y}_3-l_{1x}\dot{\varphi}_3+r\omega\cos(\omega t-0.5\Delta\varphi-\alpha_3)]^2+m_0(r^2+l_1^2)(\dot{\varphi}_2-\omega)^2+m_0[\dot{x}_3+l_{2y}\dot{\varphi}_3+r\omega\sin(\omega t+0.5\Delta\varphi+\alpha_3)]^2+m_0[\dot{y}_3-l_{2x}\dot{\phi}_3+r\omega\cos(\omega t+0.5\Delta\varphi+\alpha_3)]^2+m_0(r^2+l_2^2)(\dot{\varphi}_3+\omega)^2\} \tag{6-2}$$

式中，x_1、y_1、x_2、y_2、x_3、y_3、x_4、y_4 分别为出料筛、中间筛、入料筛和二次减振装置沿垂直方向和水平方向的位移；$\dot{x}_1$、$\dot{y}_1$、$\dot{x}_2$、$\dot{y}_2$、$\dot{x}_3$、$\dot{y}_3$、$\dot{x}_4$、$\dot{y}_4$ 分别为出料筛、中间筛、入料筛和二次减振装置垂直方向和水平方向的速度；φ_1、$\dot{\varphi}_1$、φ_2、$\dot{\varphi}_2$、φ_3、$\dot{\varphi}_3$、φ_4、$\dot{\varphi}_4$ 分别为出料筛、中间筛、入料筛和二次减振装置绕质心摇摆振动的角位移和角速度；m_0、r 为转子质量和转子最大偏心半径；α_1，α_2，α_3 分别为出料筛、中间筛和入料筛的水平倾斜角，ω 为激励频率即转子的回转角速度（rad/s）。

$$V=\frac{1}{2}[k_{y11}(y_4+l'_{x11}\varphi_4-y_1-l_{x11}\varphi_1)^2+k_{y12}(y_4-l'_{x12}\varphi_4-y_1+l_{x12}\varphi_1)^2+k_{y21}(y_4+l'_{x21}\varphi_4-y_2-l_{x21}\varphi_2)^2+k_{y22}(y_4-l'_{x22}\varphi_4-y_2+l_{x22}\varphi_2)^2+k_{y31}(y_4+l'_{y31}\varphi_4-y_3-l_{x31}\varphi_3)^2+k_{y32}(y_4-l'_{y32}\varphi_4-y_3+l_{x32}\varphi_3)^2+k_{y41}(y_4+l_{x41}\varphi_4)^2+k_{y42}(y_4-l_{x42}\varphi_4)^2+k_{x11}(x_4+l'_{y11}\varphi_4-x_1+l_{y11}\varphi_1)^2+k_{x12}(x_4+l'_{y12}\varphi_4-x_1+l_{y12}\varphi_1)^2+k_{x21}(x_4+l'_{y21}\varphi_4-x_2+l_{y21}\varphi_2)^2+k_{x22}(x_4+l'_{y22}\varphi_4-x_2+l_{y22}\varphi_2)^2+k_{x31}(x_4+l'_{y31}\varphi_4-x_3+l_{y31}\varphi_3)^2+k_{x32}(x_4+l'_{y32}\varphi_4-x_3+l_{y32}\varphi_3)^2+k_{x41}(x_4-l_{y41}\varphi_4)^2+k_{x42}(x_4-l_{y42}\varphi_4)^2] \tag{6-3}$$

式中，l_{y11}、l_{x11}、l_{y12}、l_{x12} 为一次减振弹簧 K_{11}、K_{12} 和图中筛体接触的支点到坐标原点 O_1 沿 x_1 和 y_1 方向的距离（m）；l_{y21}、l_{x21}、l_{y22}、l_{x22} 为一次减振弹簧 K_{21}、K_{22} 和图中筛体接触的支点到坐标原点 O_2 沿 x_2 和 y_2 方向的距离（m）；l_{y31}、l_{x31}、l_{y32}、l_{x32} 为一次减振弹簧 K_{31}、K_{32} 和图中筛体接触的支点到坐标原点 O_3 沿 x_3 和 y_3 方向的距离（m）；l_{y41}、l_{x41}、l_{y42}、l_{x42} 为一次减振弹簧 K_{41}、K_{42} 和图中筛体接触的支点到坐标原点 O_4 沿 x_4 和 y_4 方向的距离（m）；l'_{y11}、l'_{x11}、l'_{y12}、l'_{x12} 为一次减振弹簧 K_{11}、K_{12} 和二次隔减振装置的支点到坐标原点 O_4 沿 x_4 和 y_4 方向的距离（m）；l'_{y21}、l'_{x21}、l'_{y22}、l'_{x22} 为一次减振弹簧 K_{21}、K_{22} 和二次隔减振装置的支点到坐标原点 O_4 沿 x_4 和 y_4 方向的距离（m）；l'_{y31}、l'_{x31}、l'_{y32}、l'_{x32} 为一次减振弹簧 K_{31}、K_{32} 和二次隔减振装置的支点到坐标原点 O_4 沿 x_4 和 y_4 方向的距离（m）；K_{y11}、K_{x11}、K_{y12}、K_{x12} 为一次隔振弹簧 K_{11}、K_{12} 沿 x_1 和 y_1 方向的刚度系数（kN/m）；K_{y21}、K_{x21}、K_{y22}、K_{x22} 为一次隔振弹簧 K_{21}、K_{22} 沿 x_2 和 y_2 方向的刚度系数（kN/m）；K_{y31}、K_{x31}、K_{y32}、K_{x32} 为一次隔振弹簧 K_{31}、K_{32} 沿 x_3 和 y_3 方向的刚度系数（kN/m）；K_{y41}、K_{x41}、K_{y42}、K_{x42} 为二次隔振弹簧 K_{41}、K_{42} 沿 x_4 和 y_4 方向的刚度系数（kN/m）。

在振动机械中阻尼的形式是多样的，主要包括各种弹簧的内摩擦所引起的阻尼、物料运动所引起的阻尼（包括物料落下对机体的冲击阻尼、物料对机体的摩擦阻尼、物料引起的间断的质量惯性力和重力产生的阻尼）、机体运动的空气阻尼以及其他弹性变形所引起的内摩擦阻尼等，我们知道无论何种形式的阻尼其机理都是相当复杂的，为了说明问题，我们这里只是借用考虑弹簧的内摩擦阻尼来建立系统的微分方程。于是系统的能量散失函数为：

$$
\begin{aligned}
D=0.5[&f_{y11}(\dot{y}_4+l'_{x11}\dot{\varphi}_4-\dot{y}_1-l_{x11}\dot{\varphi}_1)^2+f_{y12}(\dot{y}_4-l'_{x12}\dot{\varphi}_4-\dot{y}_1+l_{x12}\dot{\varphi}_1)^2+\\
&f_{y21}(\dot{y}_4+l'_{x21}\dot{\varphi}_4-\dot{y}_2-l_{x21}\dot{\varphi}_2)^2+f_{y22}(\dot{y}_4-l'_{x22}\dot{\varphi}_4+\dot{y}_2+l_{x22}\dot{\varphi}_2)^2+\\
&f_{y31}(\dot{y}_4+l'_{x31}\dot{\varphi}_4-\dot{y}_3-l_{x31}\dot{\varphi}_3)^2+f_{y32}(\dot{y}_4-l'_{x32}\dot{\varphi}_4+\dot{y}_3+l_{x32}\dot{\varphi}_3)^2+\\
&f_{y41}(\dot{y}_4+l_{x41}\dot{\varphi}_4)^2+f_{y42}(\dot{y}_4-l_{x42}\dot{\varphi}_4)^2+\\
&f_{x11}(\dot{x}_4+l'_{y11}\dot{\varphi}_4-\dot{x}_1+l_{y11}\dot{\varphi}_1)^2+f_{x12}(\dot{x}_4+l'_{y12}\dot{\varphi}_4-\dot{x}_1+l_{y12}\dot{\varphi}_1)^2+\\
&f_{x21}(\dot{x}_4+l'_{y21}\dot{\varphi}_4-\dot{x}_2+l_{y21}\dot{\varphi}_2)^2+f_{x22}(\dot{x}_4+l'_{y22}\dot{\varphi}_4-\dot{x}_2+l_{y22}\dot{\varphi}_2)^2+\\
&f_{x31}(\dot{x}_4+l'_{y31}\dot{\varphi}_4-\dot{x}_3+l_{y31}\dot{\varphi}_3)^2+f_{x32}(\dot{x}_4+l'_{y32}\dot{\varphi}_4-\dot{x}_3+l_{y32}\dot{\varphi}_3)^2+\\
&f_{x41}(\dot{x}_4-l_{y41}\dot{\varphi}_4)^2+f_{x42}(\dot{x}_4-l_{y42}\dot{\varphi}_4)^2]
\end{aligned}
\tag{6-4}
$$

式中，f_{y11}、f_{x11}、f_{y12}、f_{x12}、f_{y21}、f_{x21}、f_{y22}、f_{x22}、f_{y31}、f_{x31}、f_{y32}、f_{x32}、f_{y41}、f_{x41}、f_{y42}、f_{x42}分别为各方向的阻尼阻尼系数（N·s/m）。

带偏心块节肢振动筛的激振力可通过动能 T 由方程第一项、第二项直接求出。所以，在式（6-2）等号右边不再考虑这些激振作用力。将式（6-2）、式（6-3）和式（6-4）带入式（6-1）中，得到矩阵形式的振动运动形式微分方程为：

$$[M]\{\ddot{X}\}+[C]\{\dot{X}\}+[K]\{X\}=\{Q_0\}\sin\omega t \quad (i=1,2,\cdots,12) \tag{6-5}$$

由于激振器的质量远远小于筛箱的质量（$2m_0 \ll m_1$、m_2、m_3、m_0（$2r^2+l_1^2+l_2^2$）$\ll J_1$、J_2、J_3），m_0（$l_{1y}+l_{2y}$）计算结果又对系统的影响非常小，所以求解质量矩阵忽略不计。我们知道其他形式的阻尼一方面阻尼的计算相当复杂，特别是在振动机械中阻尼的形式是多种多样的，而且他们的数值也不大，相对比较后可忽略不计。因此，式（6-5）中的阻尼矩阵不作求解。并且，式（6-5）中的质量矩阵和刚度矩阵分别为式（6-6）和式（6-7），式（6-5）等号右侧为系统的激振力矩阵；$\{Q_0\}$为系统的激振力幅值列矩阵，表示为式（6-8）。

$$[\boldsymbol{M}]=\begin{bmatrix} m_1 &&&&&&&&&&& \\ & m_1 &&&&&&&&&& \\ && J_1 &&&&&&&&& \\ &&& m_2 &&&&&&&& \\ &&&& m_2 &&&&&&& \\ &&&&& J_2 &&&&&& \\ &&&&&& m_3 &&&&& \\ &&&&&&& m_3 &&&& \\ &&&&&&&& J_3 &&& \\ &&&&&&&&& m_4 && \\ &&&&&&&&&& m_4 & \\ &&&&&&&&&&& J_4 \end{bmatrix} \tag{6-6}$$

刚度矩阵为：

$$
[\boldsymbol{K}]=\begin{bmatrix}
k_{11} & 0 & k_{13} & 0 & 0 & 0 & 0 & 0 & 0 & k_{1,10} & 0 & k_{1,12} \\
0 & k_{22} & k_{23} & 0 & 0 & 0 & 0 & 0 & 0 & 0 & k_{2,11} & k_{2,12} \\
k_{31} & k_{32} & k_{33} & 0 & 0 & 0 & 0 & 0 & 0 & k_{3,10} & k_{3,11} & k_{3,12} \\
0 & 0 & 0 & k_{44} & 0 & k_{46} & 0 & 0 & 0 & k_{4,10} & 0 & k_{4,12} \\
0 & 0 & 0 & 0 & k_{55} & k_{56} & 0 & 0 & 0 & 0 & k_{5,11} & k_{5,12} \\
0 & 0 & 0 & k_{64} & k_{65} & k_{66} & 0 & 0 & 0 & k_{6,10} & k_{6,11} & k_{6,12} \\
0 & 0 & 0 & 0 & 0 & 0 & k_{77} & 0 & k_{79} & k_{7,10} & 0 & k_{7,12} \\
0 & 0 & 0 & 0 & 0 & 0 & 0 & k_{88} & k_{89} & 0 & k_{8,11} & k_{8,12} \\
0 & 0 & 0 & 0 & 0 & 0 & k_{97} & k_{98} & k_{99} & k_{9,10} & k_{9,11} & k_{9,12} \\
k_{10,1} & 0 & k_{10,3} & k_{10,4} & 0 & k_{10,6} & k_{10,7} & 0 & k_{10,9} & k_{10,10} & 0 & k_{10,12} \\
0 & k_{11,2} & k_{11,3} & 0 & k_{11,5} & k_{11,6} & 0 & k_{11,8} & k_{11,9} & 0 & k_{11,11} & k_{11,12} \\
k_{12,1} & k_{12,2} & k_{12,3} & k_{12,4} & k_{12,5} & k_{12,6} & k_{12,7} & k_{12,8} & k_{12,9} & k_{12,10} & k_{12,11} & k_{12,12}
\end{bmatrix} \tag{6-7}
$$

式中，

$k_{11}=k_{x11}+k_{x12}$；$k_{22}=k_{y11}+k_{y12}$；$k_{44}=k_{x21}+k_{x22}$

$k_{33}=k_{x11}l_{y11}^2+k_{x12}l_{y12}^2+k_{y11}l_{x11}^2+k_{y12}l_{x12}^2$

$k_{55}=k_{y21}+k_{y22}$，$k_{66}=k_{x21}l_{y21}^2+k_{x22}l_{y22}^2+k_{y21}l_{x21}^2+k_{y22}l_{x22}^2$

$k_{77}=k_{x31}+k_{x32}$，$k_{88}=k_{y31}+k_{y32}$，$k_{99}=k_{x31}l_{y31}^2+k_{x32}l_{y32}^2+k_{y31}l_{x31}^2+k_{y32}l_{x32}^2$

$k_{10,10}=k_{x11}+k_{x12}+k_{x21}+k_{x22}+k_{x31}+k_{x32}+k_{x41}+k_{x42}$

$k_{11,11}=k_{y11}+k_{y12}+k_{y21}+k_{y22}+k_{y31}+k_{y32}+k_{y41}+k_{y42}$

$k_{12,12}=k_{x11}l'^2_{y11}+k_{x12}l'^2_{y12}+k_{y11}l'^2_{x11}+k_{y12}l'^2_{x12}+k_{x21}l'^2_{y21}+k_{y22}l'^2_{x22}+k_{y21}l'^2_{x21}+k_{y22}l'^2_{x22}$
$+k_{x31}l'^2_{y31}+k_{x32}l'^2_{y32}+k_{y31}l'^2_{x31}+k_{y32}l'^2_{x32}+k_{x41}l_{y41}^2+k_{x42}l_{y42}^2+k_{y41}l_{x41}^2+k_{y42}l_{x42}^2$

$k_{1,10}=-k_{x11}-k_{x12}=-k_{11}=k_{10,1}$；$k_{2,11}=-k_{y11}-k_{y12}=-k_{22}=k_{11,2}$

$k_{4,10}=-k_{x21}-k_{x22}=-k_{44}=k_{10,4}$；$k_{5,11}=-k_{y21}-k_{y22}=-k_{55}=k_{11,5}$

$k_{7,10}=-k_{x31}-k_{x32}=-k_{77}=k_{10,7}$；$k_{8,11}=-k_{y31}-k_{y32}=-k_{88}=k_{11,8}$

$k_{3,12}=k_{x11}l_{y11}l'_{y11}+k_{x12}l_{y12}l'_{y12}-k_{y11}l_{x11}l'_{x11}-k_{y12}l_{x12}l'_{x12}=k_{12,3}$

$k_{6,12}=k_{x21}l_{y21}l'_{y21}+k_{x22}l_{y22}l'_{y22}-k_{y21}l_{x21}l'_{x21}-k_{y22}l_{x22}l'_{x22}=k_{12,6}$

$k_{9,12}=k_{x31}l_{y31}l'_{y31}+k_{x32}l_{y32}l'_{y32}-k_{y31}l_{x31}l'_{x31}-k_{y32}l_{x32}l'_{x32}=k_{12,9}$

$k_{13}=-k_{x11}l_{y11}-k_{x12}l_{y12}=k_{31}=-k_{10,3}=-k_{3,10}$

$k_{23}=k_{y11}l_{x11}-k_{y12}l_{x12}=k_{32}=-k_{11,3}=-k_{3,11}$

$k_{46}=-k_{x21}l_{y21}-k_{x22}l_{y22}=k_{64}=-k_{10,4}=-k_{4,10}$

$k_{56}=k_{y21}l_{x21}-k_{y22}l_{x22}=k_{65}=-k_{11,5}=-k_{5,11}$

$k_{79}=-k_{x31}l_{y31}-k_{x32}l_{y32}=k_{97}=-k_{10,7}=-k_{7,10}$

$k_{89}=k_{y31}l_{x31}-k_{y32}l_{x32}=k_{98}=-k_{11,8}=-k_{8,11}$

该系统的激振力矩阵的幅值列矩阵为：

$$\{Q_0\}=\begin{bmatrix}2m_0r\omega^2\sin(0.5\Delta\varphi+\alpha_1)\\2m_0r\omega^2\cos(0.5\Delta\varphi+\alpha_1)\\2m_0r\omega^2l_0\sin(0.5\Delta\varphi+\alpha_1-\beta)\\2m_0r\omega^2\sin(0.5\Delta\varphi+\alpha_2)\\2m_0r\omega^2\cos(0.5\Delta\varphi+\alpha_2)\\2m_0r\omega^2l_0\sin(0.5\Delta\varphi+\alpha_2-\beta)\\2m_0r\omega^2\sin(0.5\Delta\varphi+\alpha_3)\\2m_0r\omega^2\cos(0.5\Delta\varphi+\alpha_3)\\2m_0r\omega^2l_0\sin(0.5\Delta\varphi+\alpha_3-\beta)\\0\\0\\0\end{bmatrix}^T \tag{6-8}$$

6.2.2 振动系统动力学方程求解

本书讨论的是具有 3 台直线筛、1 个二次隔振架的 12 个自由度的系统。如果再加上激振器的自由度则更加复杂，求解变得十分繁杂，再加上阻尼和激振力的话，更加难解。在电子计算机被用于工程计算之前，解决多自由度系统的振动问题也只是理论上的。如今多自由度方程的求解有着更多的解决办法，即使多于 12 个自由度的系统，也可求解振动矩阵方程的固有频率和振型矩阵。因为研究隔振问题时，主要关心的是频率比，当转子工作频率已知时，实际上就剩下求系统的固有频率；又在小阻尼的情况下，系统的固有频率和振型向量与无阻尼情况下的固有频率和阵型向量近似相等，所以可忽略阻尼矩阵。系统振动方程为：

$$[M]\{\ddot{X}\}+[K]\{X\}=\{Q_0\}\sin\omega t \qquad i=(1,2\cdots,12) \tag{6-9}$$

由振动学理论中的固有频率 ω_{ni}，即可得出矩阵的特征值 ω_{ni}^2，进而求得特征值的特征向量，各个特征向量组合成的矩阵为振型矩阵，称为模态矩阵 $\mathbf{A}^{(i)}$。根据振型矩阵的正交性，便可组成正则振型 A_N，分别乘以式（6-9），等号两边变成：

$$I\ddot{X}_N+\omega_n^2X_N=Q_N\sin\omega t \qquad i=(1,2\cdots,12) \tag{6-10}$$

此时方程组已经解除耦联，则容易求得对正则坐标的响应：

$$X_N=\begin{Bmatrix}x_{N1}\\x_{N2}\\\vdots\\x_{Ni}\\\vdots\\x_{N12}\end{Bmatrix}=\begin{Bmatrix}q_{n1}/(\omega_{n1}^2-\omega^2)\\q_{n2}/(\omega_{n2}^2-\omega^2)\\\vdots\\q_{ni}/(\omega_{ni}^2-\omega^2)\\\vdots\\q_{n12}/(\omega_{n12}^2-\omega^2)\end{Bmatrix}\sin\omega t \qquad i=(1,2\cdots,12) \tag{6-11}$$

式中，$q_{Ni}=A_{N1}^{(i)}Q_1+A_{N2}^{(i)}Q_2+\cdots+A_{Nn}^{(i)}Q_{Nn}$

系统的响应为：

$$X=A_NX_N \tag{6-12}$$

式中，$X=[x_1 \quad y_1 \quad \varphi_1 \quad x_2 \quad y_2 \quad \varphi_2 \quad x_3 \quad y_3 \quad \varphi_3 \quad x_4 \quad y_4 \quad \varphi_4]^T$

为了不使结果过于复杂，某些次要的因素如阻尼等可以忽略，并认为在相同转速情况下，每台电机的输出转矩接近相同，其回转轴系的摩擦阻矩也接近相同。而且只有 y_1、y_2、y_3 分别和 y_4，x_1、x_2、x_3 分别和 x_4，以及 φ_1、φ_2、φ_3 分别和 φ_4 存在弹性耦联，系统的运动方程稳态解为：

$$\begin{cases} x_k=\dfrac{2m_0 r\sin(0.5\Delta\varphi+\alpha_k)}{m'_{xk}}\sin\omega t \\ y_k=\dfrac{2m_0 r\cos(0.5\Delta\varphi+\alpha_k)}{m'_{yk}}\sin\omega t \\ \varphi_k=-\dfrac{2m_0 rl_0\cos(0.5\Delta\varphi+\alpha_k+\beta)}{J'_k}\sin\omega t \\ x_4=2m_0 r\left[\dfrac{\sin(0.5\Delta\varphi+\alpha_1)}{m'_{x41}}+\dfrac{\sin(0.5\Delta\varphi+\alpha_2)}{m'_{x42}}+\dfrac{\sin(0.5\Delta\varphi+\alpha_3)}{m'_{x43}}\right]\sin\omega t \\ y_4=2m_0 r\left[\dfrac{\sin(0.5\Delta\varphi+\alpha_1)}{m'_{y41}}+\dfrac{\sin(0.5\Delta\varphi+\alpha_2)}{m'_{y42}}+\dfrac{\sin(0.5\Delta\varphi+\alpha_3)}{m'_{y43}}\right]\sin\omega t \\ \varphi_4=-2m_0 rl_0\left[\dfrac{\cos(0.5\Delta\varphi+\alpha_1+\beta)}{J'_{41}}+\dfrac{\cos(0.5\Delta\varphi+\alpha_2+\beta)}{J'_{42}}+\dfrac{\cos(0.5\Delta\varphi+\alpha_3+\beta)}{J'_{43}}\right]\sin\omega t \end{cases} \tag{6-13}$$

式中，

$k=1，2，3 \quad l_1=l_2=l_0$

$$m'_{x1}=\frac{(k_{11}-m_1\omega^2)(k_{10,10}-m_4\omega^2)-k_{1,10}^2}{(k_{10,10}-m_4\omega^2)\omega^2},m'_{y1}=\frac{(k_{22}-m_1\omega^2)(k_{11,11}-m_4\omega^2)-k_{2,11}^2}{(k_{11,11}-m_4\omega^2)\omega^2},$$

$$m'_{x2}=\frac{(k_{44}-m_2\omega^2)(k_{10,10}-m_4\omega^2)-k_{4,10}^2}{(k_{10,10}-m_4\omega^2)\omega^2},m'_{y2}=\frac{(k_{55}-m_2\omega^2)(k_{11,11}-m_4\omega^2)-k_{5,11}^2}{(k_{11,11}-m_4\omega^2)\omega^2},$$

$$m'_{x3}=\frac{(k_{77}-m_3\omega^2)(k_{10,10}-m_4\omega^2)-k_{7,10}^2}{(k_{10,10}-m_4\omega^2)\omega^2},\ m'_{y3}=\frac{(k_{88}-m_2\omega^2)(k_{11,11}-m_4\omega^2)-k_{8,11}^2}{(k_{11,11}-m_4\omega^2)\omega^2},$$

$$J'_1=\frac{(k_{33}-J_1\omega^2)(k_{12,12}-J_4\omega^2)-k_{3,12}^2}{(k_{12,12}-J_4\omega^2)\omega^2},\ J'_2=\frac{(k_{66}-J_2\omega^2)(k_{12,12}-J_4\omega^2)-k_{6,12}^2}{(k_{12,12}-J_4\omega^2)\omega^2},$$

$$J'_3=\frac{(k_{99}-J_3\omega^2)(k_{12,12}-J_4\omega^2)-k_{9,12}^2}{(k_{12,12}-J_4\omega^2)\omega^2},\ m'_{x41}=\frac{-(k_{11}-m_1\omega^2)(k_{10,10}-m_4\omega^2)-k_{1,10}^2}{k_{1,10}\omega^2},$$

$$m'_{x42}=\frac{-(k_{44}-m_2\omega^2)(k_{10,10}-m_4\omega^2)-k_{4,10}^2}{k_{4,10}\omega^2},m'_{x43}=\frac{-(k_{77}-m_3\omega^2)(k_{10,10}-m_4\omega^2)-k_{7,10}^2}{k_{7,10}\omega^2},$$

$$m'_{y41}=\frac{-(k_{22}-m_1\omega^2)(k_{11,11}-m_4\omega^2)-k_{2,11}^2}{k_{2,11}\omega^2},m'_{y42}=\frac{-(k_{55}-m_2\omega^2)(k_{11,11}-m_4\omega^2)-k_{5,11}^2}{k_{5,11}\omega^2},$$

$$m'_{y43}=\frac{-(k_{88}-m_3\omega^2)(k_{11,11}-m_4\omega^2)-k_{8,11}^2}{k_{8,11}\omega^2},J'_{41}=\frac{(k_{33}-J_1\omega^2)(k_{12,12}-J_4\omega^2)-k_{3,12}^2}{k_{3,12}\omega^2},$$

$$J'_{42}=\frac{(k_{66}-J_2\omega^2)(k_{12,12}-J_4\omega^2)-k_{6,12}^2}{k_{6,12}\omega^2},\ J'_{43}=\frac{(k_{99}-J_3\omega^2)(k_{12,12}-J_4\omega^2)-k_{9,12}^2}{k_{9,12}\omega^2}$$

式（6-13）中的后三个式子可以简化成式（6-14），即：

$$\begin{cases} x_4=2m_0r\left[\left(\dfrac{\sin\alpha_1}{m'_{x41}}+\dfrac{\sin\alpha_2}{m'_{x42}}+\dfrac{\sin\alpha_3}{m'_{x43}}\right)\cos\left(\dfrac{1}{2}\Delta\varphi\right)+\left(\dfrac{\cos\alpha_1}{m'_{x41}}+\dfrac{\cos\alpha_2}{m'_{x42}}+\dfrac{\cos\alpha_3}{m'_{x43}}\right)\sin\left(\dfrac{1}{2}\Delta\varphi\right)\right]\sin\omega t \\ y_4=2m_0r\left[\left(\dfrac{\cos\alpha_1}{m'_{y41}}+\dfrac{\cos\alpha_2}{m'_{y42}}+\dfrac{\cos\alpha_3}{m'_{y43}}\right)\cos\left(\dfrac{1}{2}\Delta\varphi\right)-\left(\dfrac{\sin\alpha_1}{m'_{y41}}+\dfrac{\sin\alpha_2}{m'_{y42}}+\dfrac{\sin\alpha_3}{m'_{y43}}\right)\sin\left(\dfrac{1}{2}\Delta\varphi\right)\right]\sin\omega t \\ \varphi_4=-2m_0rl_0\left[\left(\dfrac{\cos\alpha_1}{J'_{41}}+\dfrac{\cos\alpha_2}{J'_{42}}+\dfrac{\cos\alpha_3}{J'_{43}}\right)\cos\left(\dfrac{1}{2}\Delta\varphi+\beta\right)-\right. \\ \qquad \left.\left(\dfrac{\sin\alpha_1}{J'_{41}}+\dfrac{\sin\alpha_2}{J'_{42}}+\dfrac{\sin\alpha_3}{J'_{43}}\right)\sin\left(\dfrac{1}{2}\Delta\varphi+\beta\right)\right]\sin\omega t \end{cases} \tag{6-14}$$

式（6-14）可进一步简化为式（6-15），即：

$$\begin{cases} x_4=2m_0r\dfrac{\sin(0.5\Delta\varphi+\alpha_{x4})}{m'_{x4}}\sin\omega t \\ y_4=2m_0r\dfrac{\cos(0.5\Delta\varphi+\alpha_{y4})}{m'_{y4}}\sin\omega t \\ \varphi_4=-2m_0rl_0\dfrac{\cos(0.5\Delta\varphi+\alpha_{\varphi4}+\beta)}{J'_4}\sin\omega t \end{cases} \tag{6-15}$$

式中，

$$m'_{x4}=\frac{1}{\sqrt{\left(\dfrac{\sin\alpha_1}{m'_{x41}}+\dfrac{\sin\alpha_2}{m'_{x42}}+\dfrac{\sin\alpha_3}{m'_{x43}}\right)^2+\left(\dfrac{\cos\alpha_1}{m'_{x41}}+\dfrac{\cos\alpha_2}{m'_{x42}}+\dfrac{\cos\alpha_3}{m'_{x43}}\right)^2}}$$

$$m'_{y4}=\frac{1}{\sqrt{\left(\dfrac{\sin\alpha_1}{m'_{y41}}+\dfrac{\sin\alpha_2}{m'_{y42}}+\dfrac{\sin\alpha_3}{m'_{y43}}\right)^2+\left(\dfrac{\cos\alpha_1}{m'_{y41}}+\dfrac{\cos\alpha_2}{m'_{y42}}+\dfrac{\cos\alpha_3}{m'_{y43}}\right)^2}}$$

$$J'_4=\frac{1}{\sqrt{\left(\dfrac{\sin\alpha_1}{J'_{41}}+\dfrac{\sin\alpha_2}{J'_{42}}+\dfrac{\sin\alpha_3}{J'_{43}}\right)^2+\left(\dfrac{\cos\alpha_1}{J'_{41}}+\dfrac{\cos\alpha_2}{J'_{42}}+\dfrac{\cos\alpha_3}{J'_{43}}\right)^2}}$$

$$\alpha_{x4}=\arctan\left(\frac{\dfrac{\sin\alpha_1}{m'_{x41}}+\dfrac{\sin\alpha_2}{m'_{x42}}+\dfrac{\sin\alpha_3}{m'_{x43}}}{\dfrac{\cos\alpha_1}{m'_{x41}}+\dfrac{\cos\alpha_2}{m'_{x42}}+\dfrac{\cos\alpha_3}{m'_{x43}}}\right)$$

$$\alpha_{y4}=\arctan\left(\frac{\dfrac{\sin\alpha_1}{m'_{y41}}+\dfrac{\sin\alpha_2}{m'_{y42}}+\dfrac{\sin\alpha_3}{m'_{y43}}}{\dfrac{\cos\alpha_1}{m'_{y41}}+\dfrac{\cos\alpha_2}{m'_{y42}}+\dfrac{\cos\alpha_3}{m'_{y43}}}\right)$$

$$\alpha_{\varphi4}=\arctan\left(\frac{\dfrac{\sin\alpha_1}{J'_{41}}+\dfrac{\sin\alpha_2}{J'_{42}}+\dfrac{\sin\alpha_3}{J'_{43}}}{\dfrac{\cos\alpha_1}{J'_{41}}+\dfrac{\cos\alpha_2}{J'_{42}}+\dfrac{\cos\alpha_3}{J'_{43}}}\right)$$

6.2.3 振动筛同步稳定性分析

同步性理论广泛应用于众多领域。例如，通信、电信方面的数据库及网络等同步问题，电机的同步控制问题及同步电机启动问题。机械工程方面的振动同步控制问题主要是让机器能够到达稳定的运动状态。为了满足不同工艺要求，振动筛常常采用两台或多台电动机同时工作，并且要求它们具有相同的速度和相位，称它们为同步振动筛。同步理论及实现同步的方式可分为三个阶段：刚性传动或柔性传动实现同步；振动同步或电轴同步；控制同步或控制同步与振动同步相结合的复合同步。

在振动筛中，满足振动同步要求具有重要的意义。例如多级同步代替刚性同步，则使传动部的结构相对简单，没有齿轮传动，机器的润滑、维修等得到简化。多级同步机构虽然增加了更多的电机，但振动筛一般都是连接激振器，能够更好地在振动方向的振动；更重要的是这种技术的发展让多级振动筛实现通用化、系列化、标准化。振动筛同步运转必须满足它的同步条件，且获得所要求的运动轨迹，必须满足同步运转的稳定性条件。

本书讨论的同步问题理论是关于质心位于两激振器轴心连线的中垂线上反向回转同步理论。求本书所研究的节肢振动筛系统的同步性条件则需要一个哈密顿作用量 I，和哈密顿作用量拉格朗日函数 L 在一个周期内的积分（拉格朗日函数为 $L=T-V$）。拉格朗日函数 $L=T-V$ 式中的 T 为式（6-2），即为系统的总动能；V 为式（6-3），即为该节肢振动筛系统的势能。本书在计算哈密顿作用时，节肢振动系统中的激振器质量相对于筛箱可以忽略不计，仍然按求解系统稳态解时的计算耦联方法来得出哈密顿作用量 I：

$$
\begin{aligned}
I=\int_0^{2\pi}L\mathrm{d}(\omega t)=2\pi m_0^2r^2\omega^2\Big[&\frac{\sin^2(0.5\Delta\varphi+\alpha_1)}{m''_{x1}}+\frac{\sin^2(0.5\Delta\varphi+\alpha_2)}{m''_{x2}}+\\
&\frac{\sin^2(0.5\Delta\varphi+\alpha_3)}{m''_{x3}}+\frac{\sin^2(0.5\Delta\varphi+\alpha_{x4})}{m''_{x4}}+\frac{\cos^2(0.5\Delta\varphi+\alpha_1)}{m''_{y1}}+\frac{\cos^2(0.5\Delta\varphi+\alpha_2)}{m''_{y2}}+\\
&\frac{\cos^2(0.5\Delta\varphi+\alpha_3)}{m''_{y3}}+\frac{\cos^2(0.5\Delta\varphi+\alpha_{y4})}{m''_{y4}}+\frac{l_0^2\cos^2(0.5\Delta\varphi+\alpha_1+\beta)}{J''_1}+\\
&\frac{l_0^2\cos^2(0.5\Delta\varphi+\alpha_2+\beta)}{J''_2}+\frac{l_0^2\cos^2(0.5\Delta\varphi+\alpha_3+\beta)}{J''_3}+\\
&\frac{l_0^2\cos^2(0.5\Delta\varphi+\alpha_{\varphi4}+\beta)}{J''_4}+\frac{\cos(\Delta\varphi+\alpha_{x4}+\alpha_1)}{m''_{x41}}+\frac{\cos(\Delta\varphi+\alpha_{x4}+\alpha_2)}{m''_{x42}}+\\
&\frac{\cos(\Delta\varphi+\alpha_{x4}+\beta)}{m''_{x43}}+\frac{\cos(\Delta\varphi+\alpha_{y4}+\beta)}{m''_{y41}}+\frac{\cos(\Delta\varphi+\alpha_{y4}+\beta)}{m''_{y42}}+\\
&\frac{\cos(\Delta\varphi+\alpha_{y4}+\alpha_3)}{m''_{y43}}+\frac{l_0\cos(\Delta\varphi+\alpha_{\varphi4}+\alpha_1+2\beta)}{J''_{41}}+\\
&\frac{l_0\cos(\Delta\varphi+\alpha_{\varphi4}+\alpha_2+2\beta)}{J''_{42}}+\frac{l_0\cos(\Delta\varphi+\alpha_{\varphi4}+\alpha_3+2\beta)}{J''_{43}}+L\Big]
\end{aligned}
\tag{6-16}
$$

式中，L 表示一个不含 $\Delta\varphi$ 的函数；

$$
m''_{x1}=\frac{-m'^2_{x1}\omega^2}{k_{11}-m_1\omega^2},\quad m''_{x2}=\frac{-m'^2_{x2}\omega^2}{k_{44}-m_2\omega^2},\quad m''_{x3}=\frac{-m'^2_{x3}\omega^2}{k_{77}-m_3\omega^2},\quad m''_{x4}=\frac{-m'^2_{x4}\omega^2}{k_{10,10}-m_4\omega^2}
$$

$$
m''_{y1}=\frac{-m'^2_{y1}\omega^2}{k_{22}-m_1\omega^2},\quad m''_{y2}=\frac{-m'^2_{y2}\omega^2}{k_{55}-m_2\omega^2},\quad m''_{y3}=\frac{-m'^2_{y3}\omega^2}{k_{88}-m_2\omega^2},\quad m''_{y4}=\frac{-m'^2_{y4}\omega^2}{k_{11,11}-m_4\omega^2}
$$

$$
J''_1=\frac{-J'_1\omega^2}{k_{33}-J_1\omega^2},\quad J''_2=\frac{-J'^2_2\omega^2}{k_{66}-J_2\omega^2},\quad J''_3=\frac{-J'^2_3\omega}{k_{99}-J_3\omega^2},\quad J''_4=\frac{-J'^2_4\omega^2}{k_{12,12}-J_4\omega^2},\quad m''_{x41}=\frac{m'_{x4}m'_{x1}}{k_{1,10}}
$$

$$
m''_{x42}=\frac{m'_{x4}m'_{x2}}{k_{4,10}},\quad m''_{x43}=\frac{m'_{x4}m'_{x3}}{k_{7,10}},\quad m''_{y41}=-\frac{m'_{y4}m'_{y1}}{k_{2,11}},\quad m''_{y42}=-\frac{m'_{y4}m'_{y2}}{k_{5,11}}
$$

$$m''_{y43}=-\frac{m'_{y4}m'_{y3}}{k_{8,11}},\ J''_{41}=-\frac{J'_4J'_1}{k_{3,12}},\ J''_{42}=-\frac{J'_4J'_2}{K_{6,12}},\ J''_{43}=-\frac{J'_4J'_3}{k_{9,12}}$$

除所求出的系统的保守力外，系统其他的作用力还包括每台电动机的输出转矩和每套激振器的摩擦阻矩。哈密顿作用量 I 对 $\Delta\varphi$ 的一阶导数和非保守力的虚功在一个周期内的积分和等于零，是系统同步性存在极值的必要条件。可表达如下式：

$$\frac{\partial I}{\partial \Delta\varphi}+\int_0^{2\pi}-(\Delta M_g-\Delta M_f)=0 \tag{6-17}$$

式中，ΔM_g 为电机输出转距变化量；ΔM_f 为激振器摩擦阻距的变化量。

通过式（6-17）可以得出节肢振动筛系统同步存在极值条件的方程式为：

$$\begin{aligned}
&2\pi m_0^2r^2\omega^2\Bigg\{\Bigg[\frac{\cos2\alpha_1}{2m''_{x1}}+\frac{\cos2\alpha_2}{2m''_{x2}}+\frac{\cos2\alpha_3}{2m''_{x3}}+\frac{\cos2\alpha_{x4}}{2m''_{x4}}-\frac{\cos2\alpha_1}{2m''_{y1}}-\frac{\cos2\alpha_2}{2m''_{y2}}-\\
&\frac{\cos2\alpha_3}{2m''_{y3}}-\frac{\cos2\alpha_{y4}}{2m''_{y4}}-\frac{l_0^2\cos(2\alpha_1+2\beta)}{2J''_1}-\frac{l_0^2\cos(2\alpha_2+2\beta)}{2J''_2}-\frac{l_0^2\cos(2\alpha_3+2\beta)}{2J''_3}-\\
&\frac{l_0^2\cos(2\alpha_{\varphi4}+2\beta)}{2J''_4}-\frac{\cos(\alpha_1+\alpha_{x4})}{m''_{x41}}-\frac{\cos(\alpha_2+\alpha_{x4})}{m''_{x42}}-\frac{\cos(\alpha_3+\alpha_4)}{m''_{x43}}-\\
&\frac{\cos(\alpha_1+\alpha_{y4})}{m''_{y41}}-\frac{\cos(\alpha_2+\alpha_{y4})}{m''_{y42}}-\frac{\cos(\alpha_3+\alpha_{y4})}{m''_{y43}}-\frac{l_0\cos(\alpha_1+\alpha_{\varphi4}+2\beta)}{J''_{41}}-\\
&\frac{l_0\cos(\alpha_2+\alpha_{\varphi4}+2\beta)}{J''_{42}}-\frac{l_0\cos(\alpha_3+\alpha_{\varphi4}+2\beta)}{J''_{43}}\Bigg]\sin\Delta\varphi+\\
&\Bigg[\frac{\sin2\alpha_1}{2m''_{x1}}+\frac{\sin2\alpha_2}{2m''_{x2}}+\frac{\sin2\alpha_3}{2m''_{x3}}+\frac{\sin2\alpha_{x4}}{2m''_{x4}}-\frac{\sin2\alpha_1}{2m''_{y1}}-\frac{\sin2\alpha_2}{2m''_{y2}}-\\
&\frac{\sin2\alpha_3}{2m''_{y3}}-\frac{\sin2\alpha_{\varphi4}}{2m''_{y4}}-\frac{l_0^2\sin(2\alpha_1+2\beta)}{2J''_1}-\frac{l_0^2\sin(2\alpha_2+2\beta)}{2J''_2}-\\
&\frac{l_0^2\sin(2\alpha_3+2\beta)}{2J''_3}-\frac{l_0^2\sin(2\alpha_{\varphi4}+2\beta)}{2J''_4}-\frac{\sin(\alpha_1+\alpha_{x4})}{m''_{x41}}-\\
&\frac{\sin(\alpha_2+\alpha_{x4})}{m''_{x42}}-\frac{\sin(\alpha_3+\alpha_{x4})}{m''_{x43}}-\frac{\sin(\alpha_1+\alpha_{y4})}{m''_{y41}}-\\
&\frac{\sin(\alpha_2+\alpha_{y4})}{m''_{y42}}-\frac{\sin(\alpha_3+\alpha_{y4})}{m''_{y43}}-\frac{l_0\sin(\alpha_1+\alpha_{\varphi4}+2\beta)}{J''_{41}}-\\
&\frac{l_0\sin(\alpha_2+\alpha_{\varphi4}+2\beta)}{J''_{42}}-\frac{l_0\sin(\alpha_3+\alpha_{\varphi4}+2\beta)}{J''_{43}}\Bigg]\cos\Delta\varphi\Bigg\}-2\pi(\Delta M_g-\Delta M_f)=0
\end{aligned} \tag{6-18}$$

为了计算分析方便，将方程式（6-18）改写成：

$$m_0^2r^2\omega^2W\sin(\Delta\varphi-\Theta')-(\Delta M_g-\Delta M_f)=0 \tag{6-19}$$

式中，

$$\Theta'=\arctan\frac{W_1}{W_2}$$

$$W=\sqrt{W_1^2+W_2^2}$$

$$\begin{aligned}
W_1=&\frac{\sin2\alpha_1}{2m''_{x1}}+\frac{\sin2\alpha_2}{2m''_{x2}}+\frac{\sin2\alpha_3}{2m''_{x3}}+\frac{\sin2\alpha_{x4}}{2m''_{x4}}-\frac{\sin2\alpha_1}{2m''_{y1}}-\frac{\sin2\alpha_2}{2m''_{y2}}-\\
&\frac{\sin2\alpha_3}{2m''_{y3}}-\frac{\sin2\alpha_{\varphi4}}{2m''_{y4}}-\frac{l_0^2\sin\ (2\alpha_1+2\beta)}{2J''_1}-\frac{l_0^2\sin\ (2\alpha_2+2\beta)}{2J''_2}-
\end{aligned}$$

$$\frac{l_0^2\sin(2\alpha_3+2\beta)}{2J_3''}-\frac{l_0^2\sin(2\alpha_{\varphi4}+2\beta)}{2J_4''}-\frac{\sin(\alpha_1+\alpha_{x4})}{m_{x41}''}-$$
$$\frac{\sin(\alpha_2+\alpha_{x4})}{m_{x42}''}-\frac{\sin(\alpha_3+\alpha_{x4})}{m_{x43}''}-\frac{\sin(\alpha_1+\alpha_{y4})}{m_{y41}''}-$$
$$\frac{\sin(\alpha_2+\alpha_{y4})}{m_{y42}''}-\frac{\sin(\alpha_3+\alpha_{y4})}{m_{y43}''}-\frac{l_0\sin(\alpha_1+\alpha_{\varphi4}+2\beta)}{J_{41}''}-$$
$$\frac{l_0\sin(\alpha_2+\alpha_{\varphi4}+2\beta)}{J_{42}''}-\frac{l_0\sin(\alpha_3+\alpha_{\varphi4}+2\beta)}{J_{43}''}$$

$$W_2=\frac{\cos2\alpha_1}{2m_{x1}''}+\frac{\cos2\alpha_2}{2m_{x2}''}+\frac{\cos2\alpha_3}{2m_{x3}''}+\frac{\cos2\alpha_{x4}}{2m_{x4}''}-\frac{\cos2\alpha_1}{2m_{y1}''}-\frac{\cos2\alpha_2}{2m_{y2}''}-\frac{\cos2\alpha_3}{2m_{y3}''}-$$
$$\frac{\cos2\alpha_{y4}}{2m_{y4}''}-\frac{l_0^2\cos(2\alpha_1+2\beta)}{2J_1''}-\frac{l_0^2\cos(2\alpha_2+2\beta)}{2J_2''}-\frac{l_0^2\cos(2\alpha_3+2\beta)}{2J_3''}-$$
$$\frac{l_0^2\cos(2\alpha_{\varphi4}+2\beta)}{2J_4''}-\frac{\cos(\alpha_1+\alpha_{x4})}{m_{x41}''}-\frac{\cos(\alpha_2+\alpha_{x4})}{m_{x42}''}-\frac{\cos(\alpha_3+\alpha_{x4})}{m_{x43}''}-$$
$$\frac{\cos(\alpha_1+\alpha_{y4})}{m_{y41}''}-\frac{\cos(\alpha_2+\alpha_{y4})}{m_{y42}''}-\frac{\cos(\alpha_3+\alpha_{y4})}{m_{y43}''}-\frac{l_0\cos(\alpha_1+\alpha_{\varphi4}+2\beta)}{J_{41}''}-$$
$$\frac{l_0\cos(\alpha_2+\alpha_{\varphi4}+\beta)}{J_{42}''}-\frac{l_0\cos(\alpha_3+\alpha_{\varphi4}+2\beta)}{J_{43}''}$$

从式（6-19），根据正弦定义可以得知：

$$\sin(\Delta\varphi-\Theta')=\frac{\Delta M_g-\Delta M_f}{m_0^2r^2\omega^2W} \tag{6-20}$$

则设，

$$D_\varphi=\frac{m_0^2r^2\omega^2W}{\Delta M_g-\Delta M_f} \tag{6-21}$$

$$\Delta\varphi-\Theta'=\arcsin\frac{1}{D_\varphi} \tag{6-22}$$

由式（6-20）、式（6-21）和式（6-22）可以看出，当 D_φ 的绝对值≥1 时，（$\Delta\varphi-\Theta'$）有解；而当 D_φ 的绝对值<1 时，（$\Delta\varphi-\Theta'$）无解。也就是 D_φ 绝对值≥1 的时候，能够实现同步，这个是实现同步性问题的必要条件。且 D_4 的绝对值愈大，实现同步性就越容易，但是当 D_φ 接近 1 的时候，同步性是很弱的，因此得出节肢筛的多级同步性的条件是 $D_\varphi>1$。让 D_φ 的分子增大或分母变小，都可以提高多台电机控制的节肢筛的同步性。

振动筛系统满足同步状态时稳定的条件是式（6-16）存在极值，也就是要使相位差角 $\Delta\varphi$ 最小的条件是 I 对 $\Delta\varphi$ 的二阶导数大于零，即：

$$\frac{\partial^2 I}{\partial\Delta\alpha^2}=m_0^2r^2\omega^2W\cos(\Delta\varphi-\Theta')>0 \tag{6-23}$$

式（6-19）一定满足 $W\geqslant0$，要想使式（6-23）成立，则（$\Delta\varphi-\Theta'$）余弦值一定是［0，1］之间的非负数，即（$\Delta\varphi-\Theta'$）=［−90°，90°］。所以，本书所研究的多级振动筛系统只满足第一种同步运转状态。从直线振动筛的运动规律来讲，应使（$\Delta\varphi-\Theta'$）=0 才能得到节肢筛运动状态式是稳定的，同时满足式（6-23），得出

$$W>0 \tag{6-24}$$

稳定状态所对应的相位差角为：

$$\Delta\varphi=\arctan\frac{W_1}{W_2} \tag{6-25}$$

因此，根据同步稳定性条件可以看出：

（1）提高电机转速（即角速度愈大）和偏心质量矩 m_0r，可使同步指数 D_φ 增大，从而更具有良好的同步性。由于同步性指数与 ω^2 成正比，故高速下易实现自同步。

（2）可通过增大 $|W|$ 来增加同步性。

（3）电机特性接近（$\Delta M_g \approx 0$）和摩擦阻力力矩接近相等（$\Delta M_f \approx 0$），振动筛越易实现同步。故在选用电动机时，应尽量选同一时间、性能近似的产品。

（4）筛箱的刚度对自同步的影响较大。刚度不够，难以实现稳定运转。

以上这些都是容易实现同步运转的好办法。

6.3 振动筛有限元分析

对复杂的节肢振动筛进行有限元法求解时需要大量的计算分析。由于计算机技术的高度发展，大量的有限元计算分析可以利用计算机软件进行，不仅可以节省产品的开发时间，降低产品的设计费用，更重要的是可以提高产品的质量和在国内外市场中的竞争力。

节肢振动筛有限元分析的理论基础与第 4 章中对节肢振动筛动力学分析理论基础完全相同。只是在动力学特性分析中讨论的是刚性机体的运动，自由度数相对较少，而在有限元分析中讨论的是弹性机体的运动，整个机体将被分割成许多单元，每个单元又由多个只具有质量的刚体质点以及多个没有质量的弹性元件连接各个质点组成，自由度的数量相对来说要多很多，其运动本质没有任何区别。

6.3.1 振动筛筛框有限元模型的建立

节肢振动筛系统中二次隔振架被视为弹性基础，串联在二次隔振架的三台直线振动筛是机理相同且彼此相互独立的系统。因此，对节肢振动筛有限元分析仅对一个筛框进行有限元分析。有限单元法的基本思想是将连续的求解区域离散为一组有限个且按一定方式相互联结在一起的单元的组合体。由于单元能按不同的联结方式进行组合，且单元本身又可以有不同的形状，因此可以将模型简化为几何形状来求解。

正像在动力学特性分析中，因为筛体质量和刚度都很大，我们近似地把它们简化为刚体质量，而把质量和刚度相对较小的弹簧近似地处理成无质量的纯弹性元件，在建立有限元模型时也需要进行简化处理。否则按实体进行自动生成建模，轻者尚能给出运算结果，但我们也很难判断计算结果的正确与否，这样的结果对我们没有任何价值；严重的根本就计算不出任何结果。简化之后，突出了主要本质，忽略了次要因素，一切都迎刃而解了。本书采用有限元分析软件 ANSYS，所以采用的单元类型必须是 ANSYS 软件允许的。对节肢振动筛中筛框有如下处理：

（1）固定激振器的螺栓孔位置。按照图纸在此位置设置节点，把激振器作为附加质量分加在这 8 个节点上，把激振力也分加在这 8 个节点上。

（2）筛板部分。按照图纸在固定筛板的圆梁上设置节点，把筛板作为附加质量加在圆梁上。

（3）加强筋部分。把加强筋的角钢一律考虑为立筋，即贴着侧板那部分不考虑，其厚度和高度与图纸一致。

(4) 弹簧座部分。分别在筋板的正下方设置节点，考虑在每个筋板下设置两个节点，以便每个节点处都能加弹簧单元，使弹簧刚度相应加大。

筛框单元选择及简化的原则如下：

(1) 侧板的简化。侧板采用SHELL63板单元。侧板包括筛帮、补强板和内侧的横梁与板连接法兰、外侧加强角钢与侧板固定的平面部分，无论多厚一律向侧板的中平面简化，在这个无厚度的平面内划分网格形成单元，各单元的厚度不同，自然其会对单元的质量和刚度产生影响，这用实常数来加以修正。其中无论是铆钉连接还是螺栓连接，均看成结点固化在一起。

SHELL63既具有弯曲能力又具有膜力，可以承受平面内荷载和法向荷载。本单元每个节点具有6个自由度，即沿节点坐标系x、y、z方向的平动和沿节点坐标系x、y、z轴的转动。应力刚化和大变形能力已经考虑在其中。

(2) 筋板的简化。筋板也采用SHELL63板单元。其加强筋角钢与侧板连接面只是为了铆接，对侧板的刚度影响较小，故将其忽略。而角钢与侧板垂直面的单元划分必须保证与侧板结点的一致。SHELL63板单元的特性同前。

(3) 圆梁的简化。圆梁采用BEAM188梁单元。圆梁两端的法兰已处理到侧板单元中，因此圆梁与侧板的公共结点必须保证一致。

Beam188单元适合于分析细长到中等粗短的梁结构，该单元基于铁木辛哥梁结构理论，并考虑了剪切变形的影响。采用的理论为三维线性有限应变梁单元。Beam188是三维线性（2节点）或者二次梁单元。每个节点有6个或者7个自由度，自由度的个数取决于KEYOPT (1) 的值。当KEYOPT (1)=0（缺省）时，每个节点有6个自由度，分别为节点坐标系的x、y、z方向的平动和绕x、y、z轴的转动。当KEYOPT (1)=1时，每个节点有7个自由度，这时引入了第7个自由度（横截面的翘曲）。这个单元非常适合线性、大角度转动和非线性大应变问题。

圆梁与法兰连接的加强筋，无论其质量还是其刚度对筛框系统的影响都很小，如果考虑它又会给侧板单元划分带来很大麻烦，无形中会增加许多单元，因此在单元划分时将其忽略。

(4) 弹簧座抱箍和筛板的简化。抱箍和筛板采用附加质量MASS21单元。

(5) 激振器的简化。鉴于没有具体零件图纸，本书对于激振器的简化原则只好是将激振器的质量均匀分为8份作为附加质量，采用MASS21质量单元附加于与侧板连接的8个螺栓结点上。激振力也均匀地分成8份作用于8个螺栓结点上。

有限元分析时需要设定边界约束条件，通过分析，筛框有限元模型唯一的边界约束就是隔振弹簧。为此我们采用COMBIN14单元。对结点的垂直和水平位移进行约束。COMBIN14具有一维、二维或三维应用中的轴向或扭转的性能。轴向的弹簧阻尼器选项是一维的拉伸或压缩单元，每个节点具有3个自由度，即x、y、z的轴向移动，不考虑弯曲或扭转。扭转的弹簧阻尼器选项是一个纯扭转单元，每个节点具有3个自由度的：x、y、z的旋转，不考虑弯曲或轴向力。

由于筛体的结构和边界条件是左右对称的，故采用周期对称结构建立模型。有限元模型的建立首先要建立所有结点的坐标数据，然后再基于单元选择和简化原则建立有限元模型。如图 6-3 所示，按照以上简化处理原则和规定单元类型，总共可分为 654 个节点和 766 个单元，其中，SHELL63 单元 620 个，BEAM188 单元 78 个，MASS21 单元 51 个，COMBIN14 单元 8 个。计算程序会自动生成有限元模型的质量矩阵和刚度矩阵。

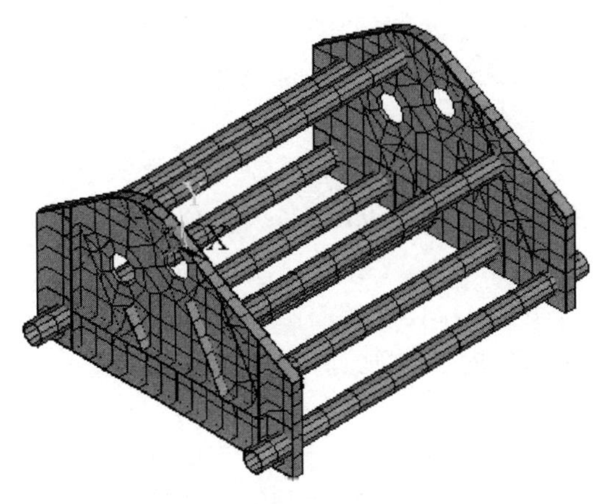

图 6-3 筛框的有限元模型

关于建模、质量矩阵和刚度矩阵的几点说明：因为建模为简化模型，在质量上与实际质量一定有差别，为了计算结果的准确性和可靠性，根据所建有限元模型及筛体实际重量，模型的密度 $\rho=7850\text{kg/m}^3$，此时，经验证，模型的理论质量已和筛体的实际质量相等。因此，在有限元分析中，出料筛的密度 $\rho=7850\text{kg/m}^3$，弹性模量 $E=2.1\times10^{11}$，泊松比 $\upsilon=0.3$，重力加速度 $g=9.8\text{m/s}^2$。有限元分析中采用的单位分别是：力（N）、应力（Pa）、位移（m）、质量（kg）、刚度（N/m）和频率（Hz）。

6.3.2 筛框有限元分析

筛机承受的载荷除重力为静力外，其他的力都是动态力。在有限元计算中我们采用动静法，将包括各个结点质量的惯性力，以及激振力、弹簧的支撑力等均以其力的幅值按静力进行计算。振动筛的受力为激振器的离心力、自身惯性力、弹簧的支撑力以及重力。只考虑激振力最大时的情况，这时筛体的受力情况最为严重，在计算中我们将激振力分解为沿水平方向和垂直方向的两个分力。筛机的机重（静力）是考察基础的承载水平，正常工作时传给基础的动载荷则考察基础的耐疲劳能力。筛机将其静动载荷传给建筑物的横梁，筛板及物料在筛分工作过程中的静动载荷传给筛框的横梁。

1. 正常工作工况下筛框的应力分布

（1）计算数据的准备。

根据筛框应力分布分析的需要，除建模是依据筛框的实际数据进行之外，应力分析和边界载荷条件还需要作下面一些数据准备：弹性模量 $E=2.1\times10^{11}$，泊松比 $\upsilon=0.3$，重力加速度 $g=9.8\text{m/s}^2$，密度 $\rho=7850\text{kg/m}^3$；重力 $G=mg$，m 为筛体总质量，g 为重力加速度（取 $g=9.8\text{ m/s}^2$）。由于出料筛为直线运动轨迹，振动方向与水平方向成 40°角，考虑支撑弹簧水平刚度为竖直刚度的 0.5 倍，其支撑弹簧下端与二阶弹性基础连接在一起。故计算模型的约束条件为弹簧另一端固定。

（2）重力作用工况下的应力分布。

重力作用工况下，筛框承受的载荷包括作用于系统各个结点的结点质量重力，和作用于激振器与侧板连接螺栓结点的激振器重力。约束条件是弹簧的单向位移约束。该工况下作用于筛框的重力与弹簧的支反力相平衡。其计算结果如图 6-4 和图 6-5 所示。

通过有限元分析结果（图 6-4）可看出，筛框只受重力作用时，筛体应力相对较大处为筛体支撑梁处，其中最大应力出现在左支撑梁和筛帮接触处，其值为 6.80～12.2MPa，而其他的部分的应力分布范围一般为0.001959～6.80MPa，且整体上应力分布较为均匀；图6-5很好地说明了筛框的位移量。通过计算得出筛体自身总的变形量为16.558mm（最大位移与最小位移的差值），这说明筛体自身的相对变形很小。筛体左端的位移较右端大。

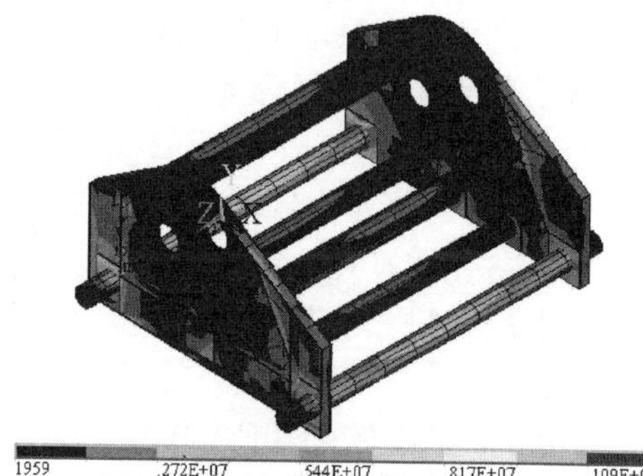

图6-4　筛框只受重力时应力分布图（单位：Pa）

（3）简谐激励作用工况下的应力分布。

简谐激励作用工况下，筛框承受的载荷包括作用于系统各个结点的结点质量惯性力，和作用于激振器与侧板连接螺栓结点的激振力。约束条件是弹簧的双向位移约束。该工况下作用于筛框的激振力与筛框各个结点的惯性力和弹簧的支反力相平衡。而激振力只考虑最大时的情况，因为这时筛体的受力情况最为严重。在计算中我们将激振力分解为沿水平方向和垂直方向的两个分力，激振力最大值已知并按等分原则，分布到激振力和筛体连接的节点（筛箱上固定激振器螺栓孔位置）处。弹簧的支撑力加载在出料筛有限元模型弹簧的另一端。计算结果如图6-6和图6-7所示。

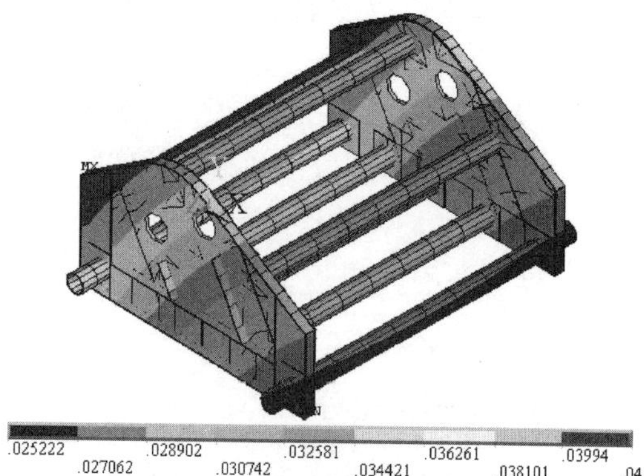

图6-5　筛框只受重力时位移变化图（单位：m）

图6-6结果显示，筛体最大的应力出现在支撑梁和筛帮接触处；并且右侧支持梁靠近筛体内侧的应力相对较大，范围为43.7～56.2MPa；其他应力值较大部分大约为1.7087×10^{-8}～43.7MPa，相对较小，并且整体上应力分布较为均匀。根据图6-5得出，出料筛体相对自身的最大变形量是0.254206m和0.200028m的差，即为54.178mm，从图6-7可以看出，出料筛体入料端位移较大，这说明此时筛体有相对转动，但转动量不是很大。

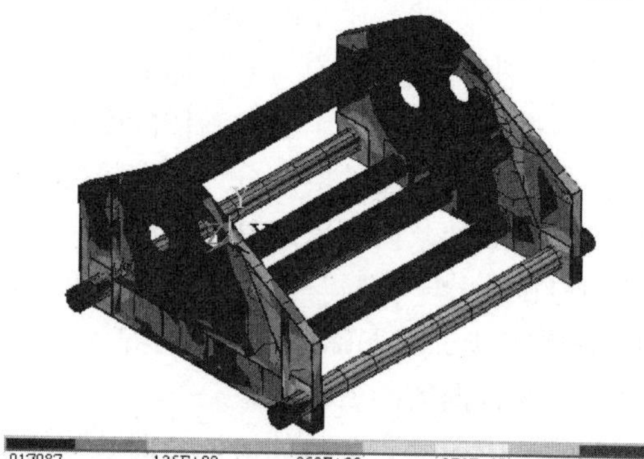

图6-6　筛框简谐激励作用下的应力分布图（单位：Pa）

（4）正常工作工况下的应力分布。

这种工况实际是前两种工况的同时作用。自然作用于系统的载荷包括筛框

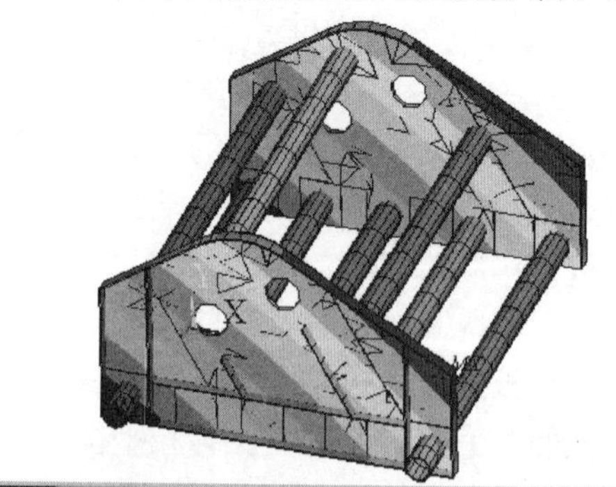

图6-7　筛框简谐激励作用下的位移分布图（单位：m）

和激振器的重力、作用于系统各个结点的惯性力和作用于激振器与侧板连接螺栓结点的激振力。约束条件是弹簧的双向位移约束。该工况下，重力作用于筛框的激振力、重力与筛框各个结点的惯性力和弹簧的支反力相平衡。计算求解与分析结果如图 6-8 和图 6-9 所示。出料筛体在受激振力、惯性力、重力及支撑力作用时，最大应力处也是两支持梁和筛帮接触处，及右侧支撑梁中间部分且靠近筛体内侧的方向，其最大应力范围为 48.2～62MPa；其他应力值较大部分范围约为 0.0054～48.2MPa，相对较小，并且整体上应力分布较为均匀。通用方法计算出筛体相对自身的最大相对位移量约为 43.176mm。且进料端位移较大，这说明此时筛体有相对转动。

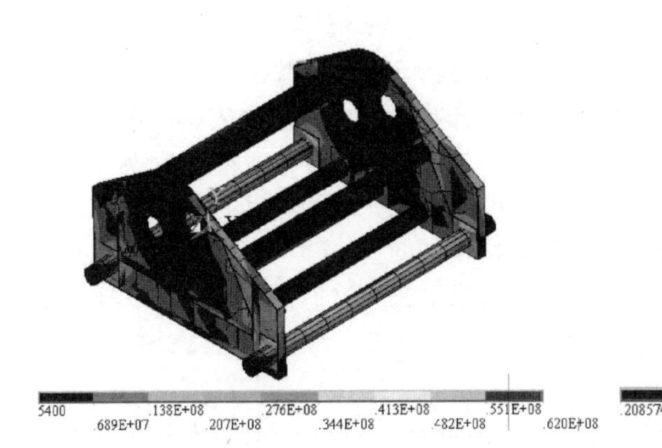

图 6-8 正常工作工况下的应力分布图
（单位：Pa）

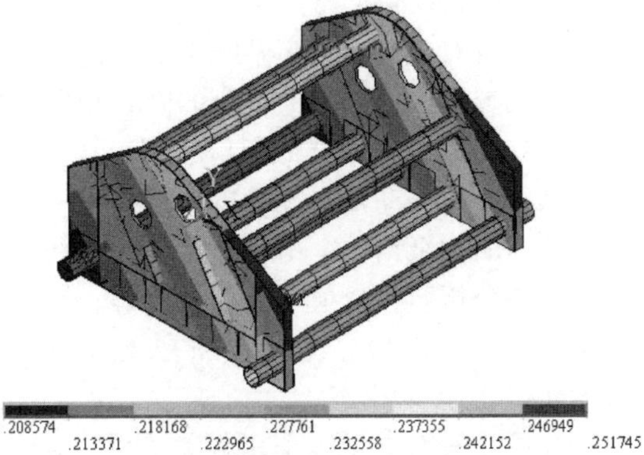

图 6-9 正常工作工况下的位移分布图
（单位：m）

2. 有限元计算结果的分析

筛框的侧壁、圆梁和筛板以及抱箍都是采用 Q235A 制成的，Q235A 是一般碳钢，其许用应力是按强度极限给出的，Q235A 的强度极限 $\sigma_b=375\sim460$MPa，一般动应力安全系数取 $k_b=3\sim9$，其许用应力 $[\sigma]=430/5=86$MPa。

从筛框在重力和简谐激励作用下的应力分布图看出，筛框第一根和最后一根梁与侧壁连接部位，以及这两个梁（即两个支撑梁）的中间部位的应力均在 48.2～60MPa 的范围内，个别部位甚至达到 62MPa。其余各区域的应力基本是在 0.0054～48.2MPa 的范围内。其最大应力远小于许用应力，从而得出筛框的应力状态是安全的，并有比较大的安全裕度的结论。

通过正常工作工况下的有限元分析，其应力状况都远小于许用应力，从而可以得出筛框的应力状态是安全的，并有比较大的安全裕度的结论。也就是说筛框的下梁的断裂不是由于应力过大引起的，这与实际情况也是吻合的。

建模简化原则和应力计算的安全裕度较大说明，不应出现断梁就加小梁或是加大梁，加得不好反而会成为负载，这就给我们提出筛机结构需要进行优化或可以引进外国的先进设备。提高技术含量才是企业发展的根本之路。

综上所述，在强度上，筛体在工作状态下没有任何问题，但在停机时刻缓冲器可能造成很大的支撑力，致使筛体存在危险的可能性。根据分析结果显示，支撑梁中间处最容易变形断裂，且支撑梁和筛帮相连接处应力比较集中。根据应力图可以分析出出料筛芯，很显然正常工作时最大应力远小于 [σ]，从而筛体应该是在正常工作，并没有危险。

6.3.3　振动筛筛框有限元模态分析

节肢振动筛是利用振动方式的一种筛分系统，对振动节肢筛进行动力学分析是对振动系统有限元分析中不可缺少的一部分。筛机除考察其动力学参数特性和有限元分析外，通常还需要考察筛机本身的固有频率和振型，因为他们关系到筛机的振动和噪声的水平问题。求系统的固有频率及其对应的振型，首先在弹簧座支点处节点位置全部约束，再利用有限元软件自身带的求模态模块进行求解。

本节将对节肢振动筛系统中的筛框进行动力学特性分析，主要是模态分析。通过计算机计算求解可以得知筛框自身的固有频率和振型，为设计和选用参数提供依据。本书通过ANSYS有限元分析软件进行模态分析。模态分析通常用于确定系统振动特性即固有频率和振型。节肢振动筛系统的主要部分为三个直线筛，即出料筛、中间筛和入料筛。根据节肢振动筛的图纸结构，出料筛、中间筛和入料筛是结构相同的直线筛，因此可以出料筛为例。模态分析包括建模、加载及求解、扩展模态和检查求解机构这四个主要步骤。模型采用上一节中的模型，约束添加在支撑梁上等效弹簧的节点处，用分块兰索斯（Block Lanczos）法提取模态。

分块兰索斯法特征值求解器采用Lanczos算法，Lanczos算法是用一组向量来实现Lanczos递归计算。当计算某系统特征值谱所包含的一定范围的固有频率时，采用分块兰索斯法提取模态特别有效，计算精度高。计算时，求解从频率谱中间位置到高频端范围内的固有频率的收敛速度和求解低阶频率时基本相同。其特别适用于大型对称特征值求解问题，进行求解筛框自身的前10阶固有频率和振型图。

用通用后处理器（POST1）输出筛框自身前10阶固有频率和振型图。分析结果得出出料筛体自身的前10阶固有频率，如表6-1所示。而前10阶振型图如图6-10～图6-19所示。

筛框固有频率（单位：Hz）　　　　**表6-1**

阶数	1	2	3	4	5	6	7	8	9	10
固有频率	27.924	28.401	31.862	34.957	35.384	36.854	41.020	45.029	45.053	46.766

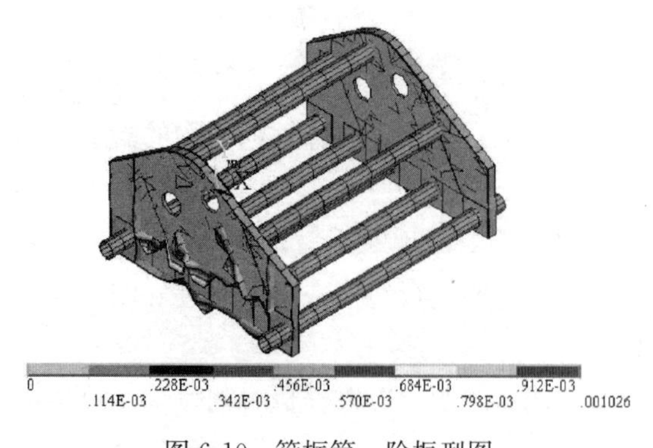

图6-10　筛框第一阶振型图

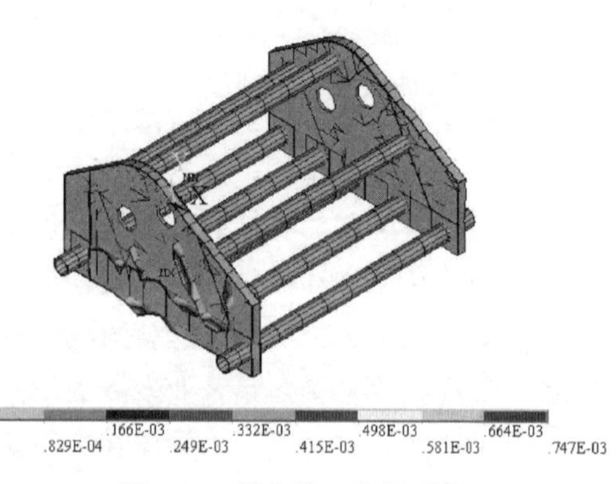

图6-11　筛框第二阶振型图

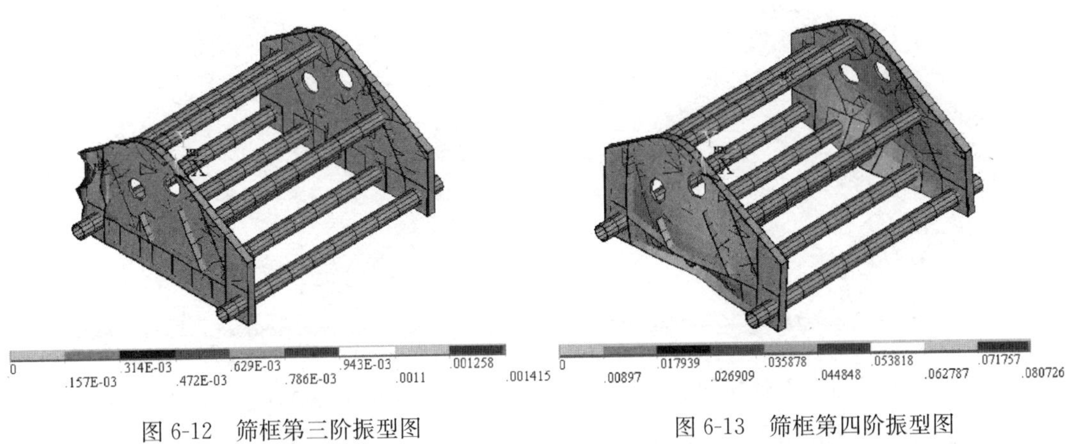

图 6-12 筛框第三阶振型图

图 6-13 筛框第四阶振型图

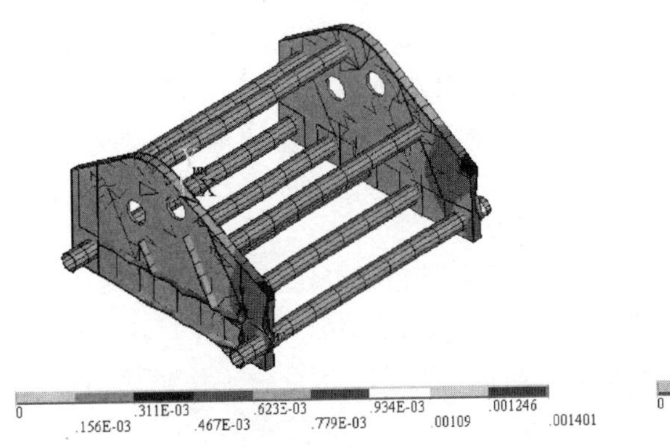

图 6-14 筛框第五阶振型图

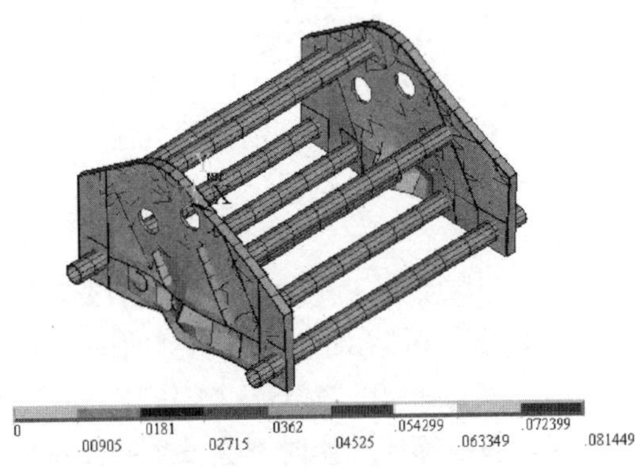

图 6-15 筛框第六阶振型图

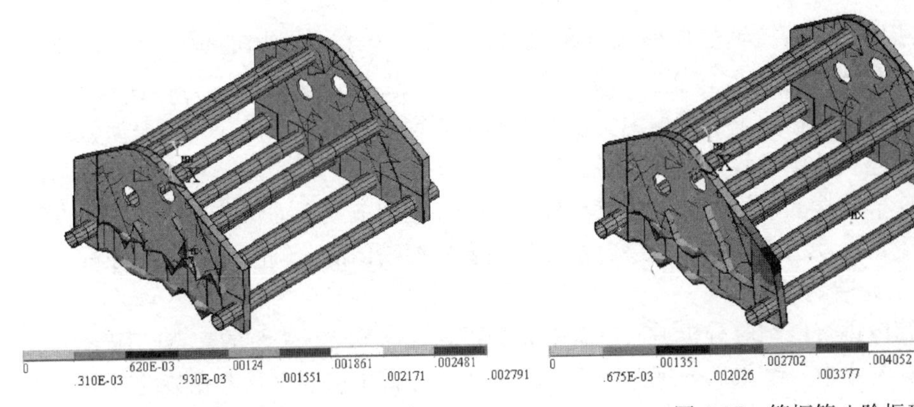

图 6-16 筛框第七阶振型图

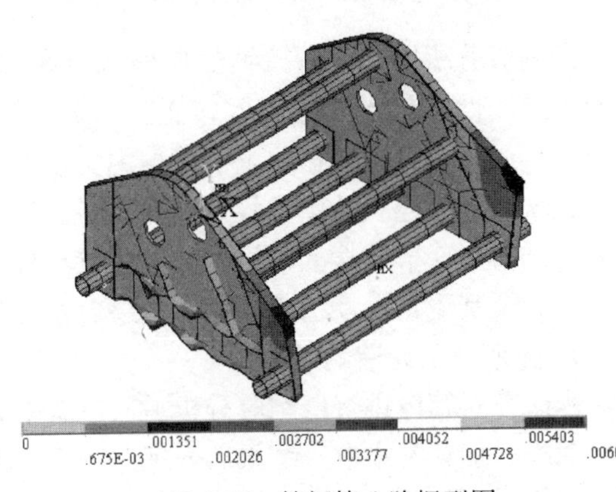

图 6-17 筛框第八阶振型图

根据筛框模态分析的前 10 阶振型图看出，筛框在第九阶和第十阶固有频率时变形很大，而在第六阶和第四阶模态时变化量也较大，在选择筛机的工作频率时要绝对避开变形量高的固有频率。

根据有限元模态分析图（图 6-10～图 6-19）得出，筛框第一阶模态、第二阶模态、第七阶模态时，其侧板的下侧变形相对很大，如果工作频率在这种情况范围内，侧板所承受的激振力及惯性力应该很大。从图 6-12 第三阶模态振型图可看出，左支撑梁与侧板接

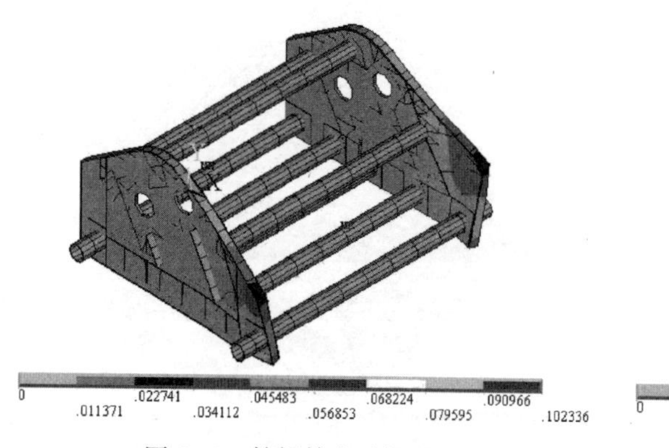

图 6-18　筛框第九阶振型图

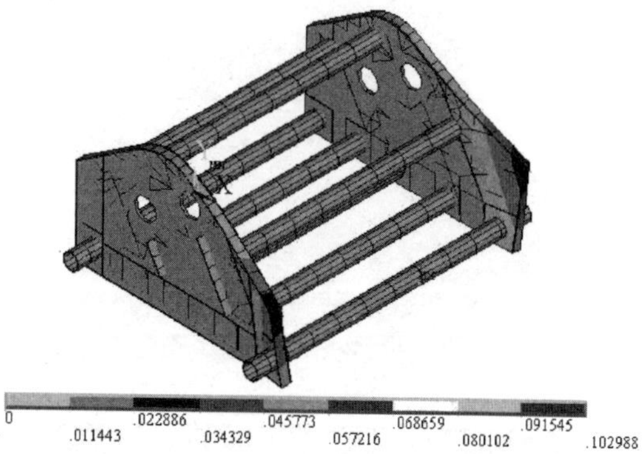

图 6-19　筛框第十阶振型图

触处相对振型较大。从图 6-13 和图 6-15 得到，模态分析中的第四阶模态和第六阶模态时，筛框侧板相对扭转很大。所以，这两种情况最危险，应该避免在这两种情况下工作。从图 6-14 和图 6-17～图 6-19 可以分析出，第五阶模态、第八阶模态、第十阶模态时，筛框侧板前侧振型较大，特别是第九阶模态和第十阶模态的振型比相对来说很大，如果节肢振动筛系统在这两种情况下工作，那么系统将非常的危险。系统工作频率过共振区工作时噪声是很大的。

振动节肢筛的工作转速 n 是已知的，转子偏心块质量引起的工作频率为 $f_n=n/60=12$Hz。模态分析结果和筛框本身的固有频率如表 6-1 所示：27.924Hz$=f_1<f_2<f_3<f_4<\cdots\cdots<f_{10}=$46.776Hz，工作频率远远小于第一阶固有频率，因此，工作频率不在共振区域，满足筛体工作时不会发生共振现象。

6.3.4　振动筛筛框有限元谐响应分析

谐响应分析用于分析持续的周期载荷在结构系统中产生持续的周期响应（谐响应），以及确定线性结构承受随时间按正弦（简谐）规律变化载荷时稳定响应的一种技术[7]。针对作直线筛筛体，激振器上的激振力矢量合力是随周期变化的正弦函数，且振动方向为两套激振器轴心连线的中垂线。因此，对于振动系统来说，预测机构的谐响应分析是非常重要的。通过对节肢振动筛机构的动力特性分析，能够验证节肢振动筛是否能成功地克服工作疲劳及其受迫振动引起的有害效果。本节将主要介绍筛体的谐响应计算求解分析。

1. 筛框有限元谐响应分析

本研究对筛体进行谐响应分析是通过有限元分析软件 ANSYS 进行的。谐响应分析主要由建模、加载及求解、结果后处理这三个步骤组成。分析中依照本章上几节的有限元模型，但增加一些改动，在筛框侧壁上的两个空心圆的圆心处建立节点，此节点通过天津虚梁单元连接到筛框的侧壁上。虚梁是没有质量的梁单元，因此不影响计算的质量矩阵和刚度矩阵，谐响应激振力载荷加这两个节点上，约束和模态相同，进行与上一节同样方法的模态分析。然后再采用模态叠加（mode superpon′s)法进行谐响应。

模态叠加法（mode superpon′s)谐响应分析是通过对模态分析得到的振型（特征向量）乘上因子并求和来计算出结果的响应。它有自带的优点是，运动速度相对更快且开销小，可以使解按结构的固有频率聚集，这样便可以产生更平滑、更精确的响应曲线图。

谐响应分析求解过程中，通过时间历程后处理器（POST26）进行计算，求解筛框上某节点的振动幅值和激振频率的关系图。根据静力分析得出支撑梁和筛体接触处应力比较其中及支撑梁中间处容易断裂。在此，求解几个关键节点：

（1）右支撑梁和筛帮接触处如图 6-20 和图 6-21 所示。

（2）左支撑梁和筛帮接触处如图 6-22 和图 6-23 所示。

（3）左支撑梁中间在静力分析时应力集中，谐响应分析如图 6-24 和图 6-25 所示。

（4）右支撑梁中间在静力分析时应力集中，谐响应分析如图 6-26 和图 6-27 所示。

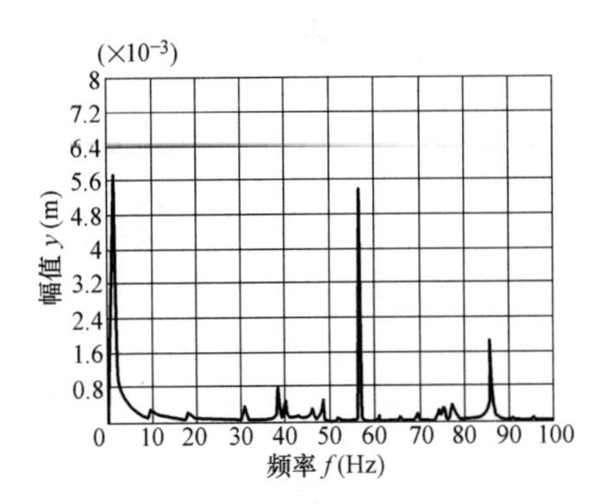

图 6-20 节点 9 的 y 方向谐响应曲线

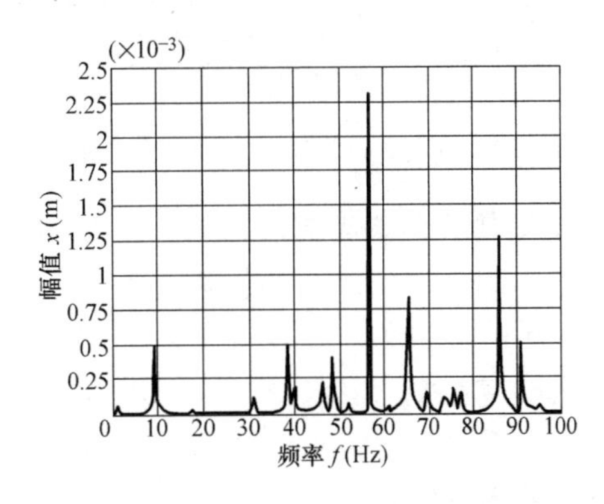

图 6-21 节点 9 的 x 方向谐响应曲线

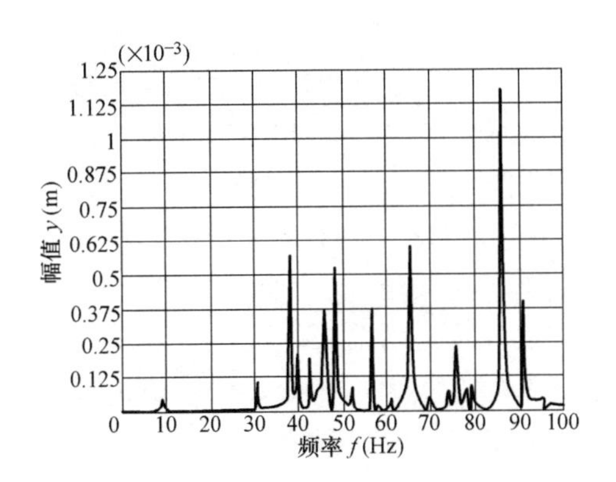

图 6-22 节点 75 的 y 方向谐响应曲线

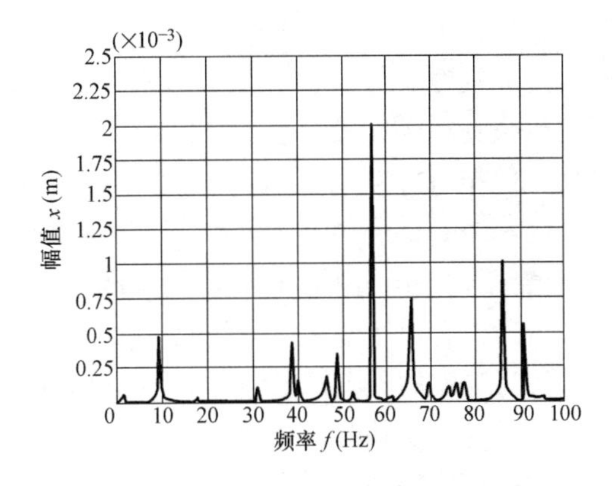

图 6-23 节点 75 的 x 方向谐响应曲线

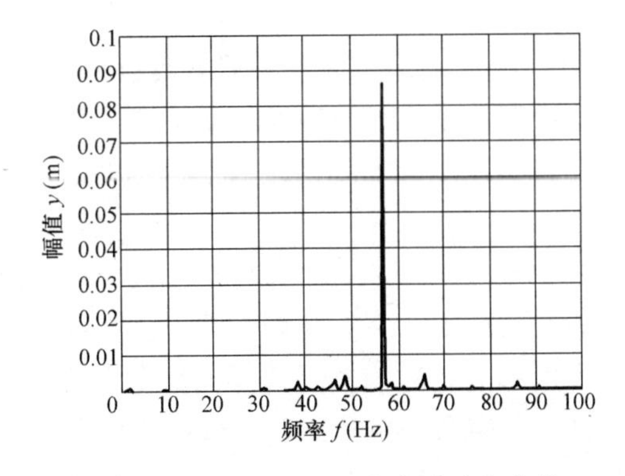

图 6-24 节点 309 的 y 方向谐响应曲线

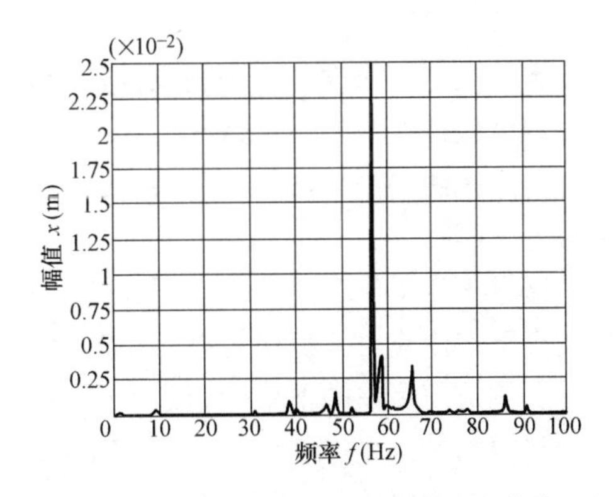

图 6-25 节点 309 的 x 方向谐响应曲线

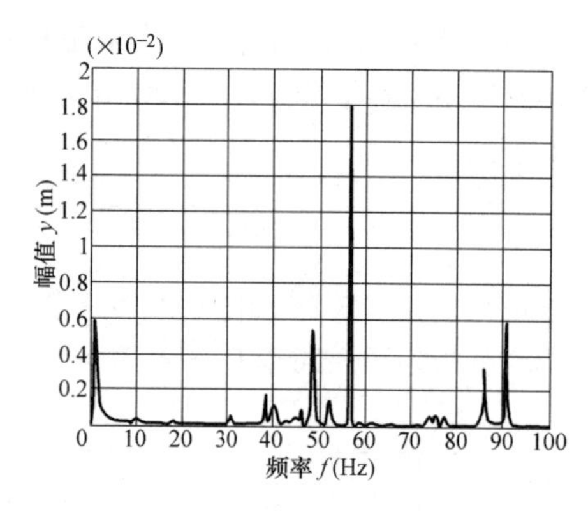

图 6-26　节点 293 的 y 方向谐响应曲线

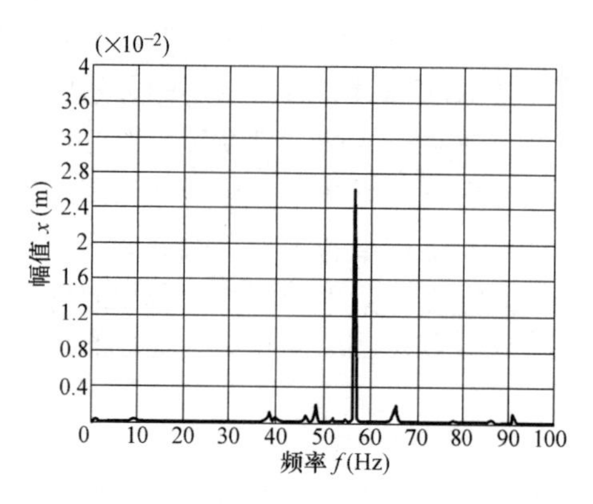

图 6-27　节点 293 的 x 方向谐响应曲线

2. 有限元谐响应结果分析

（1）图 6-20 显示了幅值随频率变化的曲线，在频率 1.25Hz、56Hz 和 86Hz 时 y 方向会发生谐响应共振，根据节肢振动筛的工作频率为 12Hz，节点 9 的 y 方向不会在工作中发生谐响应共振。根据图 6-21 可以看出，右支撑梁和筛帮接触处 x 方向发生较小的谐响应共振，但是振动幅值非常微小。总的来说，右支撑梁与筛帮接触处，节肢振动筛筛框不发生谐共振现象。

（2）从图 6-22 和图 6-23 可以看出，左支撑梁和筛帮接触处的谐响应振幅较小，共振区明显超过了出料筛的工组频率。

（3）从图 6-24 可以看出，对于左支撑梁中间处，在频率为 56Hz 时，谐响应振幅值很大，但是其频率远远大于工作频率。图 6-25 也同样显示了在频率＝56Hz 时，发生谐响应共振，但相对来说振幅很小。总之，左支撑梁中间处不会发生谐共振现象。

（4）图 6-26 和图 6-27 显示出右支撑梁中间处在 1.25Hz、56Hz 和 91Hz 时将发生谐响应共振。同样，由工作频率为 12Hz，也不会发生谐响应共振。

由筛框有限元谐响应分析结果得出的结论为：对节肢振动筛筛框进行谐响应计算求解，容易断裂的左支撑梁中间处 y 方向在谐共振频率处有很大的振幅，但筛机选择的工作频率远远小于其谐共振频率。因此，节肢振动筛不会发生谐响应共振现象，而且其他地方谐响应幅值很小，更不会发生共振。

6.3.5　小结

本节是对节肢振动筛中的筛框进行有限元分析，规定了筛框简化、单元选择和简化、确定约束条件。利用 ANSYS 建立了筛框的有限元模型，并对节肢振动筛筛正常工作和停机过共振区两种工况进行了有限元计算分析，得出了不同工况和不同载荷下的应力谱图和位移分布图。

通过正常工作工况下的有限元分析和停机过共振区工况下的有限元分析，其应力状况都远小于许用应力，从而可以得出筛框的应力状态是安全的，并有比较大的安全裕度的结论。也就是说筛框的下梁的断裂不是由于应力过大引起的，这与实际情况也是吻合的。

利用 ANSYS 有限元软件对节肢振动筛筛框进行了模态分析和谐响应分析。模态分析中，求出了筛框的前十阶固有频率和相应的振型图。结果表明，筛体的各阶固有频率都远远大于筛机的工作频率，筛机工作时不会产生共振现象。在谐响应分析中，节肢振动筛的工作频率也不在谐共振区内，因此也不会发生谐响应共振现象。

6.4 振动筛的运动仿真分析

6.4.1 振动筛运动仿真分析综述

计算机仿真是研究系统过程中，根据相似原理以计算机为主要工具，运行真实系统或预言系统的仿真模型，通过对计算机输出信息的分析与研究，实现对实际系统运行状态和演化规律的综合估计与预测。

节肢振动筛运动仿真是多体系统动力学问题，它是由多刚体系统动力学与多柔性体系统动力学组成的。多刚体系统动力学的研究对象是由任意有限个刚体组成的系统，刚体之间以某种形式的约束连接。这些约束可以是理想完整约束、非完整约束、定常或非定长约束。研究这些系统的动力学需要建立非线性运动方程、能量表达式、运动学表达式以及其他一些量的公式。多柔性体系统动力学的研究对象是由大量刚体和柔性体组成的系统。多刚体系统动力学主要解决多个刚体组成的系统动力学问题，各个构件之间可以有较大的相对运动。多柔性体系统动力学可以看作是多刚体系统动力学的自然延伸。根据多柔性体系统组成特点，一般以多刚体系统动力学的研究为基础，对系统中柔性体进行不同的处理，在机械系统中常用的处理方法有离散法、模态分析法、形函数法和有限元法等。将柔性体的分析结果与多刚体系统的研究方法相结合，最终得到系统的动力学方程。利用多体系统动力学理论解决实际问题时，需经以下步骤：（1）实际系统的多体模型简化；（2）自动生成动力学方程；（3）准确地求解动力学方程。

在机械系统中，主要是有两个方面分析，一是对部件速度和加速度关系以及部件位置与运动关系进行分析，称为系统的运动学分析；二是部件受到外力与运动学之间的关系，即为动力学问题。系统的运动模型和力学模型，可用面向对象仿真软件 ADAMS 进行计算机仿真。仿真是利用计算机对物理过程和系统结构进行比较逼真的模仿。建立系统模型，并运转和研究这个模型，再对模型进行参数化设计，在此基础上进行结构的动力学分析、结构参数的灵敏度分析。分析数据存入分析结构数据库中，并以图形或图像的形式直观地显示出来。通过动力学设计与性能预测，最后将结构设计后的新模型数据存入数据库中。

在可视化环境中，结构的运动学和动力学仿真是以图形或图像的形式动态直观地显示出来，以便使设计人员了解整体结构和部件的特性。如结构的运动仿真和干涉检查，结构整体或部件的静、动态特性分析等，特别是通过结构动态分析和仿真可及时发现并修改结构上的薄弱环节，以确保其具有优良的动态性能；对模型进行结构动态设计，在系统内实现机械部件的动态分析、结构优化和性能预测，并充分发挥设计人员的想象力和创造力，使设计人员的经验和科学的计算分析完美地结合在一起，推进结构设计的创新发展，从而提高机械产品科研开发的能力；根据实际产品的局部结构问题和产品模型的有限元分析结果提出结构改进设计方案，利用相同的有限元分析流程检验设计方案，研究结构设计技术的实现方式并进行模拟；能够进行试验数据采集和分析，检验和提高对研究对象的认识深度，证明系统仿真的可视化。

ADAMS软件一方面是虚拟样机分析的应用软件，可以运用该软件非常方便地对机械系统进行静力学、运动学和动力学分析；另一方面，其又是虚拟样机分析开发工具，其开放性的程序结构和多种接口，提供多行业的二次开发的平台。

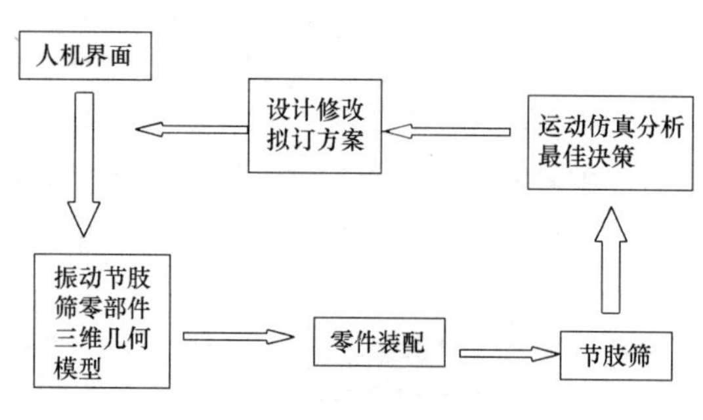

图6-28 节肢筛运动仿真流程图

本研究针对节肢振动筛结构和产品的各项性能等问题，运用各项综合技术，基于特征的三维参数化建模技术的基本思想和基本特点，运用Pro/E软件得到不同挡位的装配体模型，为节肢振动筛多体系统的动力学分析提供三维模型，再通过ADAMS软件自带的能运用多刚体系统动力学和刚柔耦合系统动力学的等基本理论，建立数学模型并进行计算求解，来模拟振动节肢筛运动过程，进行运动学和动力学分析。节肢筛运动仿真分析可以按照图6-28所示的流程来进行。

6.4.2 振动筛运动仿真模型的建立

节肢振动筛运动仿真模型的建立由两部分组成，一部分是刚体零部件，另外一部分是柔性体零部件。刚体件指的是具有质量和各种惯量的零件，不能变形；柔性体件指的具有质量、惯量，且在力的作用下可以发生变形的零件。

仿真模型中刚体部分是多系统动力学问题中极其重要的部分。而节肢振动筛中设为刚体的零部件模型，本文在三维软件Pro/E中建立。项目提供的用以建立零部件模型的图纸及相关资料，通过Pro/E和ADAMS的接口软件导入ADAMS/View中，然后，再建立柔性体零部件。利用ADAMS软件进行运动仿真，当零部件模型建好后，经过一定操作，ADAMS可以自动算出零件的质量（ADAMS中是利用零件体积和密度乘积计算）、质心位置及沿各个轴的惯性惯量。此功能是进行正确运动仿真的前提条件。

1. 振动筛实体几何三维模型建立

在运动仿真分析中，节肢振动筛除弹簧之外的零部件都设为不变形或者变形很小，因此采用三维软件Pro/E建立三维模型实体特征，建立节肢振动筛各零件，实现在ADAMS中对节肢振动筛正确的运动仿真计算。需建立的零件模型单位统一为真实尺寸，因此可根据图纸标注尺寸（单位为毫米）在Pro/E中建立三维几何实体模型。由于传送过程中不可避免地出现几何形状失真，因此设置零件几何形状的精度等级应大些，精度等级数值越大，形状越接近实体。

2. 振动筛运动仿真模型零部件装配

利用三维软件Pro/E中的Assembly模块提供的虚拟装配环境，进行机械零部件装配。按照安装层次、安装顺序、安装约束和安装修改，建立部分装配图。以节肢振动筛中出料筛为例，按照图6-29装配顺序构造出料筛的安装配件，针对抱箍需要和出料筛相对竖直方向顺时旋转20°匹配，建立成三维装配图6-30。

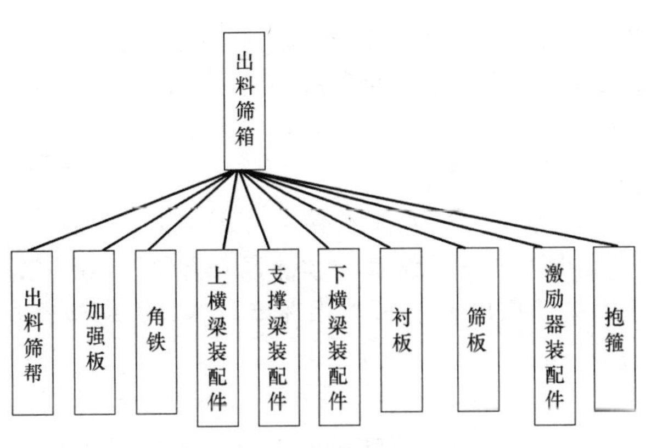

图 6-29 出料筛模型装配树

图 6-30 出料筛箱装配件

随后装配其他部分装配件，装配入料筛箱抱箍要旋转 26°，而中间筛箱则旋转 23°，这样部分装配件出料筛箱、中间筛箱、入料筛箱、二阶减振装置、零件低支座和高支座构将建成总装配件，装配顺序如图 6-31 所示。节肢振动筛的出料筛、中间筛和入料筛是结构的直线筛，只是各筛和二阶隔振架装配时的角度不同，而且各直线筛上的抱箍和各筛体装配约束角度不同。首先把两个低支座和两个高支座相互匹配，完全约束后，再把二次隔振架调入总装配件界面中，进行对二阶隔振架的装配。千垂方向与高低座的匹配距离为二阶隔振弹簧的长度，即 220mm。最后分别把出料筛、中间筛和入料筛调入总装配件界面中和二阶减振装置进行匹配，筛箱上的抱箍和二阶隔振架匹配距离为一阶减振弹簧的长度即 160mm，每个调入总装配件界面的装配件保证完全约束，则装配成功。如图 6-32 所示。我们在 Pro/E 中建立了节肢振动筛刚体件的模型，而节肢振动筛中的弹簧则为柔性体件，可在 ADAMS/View 中构建。

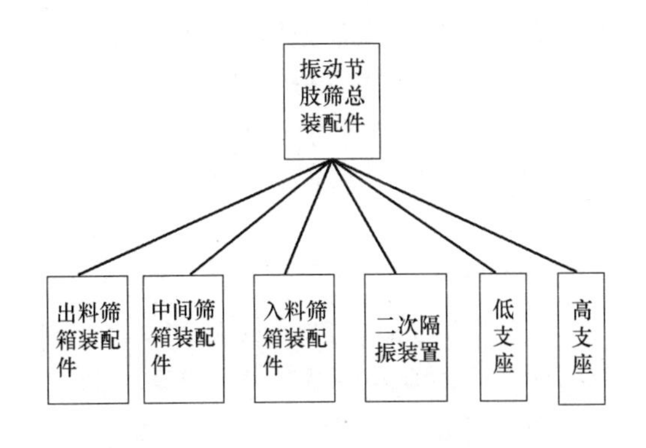

图 6 31 振动节肢筛模型装配树

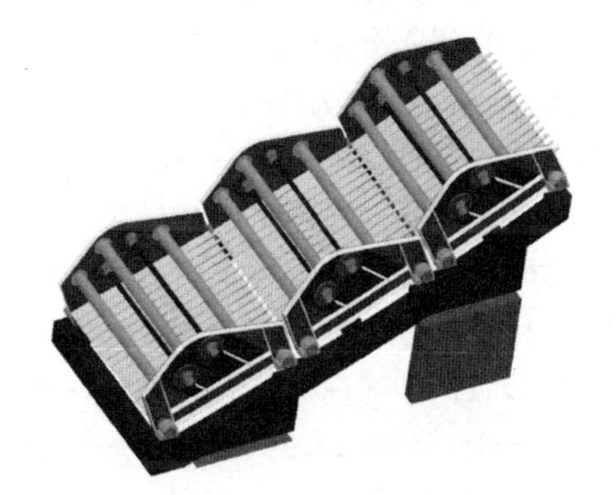

图 6-32 节肢振动筛装配件

6.4.3 振动筛运动仿真分析

本研究将节肢振动筛运动过程和实际情况结合起来，在 ADAMS 软件中进行虚拟仿真。利用分析的结果对节肢振动筛进行运动仿真分析及性能上的判断。ADAMS/View 提供三种不同类型的模型：一是具有质量和各种惯量的零件，不能变形的设为刚体；二是具有质量、惯量，且在力的作用下可以发生变形的零件，设为柔性体；三是只具有质量的零件，质点没有外形，也没有惯量特征和角速度，设为质点。

通过对节肢振动筛模型进行运动仿真后分析，能够验证不同时刻时系统运动的轨迹是否满足系统的动力性能。动力性能影响生产效率，因此对振动节肢筛的运动仿真，具有一定经济效益。

1. 振动筛运动仿真计算求解

利用 MECHANISM/Pro 把 Pro/E 中的模型设为刚体导入 ADAMS/View 中。MECHANISM/Pro 是三维实体建模软件 Pro/E 与机械系统动力学仿真分析软件 ADAMS 的接口模块，二者采用无缝连接的方式，不需要退出 Pro/E 应用环境，就可以模型导入到 ADAMS/View 中，再进行全面的动力学分析。

（1）振动筛运动仿真前准备工作。

将 Pro/E 中的模型导入到 ADAMS/View 中后，由节肢振动筛的各个零部件材料确定零部件密度，修改各刚体的密度，然后点击图标（show calculated inertia）。则根据确定的密度和导入的实体的体积，ADAMS/View 将自动计算此刚体的质量和转动惯量。比如，出料筛（除去转动的转子部分）的质量和转动惯性。只有模型的质量和转动惯量才能保证仿真数据的起码准确性。

根据节肢振动筛的结构，模型中缺少弹簧。弹簧为柔性体来建模。为了便于分析，基于振动学等效刚度原理，把一个抱箍上的两个隔振弹簧等效成为一个弹簧；同理，二次隔振弹簧也同样等效。在弹簧和各刚体的连接处建立标记点，然后建立一次减振弹簧和二次减振弹簧，并且将弹簧刚度修改成图纸所提供的刚度。依据节肢振动筛的运动原理，建立刚体之间的相对运动约束条件，首先，激振器轴与筛框时间是相对旋转的，因此在两者之间添加旋转副。另外，放置在地面上的高支座和低支座是固定不动的，因此高支座和低支座分别添加固定副。支座和二次隔振架之间只是竖直方向相对运动，因此两刚体之间添加移动副；节肢振动筛上的三台直线筛做直线运动，它们与二次隔振架之间做直线运动，因此三台直线筛分别与二次隔振架之间添加移动副。最后，在激振器处的旋转副上加上旋转运动驱动，修改成工作转速。由于该系统结构复杂，因此运动仿真分析前的准备工作非常繁杂。节肢振动筛运动仿真前的准备工作中有 11 个约束副，12 个柔性体弹簧。

运动仿真前的准备工作结束，开始进行运动仿真，如图 6-33 所示，软件自动建立运动力学方程并进行求解及仿真分析。

（2）振动筛修正前运动仿真分析。

节肢振动筛在 ADAMS/View 仿真成功。进行计算求解后，进入 ADAMS 后处理器（ADAMS/PostProcessor）模块进行结果输出，如高性能仿真动画及各种仿真数据曲线。

ADAMS/PostProcessor 模块可进行曲线编辑和数字信号处理等，使用户能够方便、快捷地对 ADAMS 的仿真结果进行观察、研究和分析。这个模块可以提供用户模型运动所需要的环境，可以向前、向后播放动画和随时中断播放的动画，而且可以选择最佳观察视角，从而更容易完成模型除错任务。ADAMS/PostProcessor 模块还可以对多个模拟结果进行图解比较，选择合理的设计方案。此外，由于只需要简单的操作，ADAMS/Post Processor 模块，就能自动地更新视图，及时快速地实现仿真观测过程，从而实现对模型的多次修改和反复进行仿真分析。ADAMS/PostProcessor 模块还可以帮助用户再现 ADAMS 的仿真分析结果数据，以提高设计报告的质量。

研究中在振动方向添加厂房提供的激振力，进行节肢振动筛的真实运动过程仿真。所添加的激振力随时间变化的曲线如图6-34所示。根据曲线可以看出，刚开始1秒内力的变化幅值不算大，但随后的时间内，激振力按接近75kN的幅值作正弦规律变化，其是符合激振力变化的，可根据添加的激振力开始仿真。

根据节肢振动筛系统结构，二次隔振架振动很小，将支撑三个串联直线振动筛的二次隔振架视为弹性基础。因此，系统的入料筛、中间筛和出料筛都是按振动方向做直线运动的直线筛。因此本书前面所研究的主要是出料筛。在进行运动仿真分析时，三台直线筛的机理一致，故在对于筛体分析时，以出料筛为例。由此，输出其各种计算仿真的结果。出料筛位移随时间变化曲线图如图6-35所示，出料筛加速度随曲线图见图6-36，节肢振动筛系统中的二次隔振架的位移变化见图6-37。

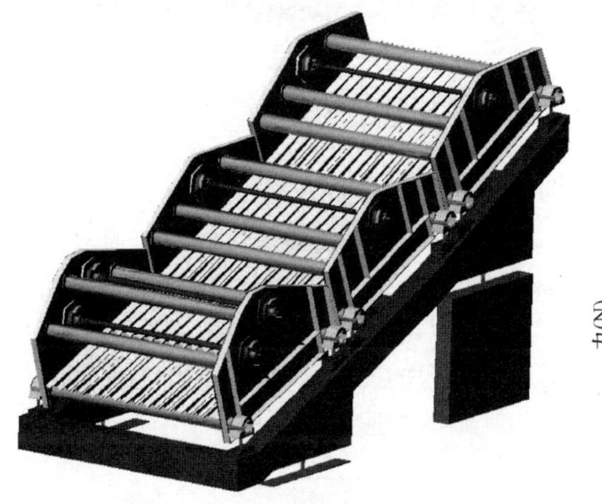

图6-33 节肢振动筛运动仿真模型

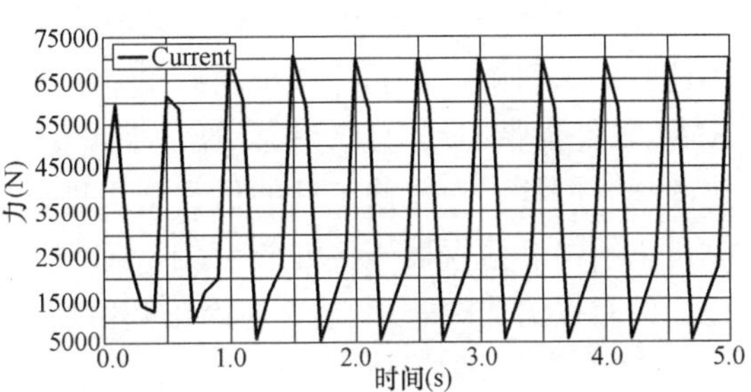

图6-34 出料筛箱修正前激振力曲线

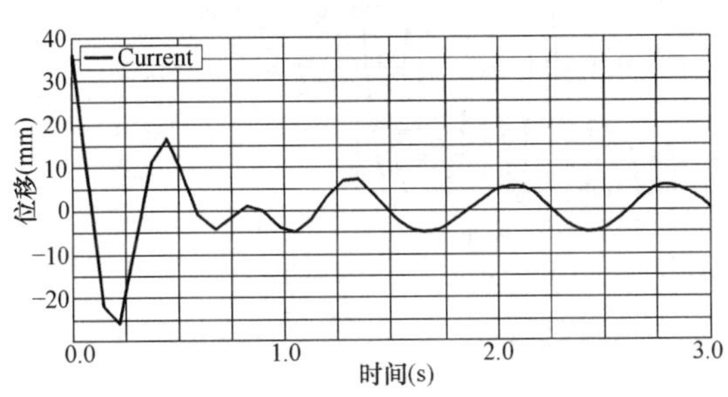

图6-35 出料筛箱修正前位移曲线

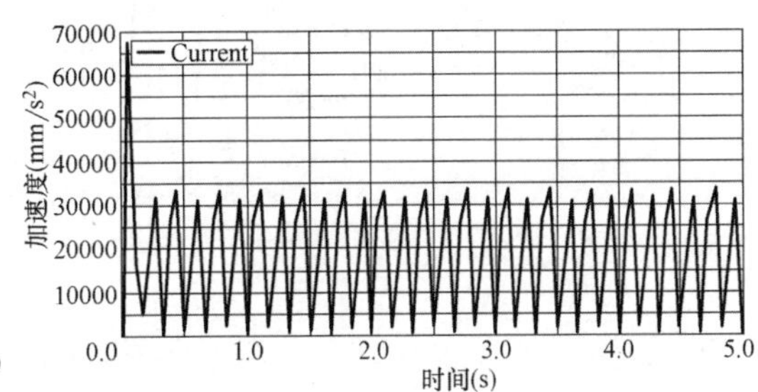

图6-36 出料筛箱修正前加速度曲线

由图6-35可知，出料筛体随时间的位移变化曲线是，在0.5秒前出料筛的位移急剧变化，说明筛体运动不够稳定；在1秒后，出料筛按一定周期作正弦规律变化。幅值的2倍为上限和下限之差，根据输出的结果得知，幅值为6.1mm，说明根据动力学特性分析数值求解得

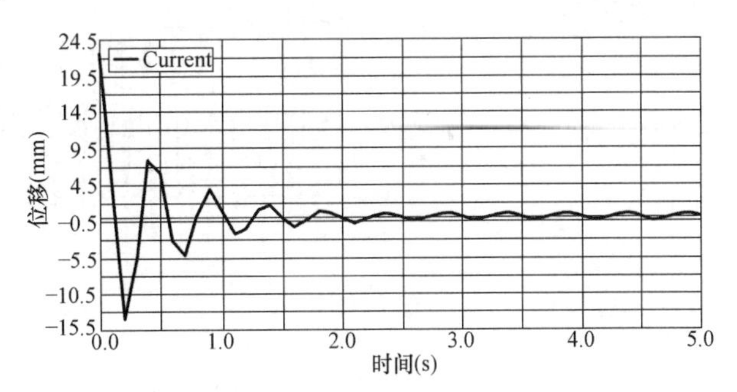

图6-37 修正前二阶减振装置位移曲线

到出料直线振动筛的幅值实际上是 6.1mm 左右。这和本书对节肢振动筛出料筛的位移仿真结果基本一致。因此，对节肢振动筛运动位移仿真成功。

图 6-36 显示，0.15 秒内出料筛加速度瞬间急剧上升、下降，随后内呈一定规律变化。而在 0.15 秒后，其曲线按照周期简谐变化，变化范围大致为 3500mm/s^2，此时是在没有重力外载荷的情况下输出的加速度曲线，显然出料筛的加速度可以看作它自身的惯性加速度。由计算得出系统的惯性加速度为 $a=\lambda\omega^2=6.1\times(24\pi)^2=34678\text{mm/s}^2$。而其值与系统节肢振动筛系统的值一般一致。运动仿真的结果与理论计算符合。

在施加激振力情况下，测试出二次隔振架的位移变化曲线图（图 6-37）分析得出，二次隔振架在 0.5 秒内有相对急剧位移变化，但在 1～2 秒内则位移相对平和。在 2 秒以后，则是按幅值为 0.5mm 的正弦曲线变化。对节肢振动筛进行运动仿真分析时，也将进行幅值修正，来验证对节肢振动筛系统的运动仿真与系统的实际仿真分析是否吻合。

（3）节肢振动筛修正后运动仿真分析。

根据修正前仿真出的位移曲线，修正前的幅值大于厂方所需要振幅 5.5mm。因此需对节肢振动筛系统的振幅进行修正。

在 ADAMS/View 中，三台直线振动筛分别在各自振动方向上按 5.5mm 幅值变化。因此，对入料筛、中间筛和出料筛的添加驱动位移为 5.5mm，点击仿真控制，通过 ADAMS 软件自带的动力学分析计算，来重新得出仿真分析结果，可得到一系列修正后的变化曲线。同样，对于修正后的仿真结果进行分析，仍然以出料筛为例。修正振幅后，通过测试出料筛和激振器连接处约束副，来判断修正后激振力的变化，如图 6-38 为出料筛修正后的激振力曲线，图 6-39 为修正幅值后得到的出料筛的加速度变化曲线。

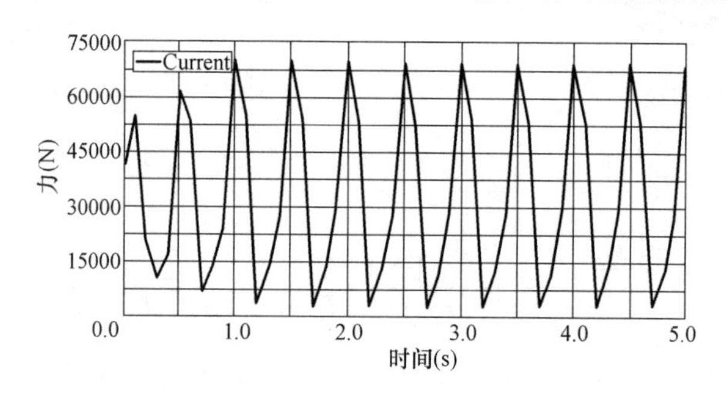

图 6-38　出料筛箱修正后激振力曲线

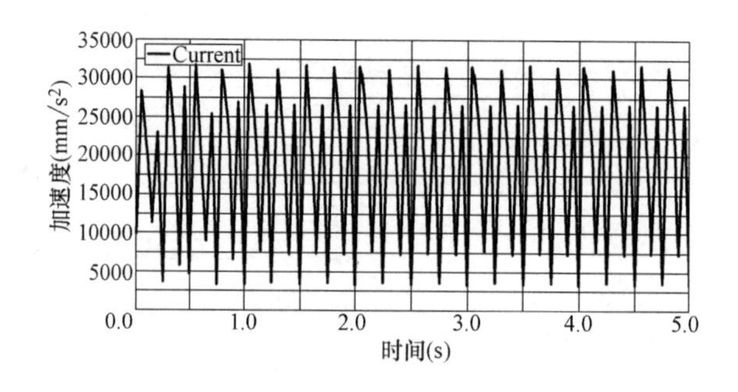

图 6-39　修正后出料筛箱惯性加速度曲线

对于任何振动系统，弹簧都是至关重要的，因为通过弹簧才能让系统振动，这是最简单的解释。因此，弹簧的选择和了解弹簧的变形是必不可少的。知道弹簧的变形、弹簧的作用力等相关性的物理量十分重要。通过修正幅值后的仿真结果可得出一次减振弹簧变形量（如图 6-40）和二次减振弹簧的变形量（如图 6-41）。

节肢振动筛的出料筛与激振器之间的旋转副之间会产生相互作用力，这力是激振器所具有的激振力。图 6-38 的结果显示，在 1 秒内，力的变化很小并且没有一定规律的周期变化，而在 1 秒后则以幅值 67kN 按一定周期作正弦曲线变化，曲线符合激振力的变化方式。以直线筛筛体的质心标记点的加速度来表示直线筛筛体的加速度，如图 6-39 显示，在 0.25 秒内，加速度变化量很小；在 0.25 秒后，出料筛最大幅值为 3200mm/s^2，且按三角函数叠加后的正弦函数作一定规律的变化。图 6-40 为一次减振弹簧的变形量曲线图，结果显示，弹簧的变形量为是以幅值为 3.5mm 的正弦规律变化的，满足一次隔振弹簧的变形要求。二次减振弹簧的变形量（图 6-41）显示，开始的 1 秒内，有相对较大的变化，随后的 1～3 秒内则变形量几乎没有变化，而在 3 秒后则是以幅值为 0.5mm 按一定周期作正弦轨迹变化，这表明弹簧变形很小，可作为弹性基础处理。

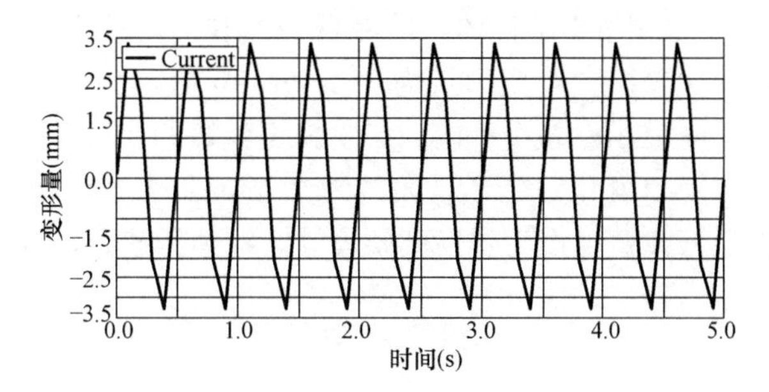

图 6-40 修正后出料筛弹簧变形曲线

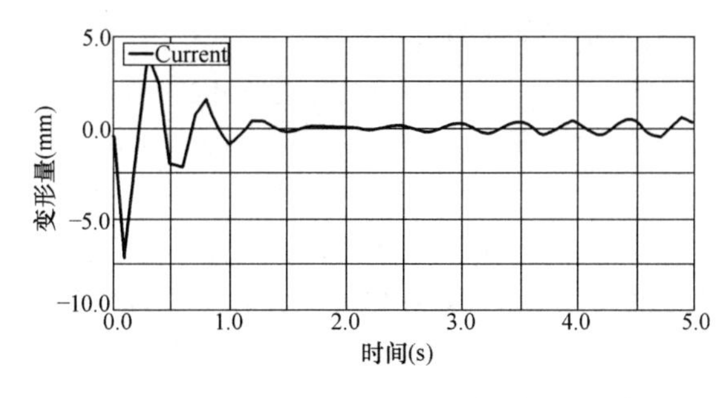

图 6-41 修正后二阶减振装置弹簧变形曲线

2. 振动筛运动仿真结果分析

节肢振动筛运动仿真分析的结果与理论分析中的情况基本一致，说明运动仿真比较真实。仿真的具体情况也有很多偏差，这是由于根据模型的简化和各种参数确定的不同。但大体上达到了运动仿真分析的目的。通过运动轨迹、力的输出和弹簧的变形量输出曲线，使系统得到充分的仿真，让节肢振动筛的动力学充分展现。

（1）振动筛修正前运动仿真结果分析。

根据图 6-34，筛体的位移在 0.5 秒内有急剧的变化，在 1.5 秒后则将按照正弦曲线有规律地运动，且满足直线惯性振动筛轨迹；研究得出了筛体的振动振幅大约为 6mm，与根据第 4 章计算所得的结果——直线振动筛激振力为 75kN 计算得出的直线运动筛的振幅为 6.1mm，偏差很小。偏差是由模型的简化和参数的确定所致。通过运动仿真分析也充分说明直线振动筛系统的振幅大于所需的振幅 5.5mm。

图 6-36 结果显示，0.15 秒内加速度瞬间急剧上升下降，随后时间内按规律变化。运动仿真的结果与理论计算符合。

图 6-37 得出了其二次隔振架在 2 秒后，曲线以幅值为 0.5mm 进行变化，说明振动幅值变化非常小，运动仿真分析又一次证明二次隔振架在节肢振动筛系统中可视为弹性基础。

综合上述的仿真结果分析，对节肢振动筛系统仿真成功并且分析可行。

（2）振动筛修正后运动仿真结果分析。

通过节肢振动筛的振动幅值修正，来仿真求解激振力变化曲线，由图 6-38 输出的激振力变化曲线图得知，力在 1 秒后是有规律的变化，其最大值为 67kN，与理论上分析的修正后激振力 67.608kN 基本一致。

根据图 6-40、图 6-41 测量出柔性体一阶减振弹簧和二阶减振弹簧的变形量，图 6-40 仿真结果分析显示，一次隔振弹簧变形量为 3.5mm，变形趋势符合直线振动筛理论分析时弹簧的变形量。图 6-41 显示，在 1 秒内，二阶减振弹簧的变形量相对比较明显，在 3 秒后按照一定周期作正弦规律变化，变形量大约为 0.5mm，变形量很小，又一次证明该节肢振动筛系统的二次隔振弹簧可作为弹性基础设计。综述所述，仿真分析充分展现。

6.5　小结

通过上述分析研究，得出了如下结论：

（1）在前人对 6 个自由度振动系统同步稳定性分析的基础上，首次建立了具有 12 个自由度的节肢振动筛系统的数学模型，分析了多电机驱动多筛振动系统的同步稳定性，导出了同步稳定性的条件。

（2）利用 ANSYS 有限元分析软件对节肢振动筛筛体正常和停机过共振区两种工况进行了有限元计算分析，得出了不同工况和不同载荷下的应力分布图和位移分布图。结果表明，横梁中间处变形明显，但在允许范围内；横梁和侧板连接处有应力集中，但应力都远小于材料的许用应力。因此，筛机是安全的。

（3）利用 ANSYS 有限元软件对节肢振动筛筛框进行了模态分析和谐响应分析。模态分析中，求出了筛体的前十阶固有频率和相应的振型图。结果表明，筛体的各阶固有频率都远远大于筛机的工作频率，筛机工作时不会产生共振现象。在谐响应分析中，结果显示，节肢振动筛的工作频率不在谐共振区内，不会发生谐响应共振现象。

参考文献

[1] 闻邦椿，赵春雨，苏东海，等. 机械系统的振动同步与控制同步 [M]. 北京：科学出版社，2003：98-113

[2] 闻邦椿，刘树英，何勍. 振动机械的理论与动态设计方法 [M]. 北京：机械工业出版社，2001：103-116

[3] 闻邦椿，刘凤翘. 振动机械的理论与应用 [M]. 北京：机械工业出版社，1982：32-51

[4] 高景德，王祥珩，李发海. 交流电机及其系统的分析 [M]. 北京：清华大学出版社，2005：130-198

[5] Blekhman I I. The synchronization in nature and technology [M]. New York：ASME Press，1988：38-63

[6] 闻邦椿，关立章. 自同步振动机的同步理论与调试方法 [J]. 矿山机械，1979，7 (5)：35-45

[7] 闻邦椿. 关于振动同步理论的几个最新研究结果及其应用 [J]. 振动与冲击，1983，(3)：1-10

[8] 闻邦椿. 激振器偏移式自同步振动运动规律的研究 [J]. 应用力学学报，1985，2 (3)：23-36

[9] 陈宇明. 自同步振动机同步参数的数值方法 [J]. 振动与冲击，1985，(4)：16-25

[10] 闻邦椿，关立章. 平面单质体自同步振动机的同步理论 [J]. 东北工学院学报，1979，(2)：53-58

[11] 闻邦椿，关立章. 空间单质体与双质体自同步振动机的同步理论 [J]. 东北工学院学报，1980，(1)：53-70

[12] 何勍. 单质体弹性连杆式振动机双驱动自同步理论 [J]. 矿山机械，1993，21 (10)：2-4

[13] 段志善，闻邦椿. 自行式摆动冲击机构的非线性动力学研究 [J]. 振动与冲击，1985，(3)：50-57

[14] 吕富强. 平面双质体自同步振动机的同步理论 [J]. 上海机械学院学报，1991，13 (3)：84-92

[15] 闻邦椿，赵春雨，范俭. 机械系统同步理论的应用与发展 [J]. 振动工程学报，1997，10 (3)：264-272.

[16] 张晓钟，段志善. 自同步振动机械的非线性动力学分析 [J]. 西安冶金建筑学院学报，1993，25 (4)：457-462.

[17] 范俭，闻邦椿. 同向回转自同步振动机零相位差同步控制 [J]. 矿山机械，1993，(4)：20-24

[18] 范俭，李东升，闻邦椿. 双机器传动机械系统同步控制的研究 [J]. 东北大学学报，1994，15 (6)：566-569

[19] 范俭，闻邦椿. 反向回转双激振器振动机控制同步的理论研究 [J]. 振动工程学报，1994，7 (4)：281-288

[20] 范俭. 关于双机传动机械系统定速比控制与相位控制的研究 [D]. 沈阳：东北大学机械学院，1995

[21] Zhang T X，Wen B C，Fan J. Study on synchronization of two eccentric rotors driven by hydraulic motors in one vibrating systems [J]. Shock and Vibration，1997，4 (5，6)：305-310

[22] 赵春雨，朱洪涛，闻邦椿. 多机传动机械系统的同步控制 [J]. 控制理论与应用，1999，16 (2)：179-183

[23] 闻邦椿，赵春雨，宋占传．机械系统的振动同步、控制同步、复合同步［J］．工程设计，1999，（3）：1-5

[24] 赵春雨，闻邦椿，赵广耀．同向回转双机传动振动系统相位差的模糊监督控制［J］．振动工程学报，2001，14（1）：42-46

[25] 熊万里，段志善，张天侠，等．近同步状态下双轴惯性式振动机的同步条件及稳定性判据［C］//振动利用技术的若干研究与进展第二届全国"振动利用工程"学术会议．西安：陕西科学技术出版社，2003：90-95

[26] 侯勇俊，张明洪，姚斌．不等质径积同向回转自同步振动筛的同步理论［J］．石油机械，2002，30（5）：13-15

[27] 侯勇俊．三振动电机自同步椭圆振动筛的同步理论［J］．西南石油大学学报，2007，29（3）：168-173

[28] 韩清凯，秦朝烨，闻邦椿．自同步振动系统的稳定性与分岔［J］．振动与冲击，2007，26（1）：31-34

[29] 韩清凯，杨晓光，秦朝烨，等．激振器参数对自同步振动系统的影响［J］．东北大学学报，2007，28（7）：1009-1012

[30] 邱家俊．交流电机启动过程的扭振及电震荡［J］．应用力学学报，1989，6（4）：12-19

[31] 邱家俊．交流电机启动过程的横振及扭振［J］．力学学报，1989，21（4）：432-441

[32] 邱家俊．机电耦联动力系统的非线性振动．北京：科学出版社，1996，455-622

[33] 韩清凯，秦朝烨，杨晓光，陈希红，闻邦椿．双转子自同步系统的振动分析［J］．振动工程学报，2007，20（5）：534-537

[34] 熊万里．机电耦合传动系统的非平稳过渡过程与系统广义同步特性研究［D］．沈阳：东北大学，2001

[35] 熊万里，闻邦椿，张天侠，段志善．利用机电耦合模型研究自同步振动机械的动力学特性［J］．矿山机械，1999，（7）：64-66

[36] 熊万里，闻邦椿，程志善．自同步振动及振动同步传动的机电耦合机理［J］．振动工程学报，2000，13（3）：325-331

[37] 熊万里，何勍，闻邦椿．机电耦合自同步系统的过渡过程分析［J］．东北大学学报，2000，21（2）：158-161

[38] 熊万里，闻邦椿．双振头电振机的机电耦合自同步行为研究［J］．矿山机械，2000，（11）：50-51

[39] Xiong W L，Duan Z S，Wen B C. Characeristics of electromechanical-coupling self-synchronization of a multi-motor vibration transmission system [J]. Chinese Journal of Mechanical Engineering (English Edition)，2001，14（3）：275-278

[40] Xiong W L，Wen B C，Duan Z S. Engineering characteristics and its mechanism explanation of vibratory synchronization transmission [J]. Chinese Journal of Mechanical Engineering，2004，17（2）：185-188

[41] 熊万里，段志善，闻邦椿．用机电耦合模型研究转子系统的非平稳过程［J］．应用力学学报，2000，17（4）：7-12

[42] 张天侠，鄂晓宇，闻邦椿．振动同步系统中的耦合效应［J］．东北大学学报，2003，24（9）：839-842

[43] 侯勇俊，闫国兴．三电机激振自同步振动系统的机电耦合机理［J］．振动工程学报，2006，19（3）：354-358

[44] 闫国兴．三电机激振自同步振动系统的机电耦合机理研究［D］．成都：西南石油大学，2006

[45] 袁惠群，李鹤，闻邦椿．发电机转子同步稳定性的非线性分析［J］．东北大学学报，2001，22

(4)：405-408
[46] 闻邦椿，李以农，韩清凯. 非线性振动理论中的解析方法及工程应用［M］. 东北大学出版社，2001，208-201
[47] 熊万里，闻邦椿. 振动机械系统起动过程中的迟滞共振原因分析［J］. 力学与实践，1999，21(4)：65-66
[48] 熊万里，陆名彰，闻邦椿. 一类非理想振动系统的回转频率俘获特性［J］. 湖南大学学报，2003，30(3)：44-48
[49] 纪盛青. 激振器偏移式自同步振动筛固有频率、振型及响应的分析［J］. 矿山机械，1985，(7)：15-20
[50] 陈予恕. 非线性振动［M］. 天津：天津科技出版社，1983：141-153
[51] 熊万里，闻邦椿，段志善. 转子系统瞬态过程的减幅特性及共振区迟滞特性［J］. 1999，18(4)：12-15
[52] 李蕾. 多电机驱动振动机械同步理论的研究［D］. 沈阳：东北大学，2007
[53] 薛定宇，陈阳泉. 基于 MATLAB/Simulink 的系统仿真技术与应用［M］. 清华大学出版社，2002：193-322
[54] 闻邦椿，李以农，张义民，等. 振动利用工程［M］. 北京：科学出版社，2005：201-223
[55] 闻邦椿，李以农，徐培民，等. 工程非线性振动［M］. 北京：科学出版社，2008：215-235
[56] 边宇虹，杜国君. 分析力学与多刚体动力学基础［M］. 北京：机械工业出版社，1998：40-117
[57] 闻邦椿. 振动利用工程学科近期的发展［J］. 振动工程学报，2007，20(5)：427-434
[58] 张楠，侯晓林，闻邦椿. 双转子自同步系统同步行为分析［J］. 农业机械学报，2009，40(4)：184-188
[59] 张楠，侯晓林，闻邦椿. 基于 Hamilton 多机振动系统同步稳定特性分析［J］. 东北大学学报，2008，29(5)：709-713
[60] 张楠，侯晓林，闻邦椿. 多类型自同步振动系统的同步理论［J］. 中国机械工程，2009，20(15)：1838-1844
[61] 张楠，侯晓林，张丹，闻邦椿. 基于虚拟样机多体振动系统的可视化设计研究［J］. 中国机械工程，2008，19(20)：2475-2477
[62] 张楠，侯晓林，闻邦椿. 超声加工振动系统波动方程的定解分析［J］. 东北大学学报，2008，29(5)：877-880
[63] 张楠，刘树英，闻邦椿. 可视优化设计在多体振动系统中的应用［J］. 东北大学学报，2008，29(s2)：69-72
[64] 张楠，侯晓林，闻邦椿. 偏移式同相回转自同步振动机自同步过程［J］. 东北大学学报，2009，30(6)：853-856
[65] 张楠，侯晓林，闻邦椿. 非线性振动系统的频率俘获特性［J］. 东北大学学报，2009，30(8)：1169-1173
[66] 张楠，侯晓林，闻邦椿. 偏移式自同步振动机的同步特性［J］. 东北大学学报，2009，30(9)：1302-1304
[67] 张楠，侯晓林，闻邦椿. 机电耦合情况下振动机的同相同步特性［J］. 东北大学学报，2009，30(10)：1477-1480
[68] 张楠，侯晓林，李蕾，闻邦椿. ZZS40-70 型直线振动筛的试验与研究［J］. 矿山机械，2009，37(15)：109-111
[69] 张楠，侯晓林，王得刚，等. 双电磁激振器的振动系统自同步性研究［J］. 机械设计，2008，25(s)：121-122

[70] 张楠，侯晓林，闻邦椿. 超声振动特性在磨削加工系统中的应用 [J]. 工具技术，2008，42(11)：40-43
[71] 张楠，侯晓林，闻邦椿. 三激振器同向回转振动系统的同步运动过程 [J]. 煤矿机械，2008，29(11)：30-32
[72] 张楠，侯晓林，闻邦椿. 四电机驱动自同步振动筛同步稳定性判据 [J]. 矿山机械，2008，36(19)：99-103
[73] 张楠，侯晓林，闻邦椿. 基于动态优化设计方法振动筛设计的研究 [J]. 煤矿机械，2008，29(3)：12-15.
[74] 张楠，侯晓林，闻邦椿. 基于虚拟样机技术的节肢振动筛动力学仿真 [J]. 机械与电子，2007，(9)：24-26
[75] 张楠，王磊，闻邦椿. 基于 FEM 的节肢振动筛动力学特性分析 [J]. 机械制造，2007，45(519)：26-27.